数字功放电路设计与制作

李良钰　主　编

乔瑞杰 黄春平 唐池连　副主编

電子工業出版社
Publishing House of Electronics Industry
北京 · BEIJING

内 容 简 介

本书是以培养发展型、复合型、创新型技术技能人才为目标的校企“双元”合作开发教材，结合电子信息类知识技能在实际岗位的典型应用场景及学科特点，从分立元件构成的数字功放到集成器件构成的数字功放，从单纯数字功放到单片机控制的数字功放，循序渐进地呈现数字功放的设计制作过程。

全书共涵盖 4 个项目：分立元件数字功放电路的设计与制作，集成数字功放电路的设计与制作，STC12C5052 控制的数字功放电路的设计与制作，STM32 控制的数字功放电路的设计与制作。

本书原理分析部分结合软件仿真直观呈现理论分析的过程及结果，方便读者动手搭建、分析、改进电路，有助于提高理论知识的学习效果；实践部分扩展了岗位技能训练的内容，并在岗位技能训练的过程中，增加了职业素质培养的内容，强调知识的综合应用，减少演示型实验，适当增加新知识、新工艺、新技术、新方法。

本书可以作为应用型本科、职业本科、高职高专、技工学校和职业培训学校电子信息类专业音响技术等课程的教材，也可作为初级音响爱好者及音响发烧友的参考用书。

图书在版编目 (CIP) 数据

数字功放电路设计与制作 / 李良钰主编. — 北京：电子工业出版社，2021.12

ISBN 978-7-121-36133-3

Ⅰ. ①数… Ⅱ. ①李… Ⅲ. ①音频放大器－电子电路－电路设计－高等学校－教材 ②音频放大器－电子电路－制作－高等学校－教材 Ⅳ. ①TN722.1

中国版本图书馆 CIP 数据核字（2019）第 046130 号

责任编辑：刘　瑀　　　　特约编辑：刘珑珑
印　　刷：北京天宇星印刷厂
装　　订：北京天宇星印刷厂
出版发行：电子工业出版社
　　　　　北京市海淀区万寿路 173 信箱　　邮编：100036
开　　本：787×1 092　1/16　印张：12.75　字数：341 千字
版　　次：2021 年 12 月第 1 版
印　　次：2021 年 12 月第 1 次印刷
定　　价：48.00 元

凡所购买电子工业出版社图书有缺损问题，请向购买书店调换。若书店售缺，请与本社发行部联系，联系及邮购电话：（010）88254888，88258888。

质量投诉请发邮件至 zlts@phei.com.cn，盗版侵权举报请发邮件至 dbqq@phei.com.cn。

本书咨询联系方式：liuy01@phei.com.cn。

前　言

本书紧紧围绕高等职业教育的特点，采用项目驱动、任务引领、就业导向的职业教育课程构建模式，基于生产过程系统地讲解了元器件的选用与检测、电路原理图和 PCB 设计、产品装配与软硬件调试、性能指标测试等内容，有机融入了发展型、复合型、创新型技术技能人才需要具备的知识。

本书按照生产实际和岗位需求模拟真实的工作任务，满足读者对工作现场学习的需要。本书通过文字、图片、微课视频、在线习题的形式呈现学习任务，将知识技能颗粒化，满足现代读者“互联网+教育”的新需求。读者可以扫描二维码查看本书配套的资源进行学习。

本书由中山职业技术学院李良钰、黄春平、唐池连和中山市中等专业学校乔瑞杰老师共同编写完成。李良钰老师编写了项目 1 的前 3 节、项目 2 及项目 3，乔瑞杰老师编写了项目 4，黄春平老师编写了项目 1 的 1.4 节、1.7 节和 1.8 节，唐池连老师编写了项目 1 的 1.5 节、1.6 节。李良钰老师对全书进行统筹规划及统稿，并开发配套的微课视频、PPT、源代码、在线习题等教学资源，本书资源可登录华信教育资源网（www.hxedu.com.cn）免费下载。

本书的编写还得到了王伟涛音响工作室王伟涛老师和中山职业技术学院贺贵腾、罗智祥等老师的帮助，在此表示衷心感谢！

本书可以作为应用型本科、职业本科、高职高专、技工学校和职业培训学校电子信息类专业音响技术等课程的教材，也可作为初级音响爱好者及音响发烧友的参考用书。

由于编者的水平有限，书中的错漏在所难免，恳请广大读者批评指正。

编　者

微课视频清单

视频名称	二维码	对应章节	视频名称	二维码	对应章节
产品音效展示-分立元件数字功放		项目1（第1页）	原理图设计-分立元件数字功放		项目1（第54页）
PWM调制电路原理分析-分立元件数字功放		项目1（第2页）	PCB板框设计-分立元件数字功放		项目1（第60页）
音频前置放大电路原理分析-分立元件数字功放		项目1（第21页）	PCB布局基本原则-分立元件数字功放		项目1（第61页）
功率放大及滤波电路原理分析-分立元件数字功放		项目1（第22页）	PCB布局布线要求-分立元件数字功放		项目1（第61页）
555时基电路内部结构介绍-基础知识储备		项目1（第28页）	PCB模块化布局操作演示-分立元件数字功放		项目1（第62页）
555时基电路的工作原理分析-基础知识储备		项目1（第28页）	PCB模块化布局效果展示-分立元件数字功放		项目1（第64页）
多谐振荡器的工作原理分析-分立元件数字功放		项目1（第28页）	PCB与原理图的校对及排障		项目1（第65页）
多谐振荡器的仿真分析-分立元件数字功放		项目1（第28页）	PCB布线基本原则-分立元件数字功放		项目1（第66页）
T1=T2的多谐振荡器中开关二极管的状态分析-分立元件数字功放		项目1（第30页）	PCB布线常用技巧-分立元件数字功放		项目1（第66页）
T1=T2的多谐振荡器电路工作原理分析-分立元件数字功放		项目1（第30页）	PCB布线规则设置-分立元件数字功放		项目1（第66页）
三角波产生电路仿真分析-分立元件数字功放		项目1（第40页）	PCB的DRC检查-分立元件数字功放		项目1（第70页）

续表

视频名称	二维码	对应章节	视频名称	二维码	对应章节
电源滤波电路仿真分析-分立元件数字功放		项目1（第41页）	电源电压测试及排障-分立元件数字功放		项目1（第81页）
元器件KBP307的封装设计技巧-分立元件数字功放		项目1（第46页）	典型波形测试-分立元件数字功放		项目1（第84页）
元器件9012的封装设计技巧-分立元件数字功放		项目1（第48页）	产品音效展示-集成数字功放电路		项目2（第105页）
双联电位器的封装设计技巧-分立元件数字功放		项目1（第50页）	产品音效展示-单片机控制的数字功放电路		项目4（第142页）

在线习题清单

习题名称	二维码	对应章节	习题名称	二维码	对应章节
滤波器原理		项目1（第15页）	静态电压测试与分析		项目1（第84页）
功放理论知识		项目1（第18页）	关键波形测试与分析		项目1（第91页）
数字功放基本原理		项目1（第45页）	性能指标概念理解		项目1（第104页）
封装设计方法		项目1（第53页）	集成数字功放电路测试与分析		项目2（第114页）
常用阻容器件识别		项目1（第78页）	51单片机控制的集成数字功放设计与实践		项目3（第142页）

目　录

项目 1　分立元件数字功放电路的设计与制作

❖ 项目概述

本项目主要介绍如何使用分立元件设计、制作数字功放电路，包含音量调节、前置放大、PWM 调制、驱动、功率放大、低通滤波等电路单元的设计与制作。在虚拟仿真与实际设计制作过程中，帮助读者熟悉数字功放电路的基本原理，掌握数字功放电路的设计方法。

❖ 学习目标

1. 熟悉分立元件数字功放电路的工作原理。
2. 读懂三角波发生器电路。
3. 读懂 PWM 调制电路。
4. 读懂驱动电路。
5. 读懂 LC 低通滤波器电路。
6. 读懂前置放大器电路。
7. 能对分立元件数字功放电路原理图进行分析。
8. 能设计原理图图纸与 PCB(印制电路板)。
9. 能够装配和调试电路板。
10. 能够测试性能指标。

1.1　数字功放电路的特点

功率放大器简称功放。模拟音频功放电路(简称模拟功放电路)效率低，大部分电能转换成了热能，需要散热器；而数字音频功放电路(简称数字功放电路)效率高，直接省掉了散热器，大大节约电源成本。数字功放电路内部能够生成 PWM(脉冲宽度调制)信号，电压控制更方便，可以很简单地做到开关机降噪电路，所以在笔记本电脑音频系统、手机音频系统等 IT 产品中，模拟功放电路无法满足人们对产品高效便捷的需求，从而催生一种全新的“绿色功放”——数字功放电路。

数字功放是将输入的模拟音频信号变换成 PWM 脉冲信号，然后用 PWM 脉冲信号控制大功率开关器件通/断的音频功率放大器，也称为开关放大器。与以线性放大音频信号为基础的各类模拟功放不同，数字功放是放大数字信号的一种数字信号放大器。

1.2　数字功放电路的基本结构

数字功放电路可以划分为三大部分，分别为调制器、功率放大器和解调器，数字功放电路基本结构图如图 1-1-1 所示。

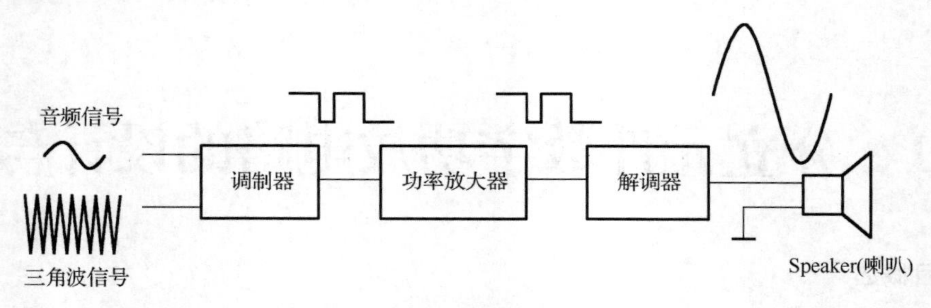

图 1-1-1 数字功放电路基本结构图

调制器把输入的音频信号的幅度信息调制在 PWM 信号宽度中，然后把 PWM 信号送入功率放大器进行放大，最后解调器把放大后的 PWM 信号中的高频分量滤除，于是得到 PWM 信号中携带的音频成分，从而将输入的音频信号还原，驱动喇叭发声。

1.2.1 调制器

1. 调制电路基本原理

调制器主要采用脉宽调制技术，对半导体开关器件的导通和关断进行控制，使输出端得到一系列幅值相等而宽度不相等的脉冲，用这些脉冲来代替正弦波。在采样控制理论中有一个重要结论：当冲量相等而形状不同的窄脉冲加在具有惯性的环节上时，其效果基本相同，所以 PWM 波形和正弦波是等效的。

PWM 是一种对模拟信号电平进行数字编码的方法，广泛应用于测量、通信及功率控制与变换等领域中。PWM 信号是一串方波信号，方波的占空比包含了该模拟信号的电平信息，即方波信号的占空比与模拟信号的幅度成正比(或反比)。

数字功放首先把模拟音频信号变换为 PWM 信号。最基本的 PWM 电路可采用电压比较电路，将一个高频的三角波信号和一个模拟音频信号分别加到电压比较器的两个输入端，对输入的两个信号进行电压比较，从而产生 PWM 信号。这个 PWM 信号可以用于控制功率器件的开关，实现 PWM 信号的功率放大。由电压比较器构成的 PWM 调制电路如图 1-2-1 所示。

如果考虑到偏置电压设置，可以将原始模拟音频信号加上一定直流偏置后送入电压比较器的正输入端，另外通过自激振荡生成一个三角波信号加到电压比较器的负输入端。当正输入端的电位高于负输入端三角波电位时，比较器输出为高电平，反之则输出低电平。若音频输入信号振幅为零、直流偏置为三角波峰值的 1/2，则比较器输出的高低电平持续的时间一样，输出就是一个占空比为 50%的方波。输入信号振幅为零时，PWM 波形如图 1-2-2 所示。

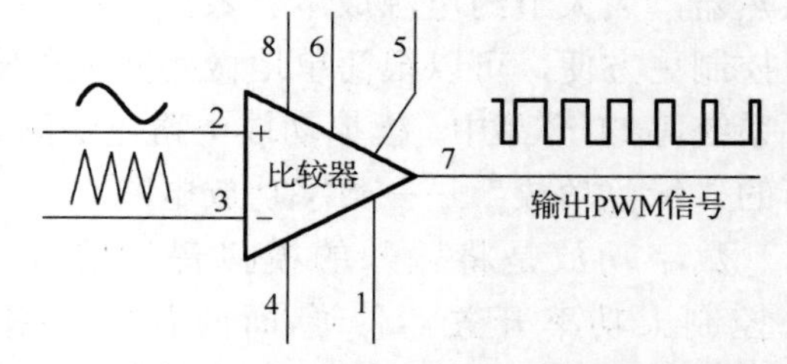

图 1-2-1 由电压比较器构成的 PWM 调制电路

当有音频信号输入时，在正半周期间，比较器输出高电平的时间比低电平长，方波的占空比大于 50%；在负半周期间，由于存在直流偏置，所以比较器正输入端的电平还是大于零，但音频信号幅度高于三角波幅度的时间却大为减少，方波占空比小于 50%。这样，比较器输出的波形就是一个脉冲宽度被音频信号幅度调制后的波形，称为 PWM 或 PDM（Pulse Duration Modulation，脉冲持续时间调制）波形。有音频输入时的 PWM 波形如图 1-2-3 所示，音频信息已经被调制到脉冲波形中。

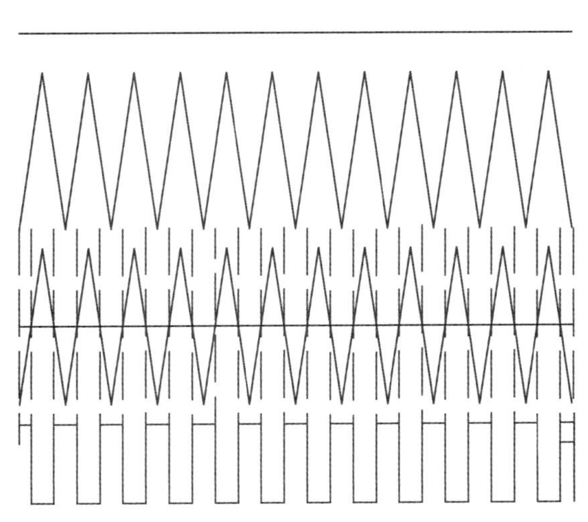
图 1-2-2 输入信号振幅为零时的 PWM 波形

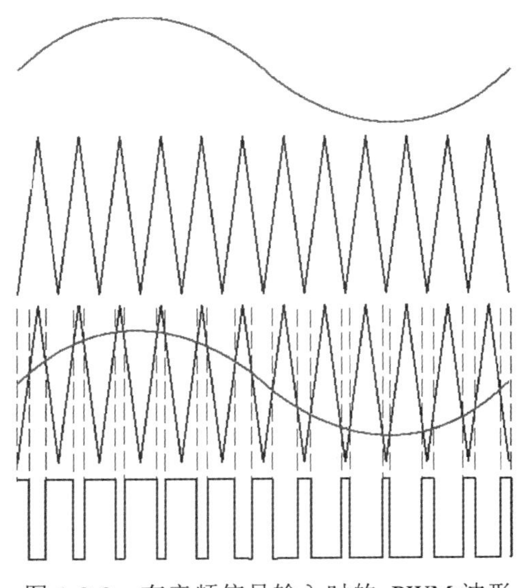
图 1-2-3 有音频信号输入时的 PWM 波形

2．单个 LM311 构成的 PWM 电路

LM311 是一款高灵活性的电压比较器，能在 5～30V 单个电源或±15V 分离电源驱动下工作，并具有较强的通用性，可以驱动 DTL、RTL、TTL 或 MOS 管，能够满足 PWM 电路设计的要求。

采用由 LM311 及外围电路组成的电压比较电路（如图 1-2-4 所示）来构成 PWM 电路时，LM311 有两个比较电平输入端：同相输入端（“+” 端，2 脚）和反相输入端（“−”端，3 脚），一个输出端（输出电平信号，7 脚），一个电源（8 脚）及地端（4 脚），这是一个单电源比较器，其他引脚为空脚（LM311 的详尽技术资料请参考 LM311 的技术规格书）。如果同相输入端输入电压为 V_A，反相输入端输入电压为 V_B，当 V_A 高于 V_B 时，7 脚的输出 V_{out} 为高电平；当 V_A 低于 V_B 时，7 脚的输出 V_{out} 为低电平。所以，根据这一特点，LM311 的输出 V_{out} 只有两种状态：高电平状态、低电平状态，输出信号为数字信号。

如果在 LM311 的同相输入端输入正弦波形状的音频模拟信号，在反相输入端输入一个高频的等腰三角波（大于或等于 42kHz），LM311 的输出 V_{out} 将是一个 PWM 信号，输入与输出波形图如图 1-2-5 所示。

输入的音频正弦波信号 V_A、高频的等腰三角波 V_B 和输出的 PWM 信号 V_{out} 的时序关系如图 1-2-6 所示。由于音频正弦波信号 V_A 接 LM311 的同相输入端，等腰三角波 V_B 接 LM311 的反相输入端，当 V_A 高于 V_B 时，7 脚的输出 V_{out} 为高电平；当 V_A 低于 V_B 时，7 脚的输出 V_{out} 为低电平。从图上可以看出，V_{out} 为一串方波信号，方波占空比的变化与输入音频正弦波信号 V_A 的幅度成正比，输入音频正弦波信号的幅度调制在了方波信号的占空比上，所以 V_{out} 为 PWM 信号。

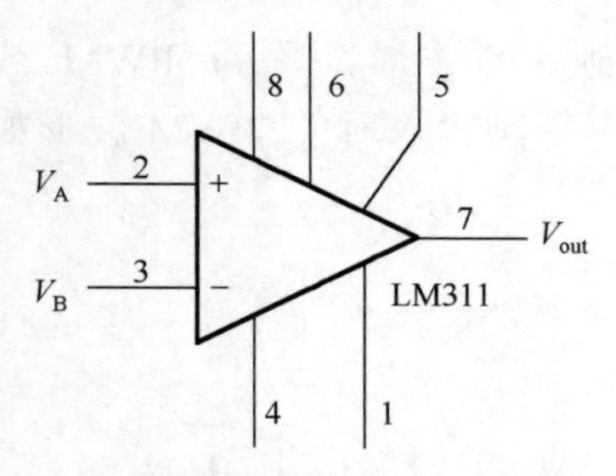

图 1-2-4 电压比较电路

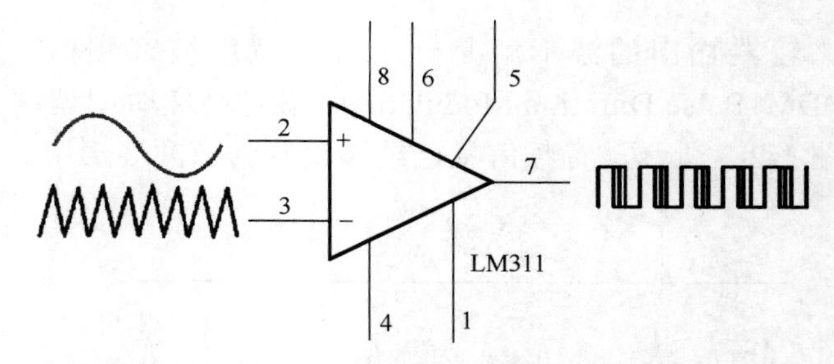

图 1-2-5 电压比较电路输入与输出波形图

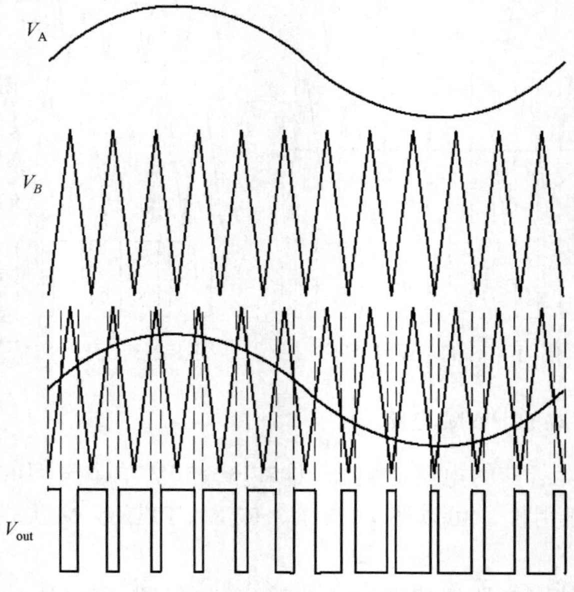

图 1-2-6 V_A、V_B 和 V_{out} 的时序关系图

3．搭建实际电路

下面为这个简单的PWM电路添加一个静态偏置电路，调制器参考电路如图 1-2-7 所示。采用简单又相对稳定的电阻分压方式，在 LM311 的同相输入端及反相输入端分别添加了由 R6、R7、R8、R9 组成的静态偏置电路，使用+9V 电源供电。由于 LM311 的输出级是集电极开路结构，输出端须加上拉电阻，上拉电阻的阻值采用 LM311 技术规格书中的推荐阻值 1kΩ。为了减小电源引入的干扰信号，在电源入口添加电容 C7 减小低频干扰，添加电容 C8 减小高频干扰。

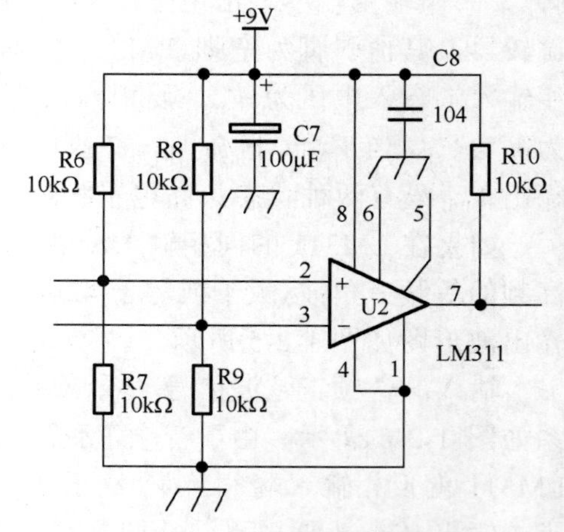

图 1-2-7 调制器参考电路

4．电路仿真分析

(1) 直流分量仿真结果

电路搭好之后，借助 Multisim 仿真软件查看结果，调制器仿真电路图如图 1-2-8 所示，

两路信号均加上 4.5V 的直流偏置电压，调制器直流分量仿真值如图 1-2-9 所示，与理论分析的直流分量一致。

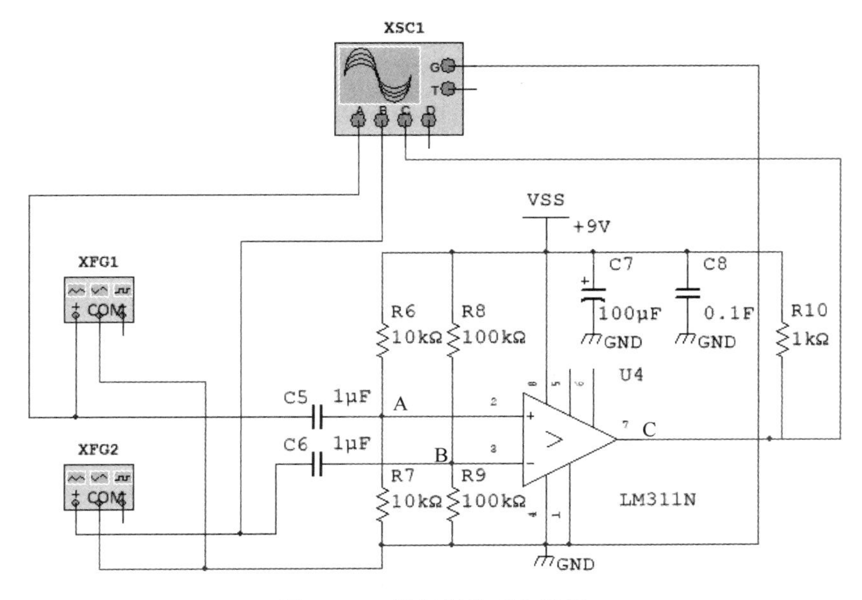

图 1-2-8 调制器仿真电路图

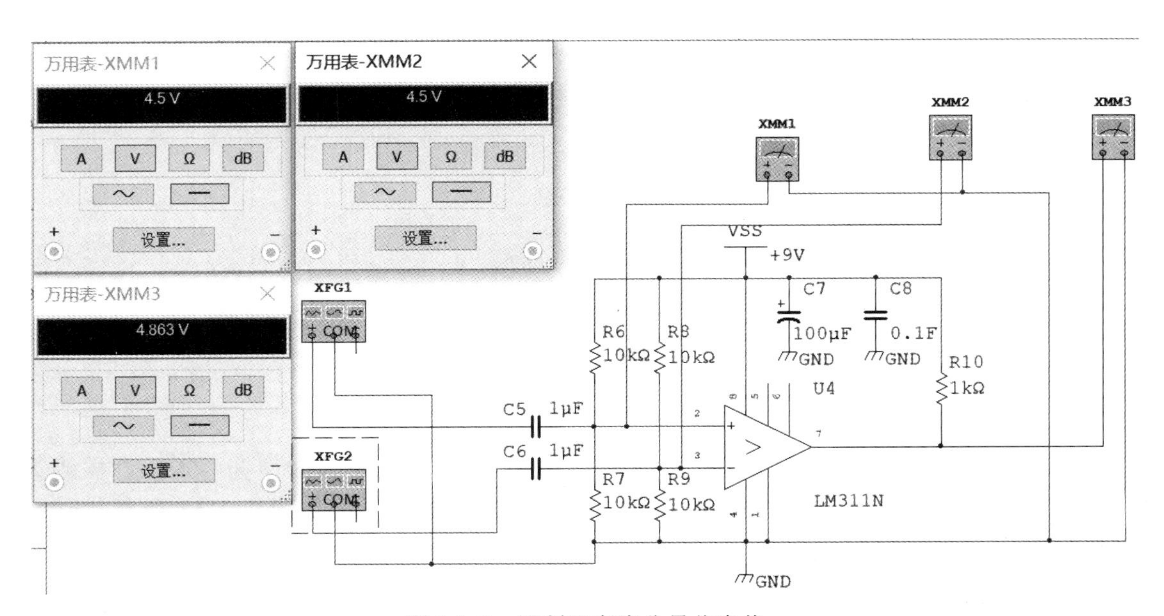

图 1-2-9 调制器直流分量仿真值

(2) 音频信号为 1kHz 时的仿真结果

如图 1-2-10 所示，用信号发生器给 LM311 的 2 脚输入频率为 1kHz、振幅为 1V 的正弦波信号(A 点信号)，模拟音频信号的输入；同时，给 LM311 的 3 脚输入频率为 40kHz、振幅为 2V 的三角波信号(B 点信号)，模拟高频载波信号的输入。2、3 脚信号送入 LM311 后进行电压比较，在 LM311 的 7 脚得到幅值相同、占空比随音频幅度变化的脉冲信号(C

点信号），调制器仿真电路 A、B、C 点信号波形图如图 1-2-11 所示，该仿真波形与理论分析的情况一致。

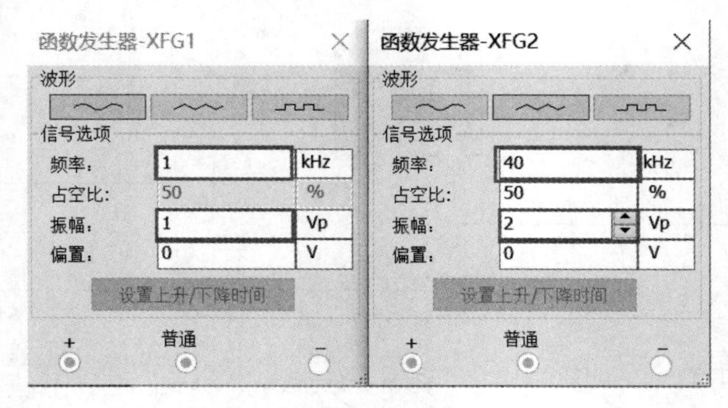

图 1-2-10 信号发生器的输入值

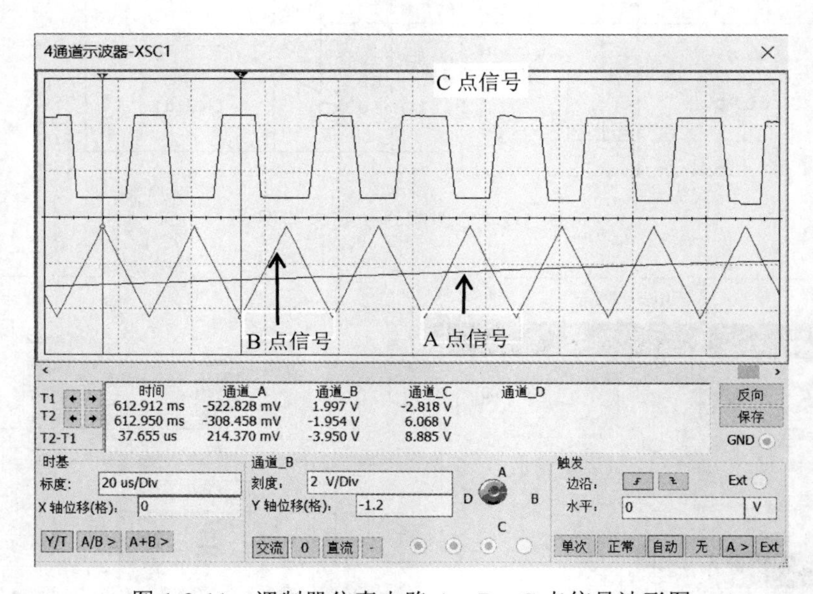

图 1-2-11 调制器仿真电路 A、B、C 点信号波形图

(3) 音频信号为零时的仿真结果

如图 1-2-12 所示，当输入音频正弦波信号为零、载波信号为频率为 40kHz、振幅为 2V 的三角波信号时，调制器仿真电路 A、B、C 点信号波形图如图 1-2-13 所示，仿真波形与理论分析的情况一致。

5．设计要点

(1) 音频信号幅值与载波信号幅值的比值（调制比）小于 1，以保证在一定载波频率时，输出信号采样点的数量。

(2) 电源电压可以根据功率设计需要调整大小。

(3) 适当调整分压电阻 R8、R9 的阻值可以改变比较器的输入阻抗，以适应比较器输入端信号要求。

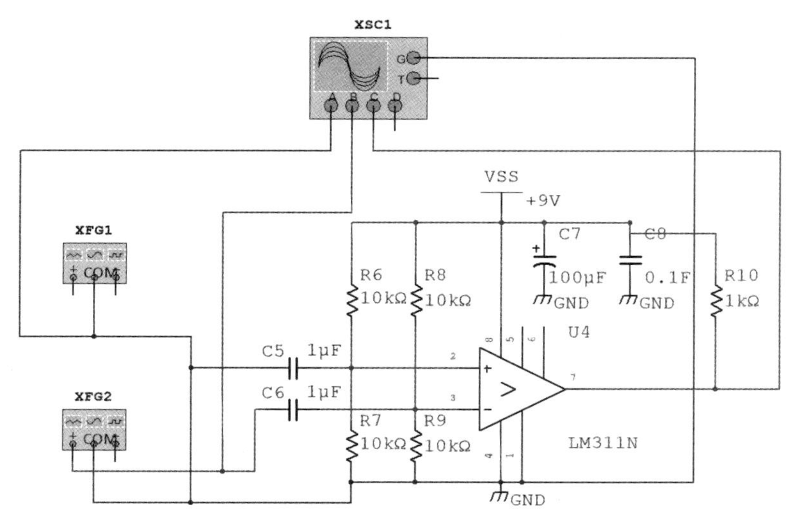

图 1-2-12 输入音频信号为零时调制器仿真电路图

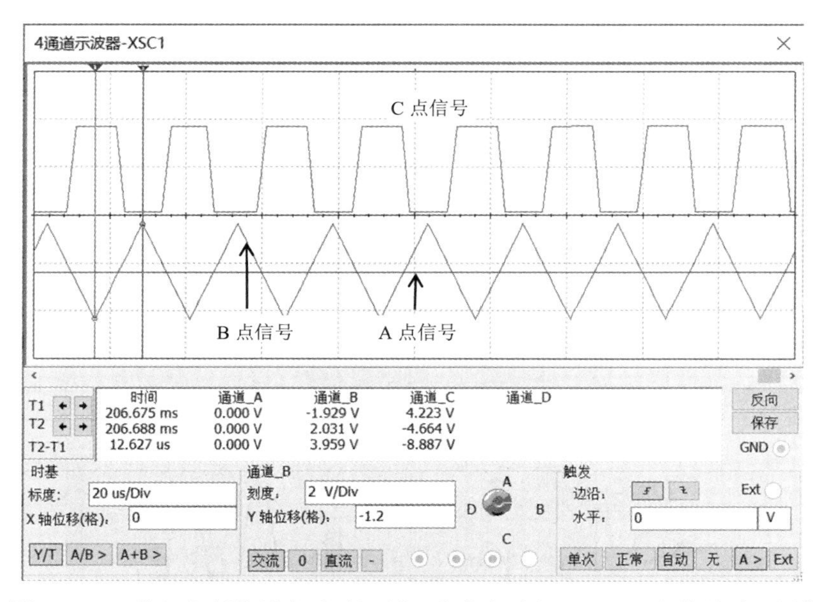

图 1-2-13 输入音频信号为零时调制器仿真电路 A、B、C 点信号波形图①

1.2.2 功率放大器

1. 放大器的分类

(1) A 类放大器

A 类放大器也叫甲类放大器，如图 1-2-14 所示，它的工作点 Q 设定在负载线的中点附近，晶体管在输入信号的整个周期内均导通。A 类放大器工作在特性曲线的线性范围内，瞬态失真和交越失真十分低，因此被称为声音最理想的放大器，它能提供非常平滑的音质，

① 软件截图中，us 的正确写法为μs（微秒）。

音色圆润温暖，电路简单，调试方便，但是效率较低，效率的理论最大值仅有50%，发热量惊人，必须采用大型的散热器。

(2) B类放大器

B类放大器也叫乙类放大器，如图1-2-15所示，它的晶体管只在正弦波的正半周或者负半周导通，如果将两个晶体管结合起来使用，一个用来放大正半周，另一个用来放大负半周，然后再将两者组合起来，那么整个波形就都得到了放大。B类放大器的效率较A类放大器提高了，理论最大值可以到达78%，平均效率可以达到50%，容许使用较小的散热器，但是在两个输出晶体管轮换工作时会产生交越失真，形成非线性放大，在声音信号非常小的时候，交越失真会让声音变得很粗糙。

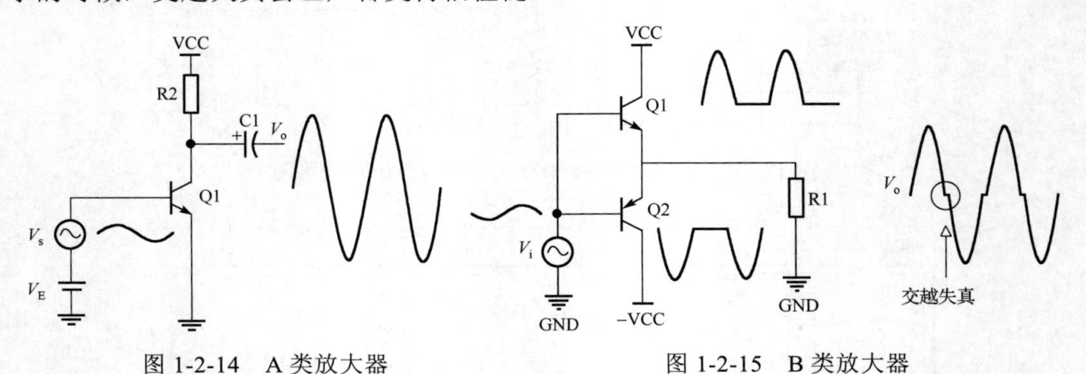

图1-2-14 A类放大器　　图1-2-15 B类放大器

(3) AB类放大器

为了去掉交越失真，出现了AB类放大器(也叫甲乙类放大器)，如图1-2-16所示，晶体管的导通时间稍大于半周期，必须用两管推挽工作，它容许小电流不间断地流动，其结果是失真基本消除，具体情况如图1-2-17所示，但效率较B类放大器低，约为66%。

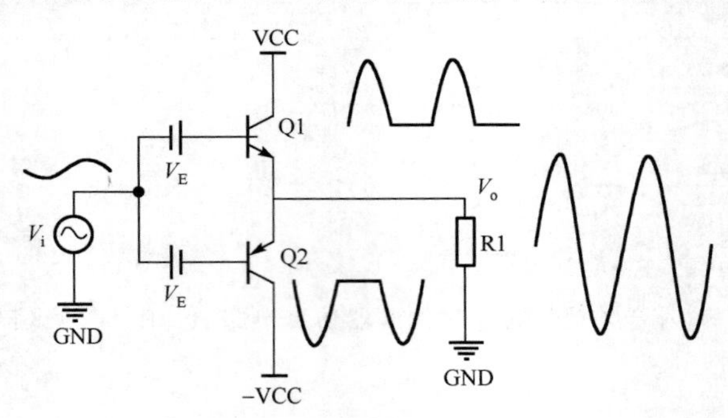

图1-2-16 AB类放大器

(4) D类放大器

D类放大器也叫丁类放大器，如图1-2-18所示，该放大器中，大功率三极管(或场效应管)处于开关工作状态，即大功率三极管(或场效应管)交替工作在截止和饱和导通状态。

在这种放大模式中，当大功率三极管(或场效应管)处于截止状态时，没有工作电流，大功率三极管(或场效应管)不耗电，没有功耗；当大功率三极管(或场效应管)工作在饱和状态时，由于大功率三极管(或场效应管)的饱和压降很小，特别是大功率场效应管的饱和压降更小，所以饱和导通时的耗电也很小，而且这种耗电只与功放管的特性有关，而与信号输出的大小无关，所以特别适合超大功率的场合，具有很高的效率，通常能够达到85%以上。

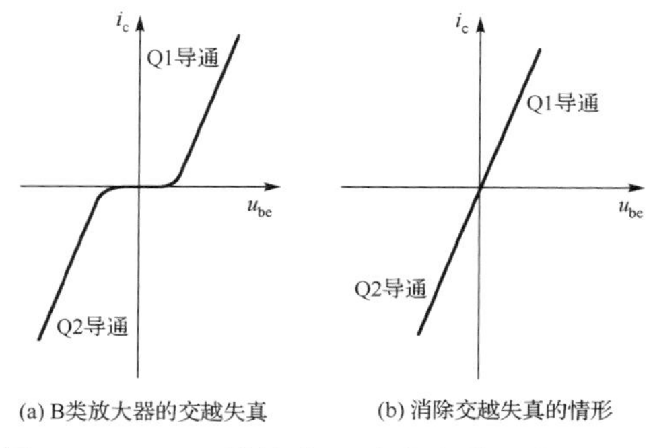

图 1-2-17 AB 类放大器消除交越失真的情形

2. 功率放大器与电压放大器

功率放大器与电压放大器的本质是相同的，二者都可以放大电流或者电压信号，在负载上都同时存在输出电压、电流和功率，并且分析方法也基本相同，都采用图解法和等效电路法，从能量控制的观点来看，放大电路的实质都是能量转换。

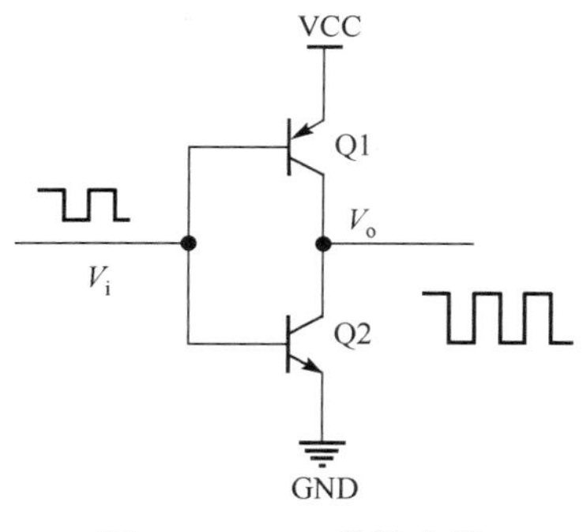

图 1-2-18 D 类放大器

但功率放大器和电压放大器的工作任务是不一样的，前者要求输出功率尽可能大，通常电流和电压都会增大，且效率要高，非线性失真要小，要能带一定负载，如推动电机旋转，使继电器或记录仪表动作，使扬声器的音圈振动发声等，通常在大信号状态下工作。而后者要求输出电压的幅度大，关注的是电压放大倍数和输入/输出阻抗，常常在小信号状态下工作，功率不一定增大。

在多级放大器中，一般包括电压放大级和功率放大级，通常多级放大器的前级为电压放大器，末级为功率放大器。

3. 数字功放的功放管

数字功放的效率与其功放管的开关响应有较大的关系。功放管的脉冲频率比音频信号高几十倍以上，若要求脉冲能保持良好的前后沿，则需要功放管有较快的开关响应，能够在很短的时间内开启和关断，从而降低管子的热损耗。由于功率放大器一般是对大信号进行放大，输出电流相对比较大，较小的导通电阻产生的管压降较小，有利于减小管子功耗，提高效率。所以，这里选用金属氧化物场效应管（MOSFET 管，简称 MOS 管）作为功放管，它具有如下特点：

① 场效应管是一种高输入阻抗、电压控制型器件，输入端电流极小，驱动功率小。

② 场效应管的驱动电路相对简单，且场效应管需要的驱动电流较小，而且通常可以直接由漏极开路 CMOS 或者集电极开路 TTL 驱动电路驱动。

③ 场效应管的开关速度比较快，它是一种多数载流子（简称多子）器件，没有电荷存储效应，能够以较高速度工作。

④由于它不存在杂乱运动的电子扩散引起的散粒噪声，所以适合在低噪声放大电路的输入级及要求信噪比较高的电路中选用。

⑤ 场效应管由多子参与导电。三极管由多子和少子两种载流子参与导电，而少子浓度受温度、辐射等因素影响较大，因而场效应管比晶体管的温度稳定性好、抗辐射能力强。

场效应管有两种工作模式，即开关模式或线性模式。所谓开关模式，就是器件充当一个简单的开关，在开与关两个状态之间切换。线性工作模式是指器件工作在某个特性曲线中的线性部分，此处的“线性”是指场效应管保持连续的工作状态，此时漏电流是施加在栅极和源极之间电压的函数。线性工作模式与开关工作模式之间的区别是，在开关电路中，场效应管的漏电流是由外部元件确定的，而在线性电路设计中却并非如此。D类（数字）放大器需要两只场效应管，它们在非常短的时间内可完全工作在导通或截止状态下。当场效应管完全导通时，其管压降很低；而当场效应管完全截止时，通过管子的电流为零。两只场效应管交替工作在导通和截止状态的开关速度非常快，因而效率极高，产生的热量很低。随着技术的不断改进，场效应管的材料和工艺不断升级，市场上已经有了通态阻抗机，通态损耗更小的CoolMOS，所以数字功放可以不要散热器。

4．搭建实际电路

搭建一个脉冲控制的大电流开关放大器，将比较器输出的PWM信号变为大功率PWM的信号。

（1）MOS管功率开关电路

MOS管组成的功率放大器如图1-2-19所示。

采用两个参数相同的功率MOS管 Q9 和Q10，它们以推挽方式存在于电路中，各负责正负半周的波形放大任务，电路工作时，两只对称的管每次只有一个导通，所以导通损耗小、效率高，稳定性可相应提高。

功率开关管采用对管 IRF9540 和 IRF540管，IRF540 的击穿电压为100V，栅源极开启电平约为2～4V，漏源标称电流 $I_D = 33A$，开关时间约为 $t_{on} = 11$ ns，$t_{off} = 39$ ns，$V_{GS} = 10V$ 时导通电阻约为0.044Ω，具体参数请参考器件对应的技术规格书。

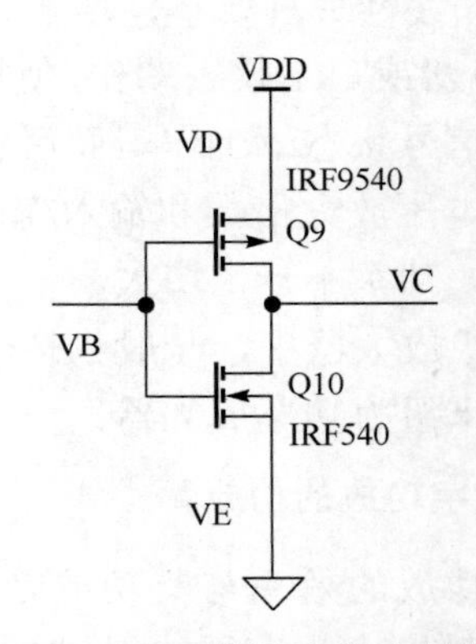

图 1-2-19 MOS管组成的功率放大器

IRF540是N沟道MOS管，IRF9540是P沟道MOS管，两者共同组成所需要的电路，其工作原理如下：

① 对于Q9，当VD（源极电压）与VB（栅极电压）的差值高于4V时，Q9导通。当VD与VB的差值低于4V时，Q9截止。

② 对于Q10，当VB（栅极电压）与VE（源极电压）的差值高于4V时，Q10饱和导通。当VB与VE的差值低于4V时，Q10截止。

(2)优化后的电路

由于 MOS 管的 GS(栅源极)之间存在寄生电容，驱动 MOS 管的过程就是对该电容充放电的过程，充电电流的大小决定了充放电的快慢及 MOS 管导通和关断的速度，而开关的速度也影响了 MOS 管的开关损耗。

前级比较器的对外驱动能力有限，为了提高MOS功率开关管的驱动能力，在前级增加图腾柱驱动电路，加了驱动电路后的电路由 Q5、Q6、Q9 和 Q10 组成。增加驱动电路后的功率放大器如图 1-2-20 所示，是构成数字功放的关键电路。其工作波形如图 1-2-21 所示，工作原理如下：

① 当 VA 为高电平时，Q5 饱和导通，Q6 截止，VB 为高电平；此时，VD 与 VB 的差值低于 4V，Q9 截止；VB 与 VE 的差值高于 4V，Q10 饱和导通；即 Q9 截止，Q10 饱和导通时，VC≈0。

② 当 VA 为低电平时，Q5 截止，Q6 饱和导通，VB 为低电平；此时，VD 与 VB(的差值高于 4V，Q9 饱和导通；VB 与 VE 的差值低于 4V，Q10 截止；即 Q9 饱和导通，Q10 截止时，VC≈VDD。

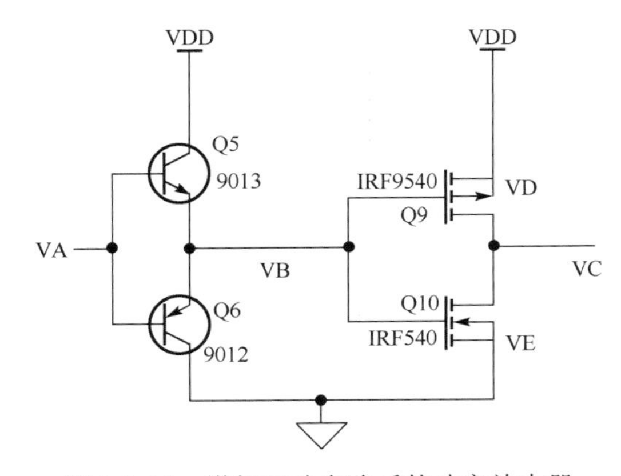

图 1-2-20 增加驱动电路后的功率放大器

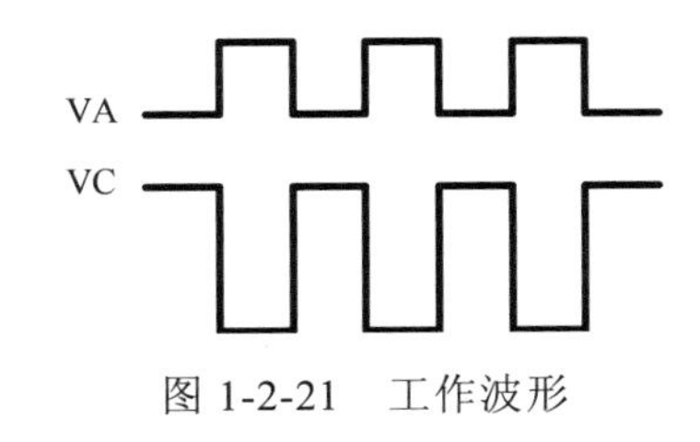

图 1-2-21 工作波形

为了进一步提高功放管的开关速度，在图腾柱电路前面加了一组缓冲器，进一步增加驱动电流，参考电路如图 1-2-22 所示。

5. 电路仿真分析

电路搭建完成后，取 VDD=10V，借助 Multisim 仿真软件进行仿真，仿真电路如图 1-2-23 所示，从 VF、VA、VB 这 3 处测得的仿真电流值 I(p-p) 如图 1-2-24 所示。由此可知经过两级驱动后电流的峰-峰(P-P)值大约增加了 50 倍，可以达到驱动效果。

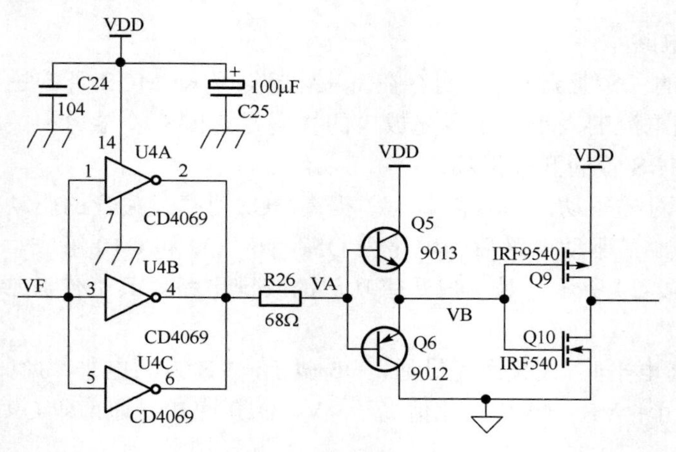

图 1-2-22 进一步增加缓冲器的功率放大器参考电路

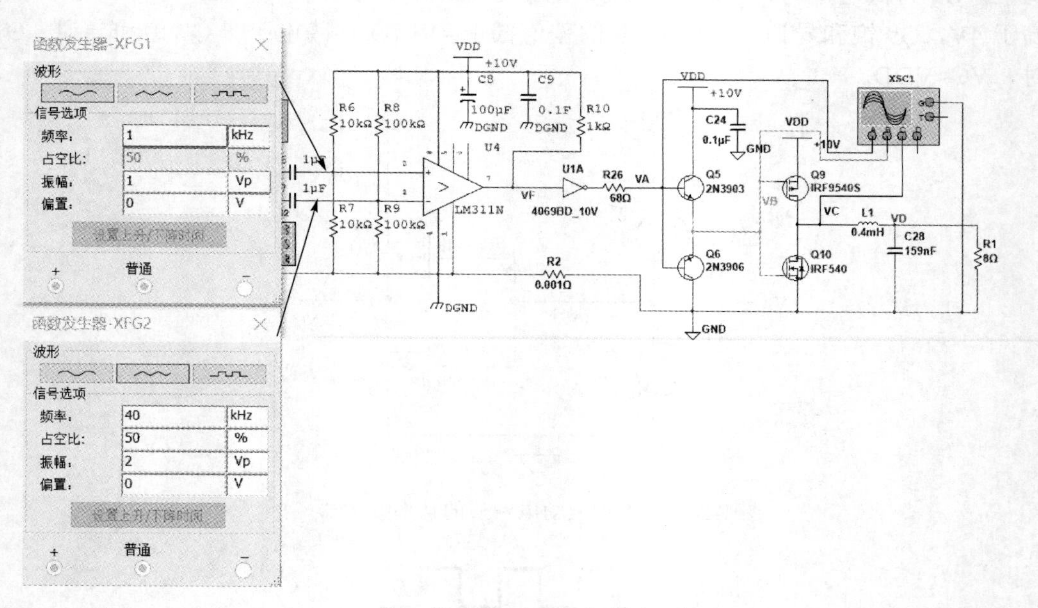

图 1-2-23 仿真电路

VF电流	VA电流	VB电流
I: 9.00 pA	I: -11.8 mA	I: -8.55 uA
I(p-p): 31.4 uA	I(p-p): 232 mA	I(p-p): 1.60 A
I(rms): 1.39 uA	I(rms): 4.75 mA	I(rms): 57.8 mA
I(dc): -52.4 nA	I(dc): 1.86 mA	I(dc): -55.5 uA
I(freq): 6.44 kHz	I(freq): 80.3 kHz	I(freq): 70.4 kHz

图 1-2-24 仿真电流值①

在 VA、VB、VC 这 3 处测得仿真波形如图 1-2-25 所示，由仿真示波器的读数可知，输入高电平接近电源电压，输入低电平接近 0V，图腾柱驱动电路三极管 Q5、Q6 和功率开关管 Q9、Q10 均处于相应的开关状态，达到了预期的设计效果。

① 软件截图中，uA 的正确写法为μA。

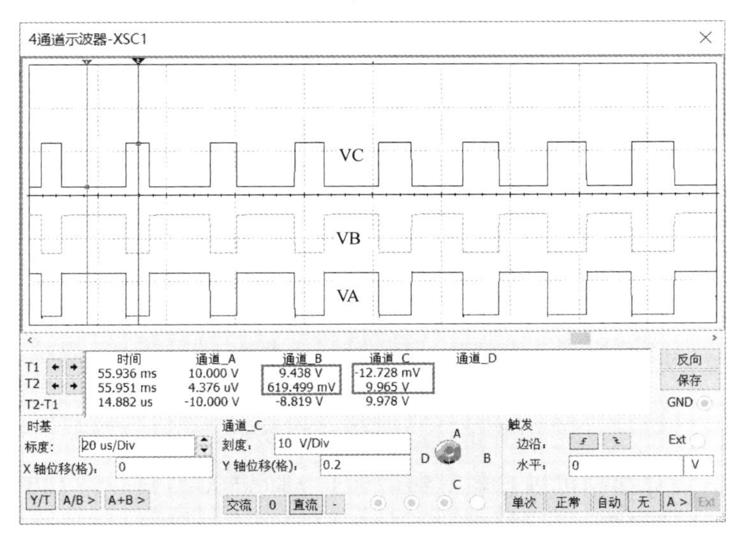

图 1-2-25 仿真波形

1.2.3 解调器

1. 解调基本原理

下面介绍如何把大功率 PWM 波形中的声音信息还原出来。方法很简单，只需要使用一个低通滤波器。但由于此时电流很大，RC 结构低通滤波器的电阻会消耗较多能量，必须使用 LC 低通滤波器。当占空比大于 50%的脉冲到来时，即宽脉冲到来时，电容的充电时间大于放电时间，输出电平上升；当占空比小于 50%的脉冲到来时，即窄脉冲到来时，电容的充电时间小于放电时间，输出电平下降，正好与原音频信号的幅度变化相一致，那么原音频信号就被恢复出来了。音频信号调制与解调过程如图 1-2-26 所示。

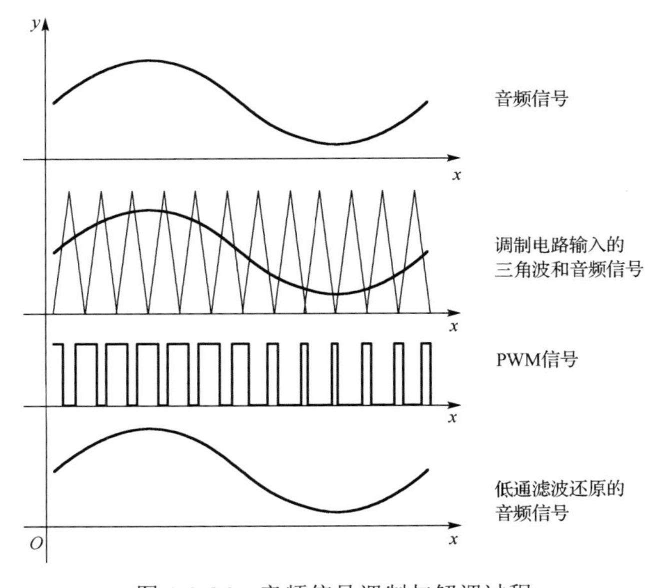

图 1-2-26 音频信号调制与解调过程

2. 解调电路

(1) 设计方法

LC 滤波器最基本的形式为定 K 型滤波器，以变量 f 作为截止频率，计算时只需要将 f 换成实际截止频率即可。

依据归一化 LPF 低通滤波器设计定 K 型滤波器的计算步骤为：归一化低通滤波器→截止频率变换→特征阻抗变换。滤波器参数计算公式为

$$M=\text{(待设计滤波器的截止频率)}/\text{(基准滤波器的截止频率)}$$
$$K=\text{(待设计滤波器的特征阻抗)}/\text{(基准滤波器的特征阻抗)}$$
$$\text{电感值计算：}L'=(L\times K)/M$$
$$\text{电容值计算：}C'=C/(K\times M)$$

归一化的 LPF 设计数据可以查表得到。对于 2 阶定 K 型归一化 LPF 电路，截止频率为 $1/(2\pi)$，特征阻抗为 1Ω。

若音频信号截止频率为 20kHz，并采用 8Ω的扬声器，则需设计截止频率为 20kHz、特征阻抗为 8Ω的 LPF 定 K 型滤波器。滤波器的参数为

$$M=\frac{20\text{kHz}}{\left(\frac{1}{2\pi}\right)\text{Hz}}\approx 125663.7$$

$$K=\frac{8\Omega}{1\Omega}=8$$

$$L'=\frac{L\times K}{M}=\frac{1\times 8}{125663.7}=64\mu\text{H}$$

$$C'=\frac{C}{K\times M}=\frac{1}{8\times 125663.7}=1\mu\text{F}$$

(2) 仿真分析

① LC 低通滤波电路幅频特性分析：L 取 64μH，C 取 1μF，仿真电路如图 1-2-27 所示，仿真结果如图 1-2-28 所示，可知在 20kHz 左右，输出信号幅值开始下降，LC 电路的幅频特性参数仿真结果与理论计算结果基本一致。

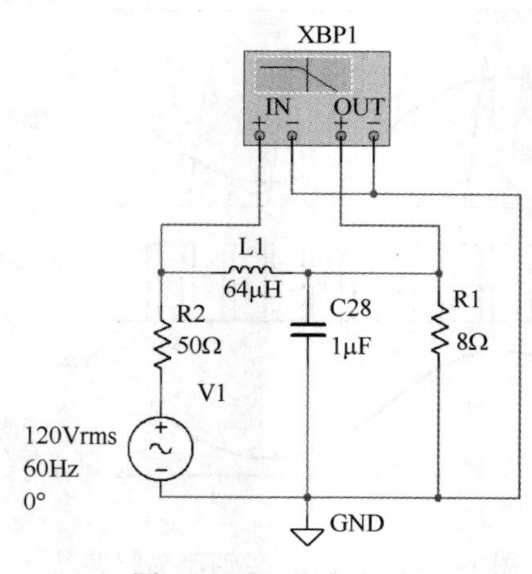

图 1-2-27 仿真电路

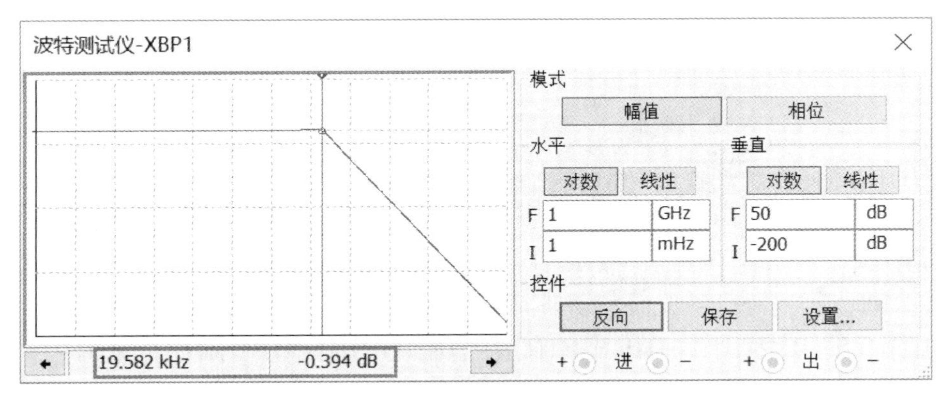

图 1-2-28 仿真结果

② 输入载波信号频率取值分析：当采用 1kHz 的信号模拟音频信号，采用 40kHz 的三角波信号模拟载波信号时，仿真信号发生器输出值如图 1-2-29 所示；分别把两个信号送入调制与解调仿真电路(如图 1-2-30 所示)中 U4 的 2 脚和 3 脚，调制与解调波形如图 1-2-31 所示。从仿真结果可知，输出的音频信号中含有较多的高频载波信号，输出音频信号 THD(总谐波失真)比较高。

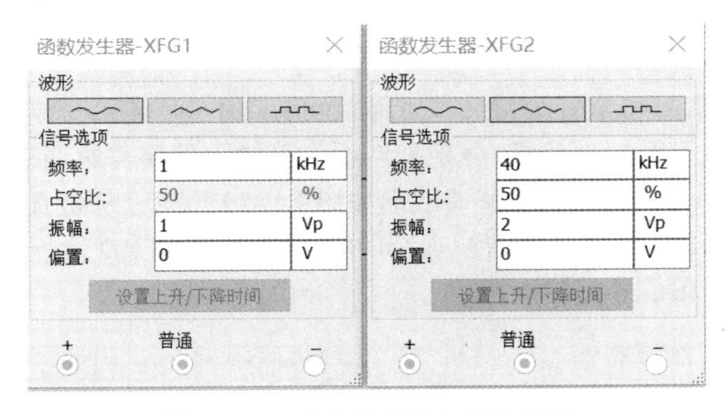

图 1-2-29 仿真信号发生器输出值

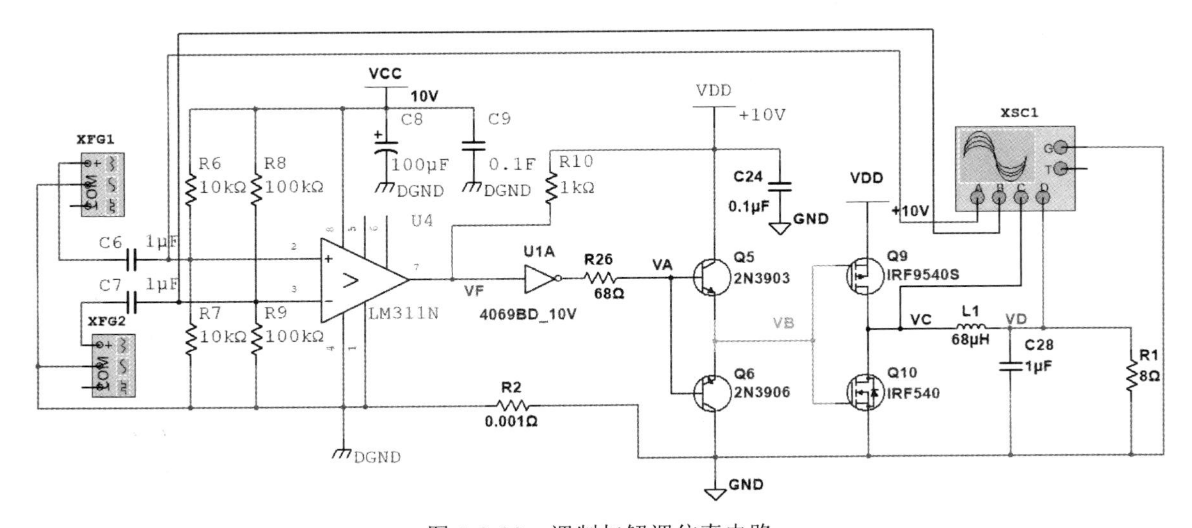

图 1-2-30 调制与解调仿真电路

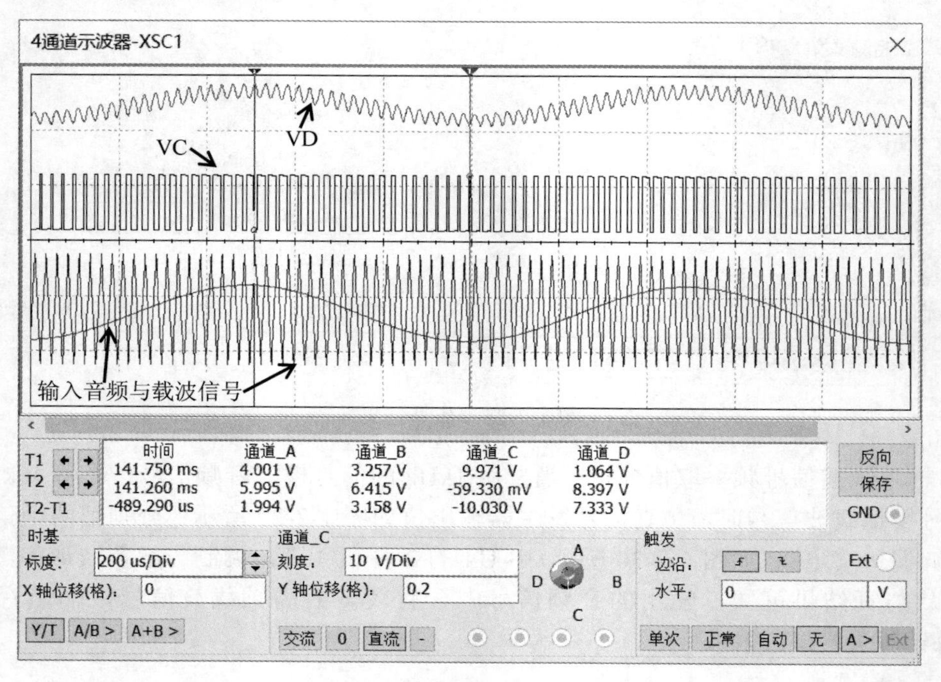

图 1-2-31　调制与解调波形

当采用 1kHz 的信号模拟音频信号，采用 100kHz 的三角波信号模拟载波信号时，仿真信号发生器输出值如图 1-2-32 所示；分别把两个信号送入调制与解调仿真电路（如图 1-2-30 所示）中 U4 的 2 脚和 3 脚，调制与解调波形如图 1-2-33 所示。从仿真结果可知，载波信号为 100kHz 与载波为 40kHz 相比，谐波衰减的幅值增加了，THD 降低了，还原后的 VD 波形更加接近输入的音频信号。

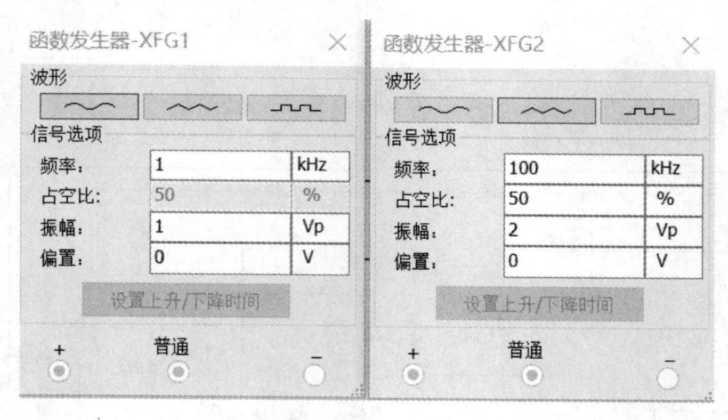

图 1-2-32　仿真信号发生器输出值

当采用 1kHz 的信号模拟音频信号，采用 200kHz 的三角波信号模拟载波信号时，仿真信号发生器输出值如图 1-2-34 所示；分别把两个信号送入调制与解调仿真电路（如图 1-2-30 所示）中 U4 的 2 脚和 3 脚，调制与解调波形如图 1-2-35 所示。从仿真结果可知，载波信号为 200kHz 与载波为 100kHz 相比，谐波衰减的幅值增加了，THD 又降低了，还原后的波形基本接近输入的音频信号。

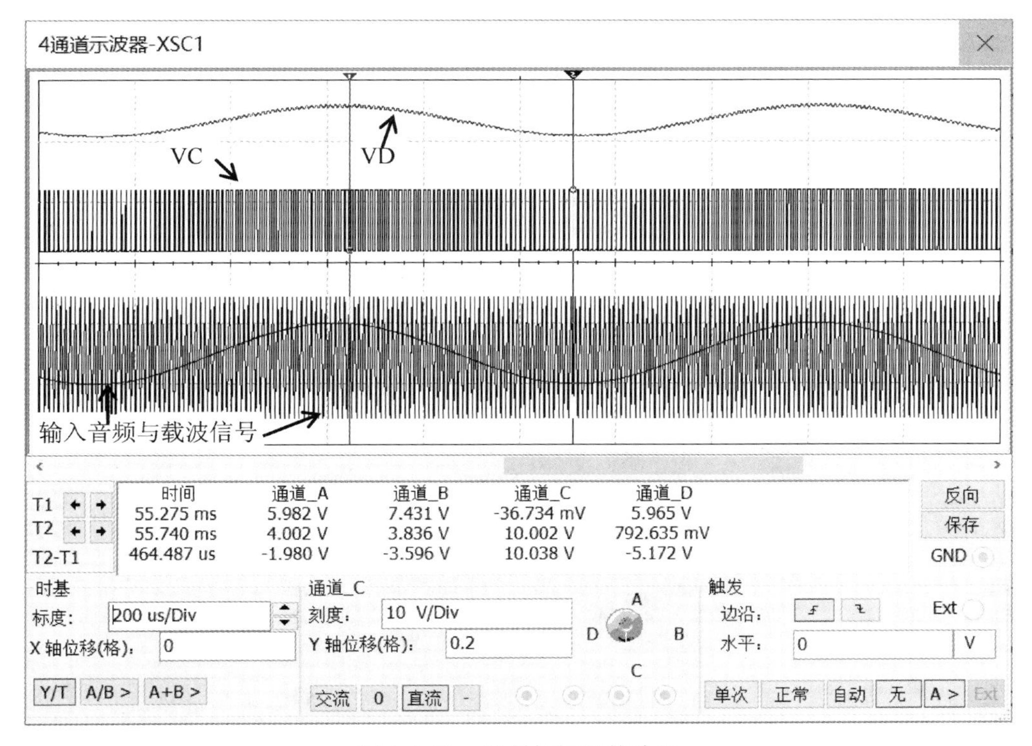

图 1-2-33　调制与解调的波形

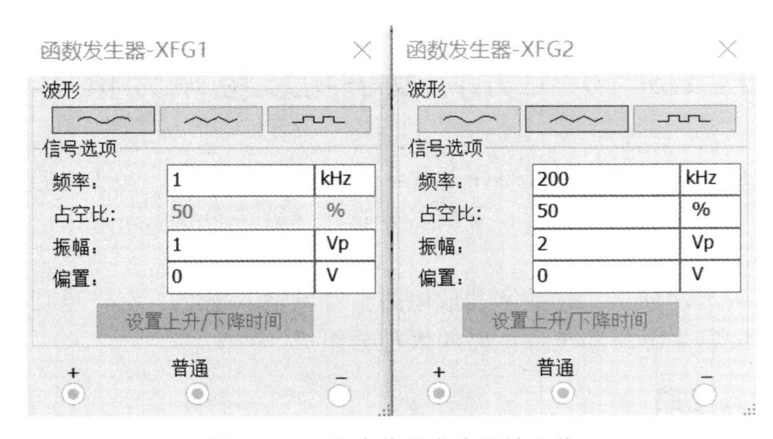

图 1-2-34　仿真信号发生器输出值

综上所述，若要把20kHz以下的音频调制成PWM信号，则载波信号的频率达到200kHz以上时，音频信号的还原效果比较好，THD较低。当载波频率降低时，要达到同样的THD标准，对LC低通滤波器的元件要求就会增高，LC低通滤波器的结构也会更复杂。当载波频率升高时，由于音频与载波的频率值相差有一定的距离（载波频率在音频信号频率的10～20倍以上）输出波形的谐波成分逐渐降低，更加接近原波形，THD变小，对LC低通滤波器的元件要求可以相对降低，造价相应降低。但是频率增高对开关管的开关速度要求也相应地提高，开关损耗会随频率的上升而上升，而且还会产生其他的问题，所以要根据实际产品的要求折中取值。

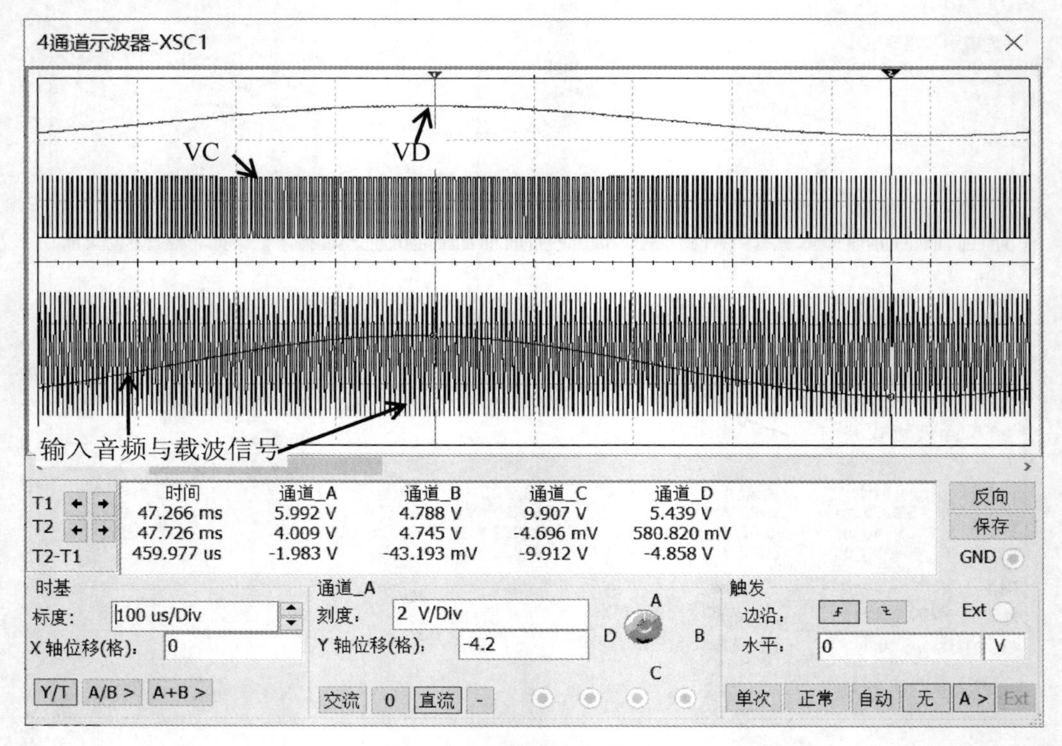

图 1-2-35 调制与解调波形

1.3 分立元件数字功放电路分析

数字功放已有门类齐全的集成电路芯片，应用时只需按要求设计低通滤波器即可。但是为了使数字功放的原理更好理解，下面以分立元件数字功放电路为例，对数字功放的工作原理进行讲解。

如图 1-3-1 所示，分立元件数字功放电路由音频输入电路、左声道功放电路、右声道功放电路、三角波发生电路和电源电路四大部分组成。

1.3.1 音频输入电路

音频输入电路比较简单，由 P1 和 J1 组成，设置两个输入端子，便于后续输入和调试。当音频信号从耳机座 J1 输入时，信号座 P1 被开路，此时可以从 J1 引入声音作为功放音源；当需要调试电路时可以选择从信号座 P1 输入调试信号，给功放提供调试信号。

1.3.2 左声道功放电路和右声道功放电路

如图 1-3-2 所示，左声道功放电路和右声道功放电路完全一样，它们的工作原理也完全相同。每个声道均由前置放大电路、PWM 调制电路、PWM 驱动放大电路、低通滤波+喇叭保护电路四部分组成，在后面的原理讲解和理论分析中，以左声道为例进行讲解。

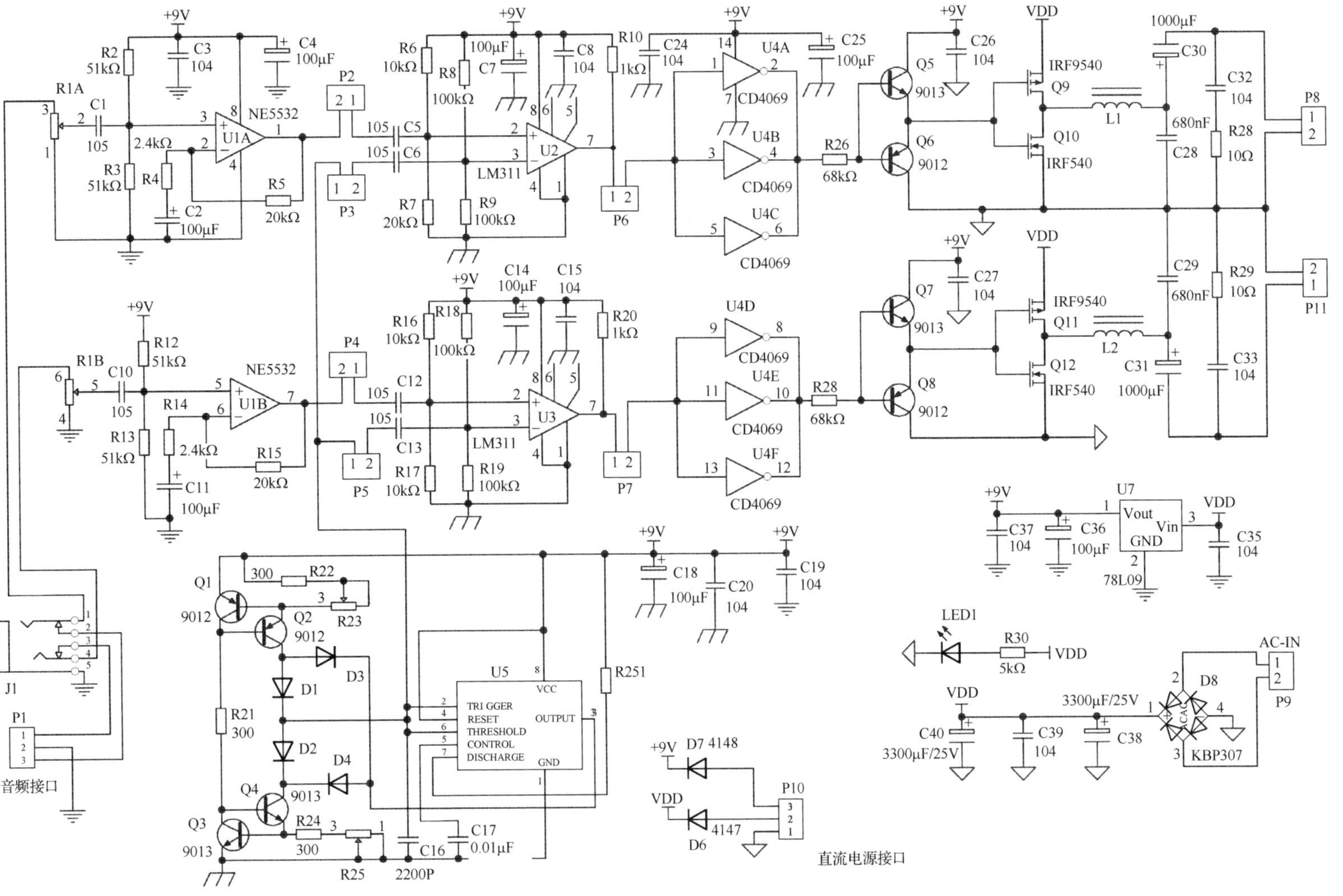

图 1-3-1 分立元件数字功放电路原理图

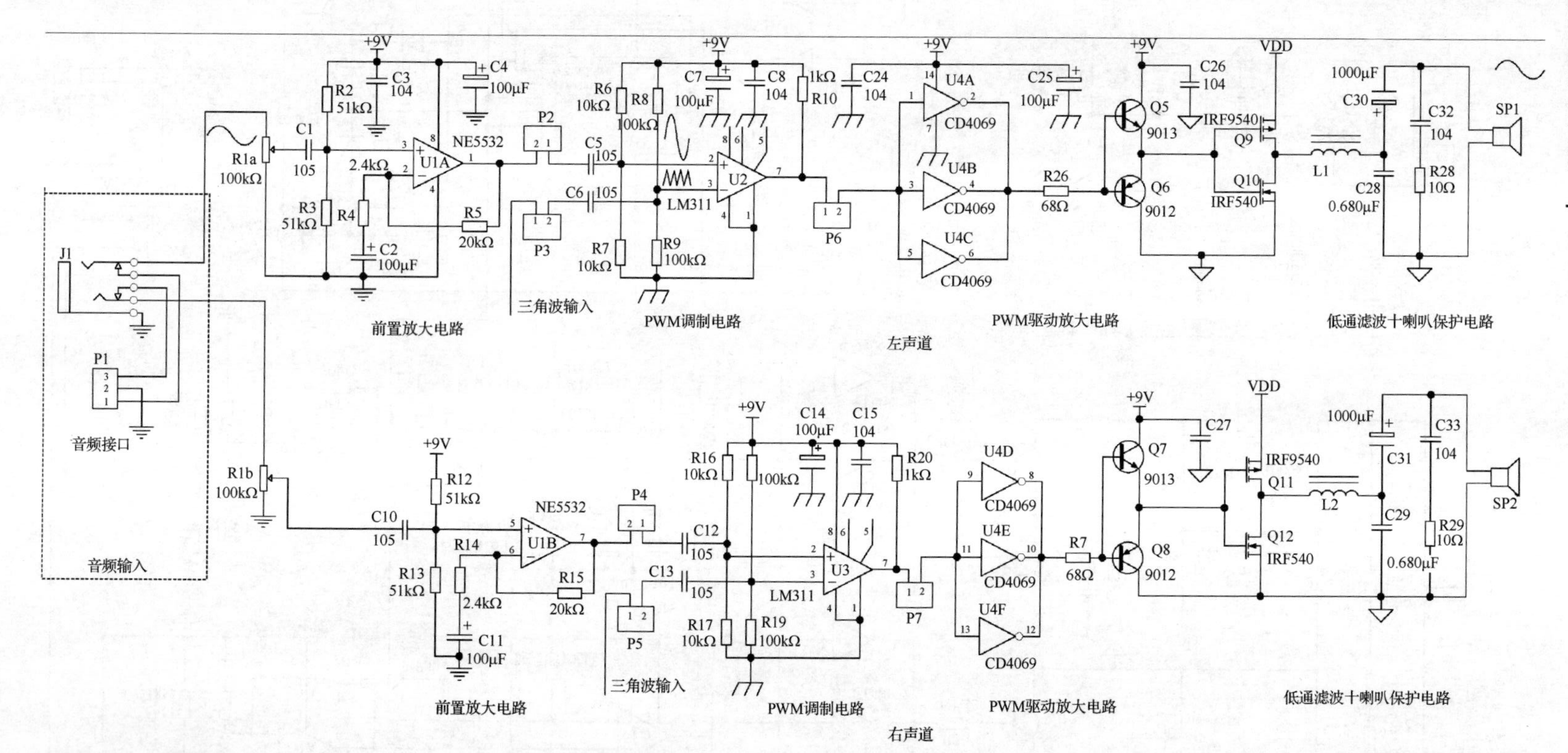

图 1-3-2 左声道功放电路和右声道功放电路原理图

1．前置放大电路

（1）前置放大器原理

前置放大器是指置于音频信号源与功率放大器之间的电路，前置放大器的功能一般有两个：一是选择所需要的音源信号，并通过前置放大器放大至标准电平；二是进行各种音质控制及声音美化。在分立元件数字功放电路中，其主要用于接收来自信源的微弱电压信号，将其放大到后级电路需要的电平。同时，要将前置放大器设计为高输入、低输出阻抗，实现阻抗匹配。

前置放大电路可分为音量调节电路和同相放大器，电路原理图如图 1-3-3 所示，由 R1a、U1A、R2、R3、R4、R5、C1、C2、C3 和 C4 组成。

音量调节电路采用音量控制电位器 R1a，把输入的音频信号通过分压，进行适当的衰减，达到音量调节的效果。

U1A、R2、R3、R4、R5、C1、C2、C3 和 C4 组成一个同相输入的运算放大器（同相放大器）。为了实现输入电阻 $R_\mathrm{i}\geqslant 10\ \mathrm{k\Omega}$ 的要求，取 V+=VCC/2 = 4.5V，R1=R2=51kΩ，则 R_i=51/2=25.5 kΩ；反馈电阻采用电位器 R5，取 R5= 20kΩ，取反相端电阻 R4=2.4kΩ，则前置放大器的最大增益 A_{V1} 为

$$A_{\mathrm{V1}}=1+\frac{\mathrm{R5}}{\mathrm{R4}}=1+\frac{20\mathrm{k\Omega}}{2.4\mathrm{k\Omega}}\approx 9.3$$

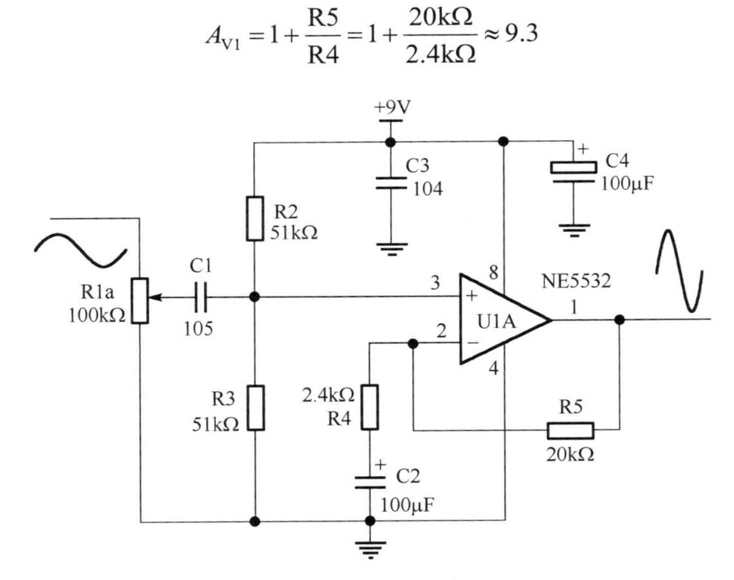

图 1-3-3 前置放大电路原理图

（2）仿真分析

仿真电路与静态电压如图 1-3-4 所示，从静态电压可以看出，输入和输出信号中都含有约 4.5V 左右的直流信号；仿真输入/输出波形如图 1-3-5 所示，输出信号 VO 与输入信号 VI 的比值大概为 9.036V/0.968V，增益约为 9.3，与理论计算值相符。

2．PWM 调制电路

PWM 调制电路如图 1-3-6 所示，前置放大后的音频信号通过跳线帽 P2 送到 PWM 调制电路 U2 的 2 脚，载波信号（三角波信号）通过 P3 送到 PWM 调制电路 U2 的 3 脚，将 2、

3 脚信号加上 4.5V 的直流偏置电压，送入 LM311 后进行电压比较，得到幅值相同、占空比随音频幅度变化的脉冲信号。

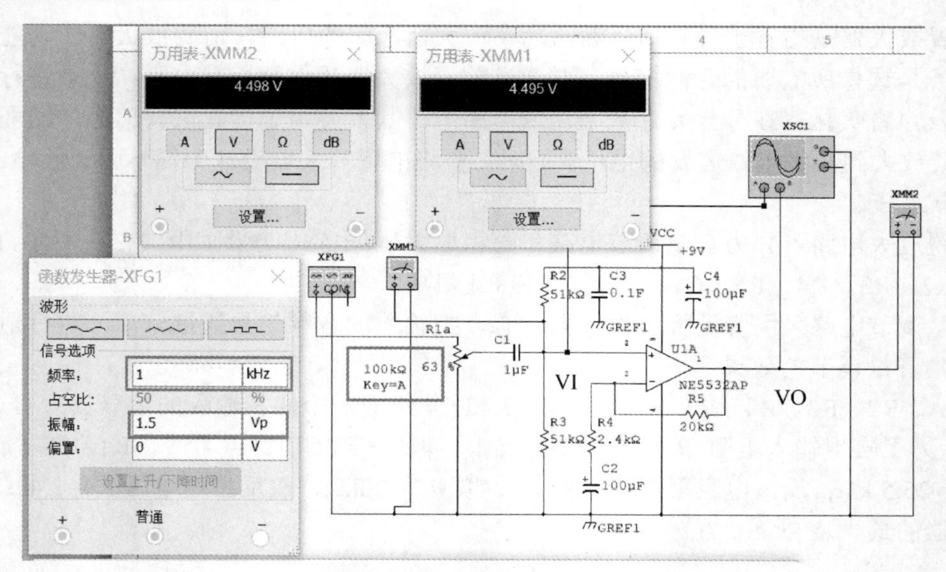

图 1-3-4　仿真电路与静态电压

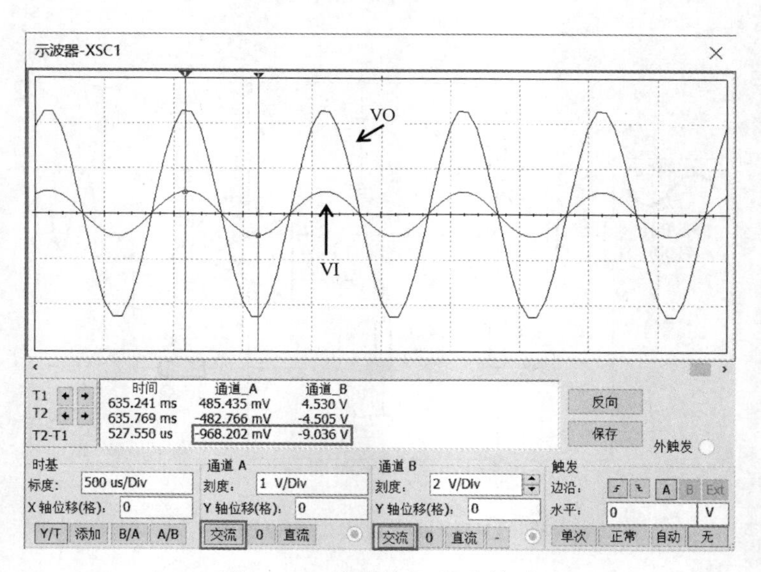

图 1-3-5　仿真输入/输出波形

3．PWM 驱动放大电路

PWM 驱动放大电路如图 1-3-7 所示，主要由 U4(CD4069)组成，CD4069 为六反相触发器，可以增加电路的带负载能力。采用 CD4069 将前级 PWM 调制电路产生的矩形脉冲进行电流放大后，通过限流电阻 R26，送到由 Q5、Q6 组成的图腾柱驱动电路，继续增加驱动电流，使该矩形波信号能够顺利驱动后级由 Q9、Q10 组成的功率放大电路(调整 R26 的阻值可以调节电路的电流大小，使电流达到电路需要的值)。该电路中的+9V 电源可以根据电路的功率要求调整为需要的值，但是为了避免 Q5、Q6 工作在放大区，应尽量使 U4 输出的高电平与图腾柱电路的电源保持一致，同时与 VDD 的差值不能大于 MOS 管的开启电压。

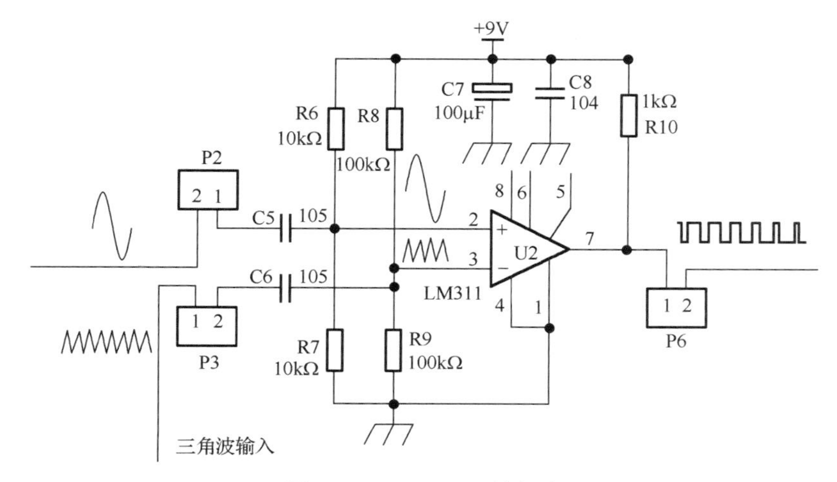

图 1-3-6 PWM 调制电路

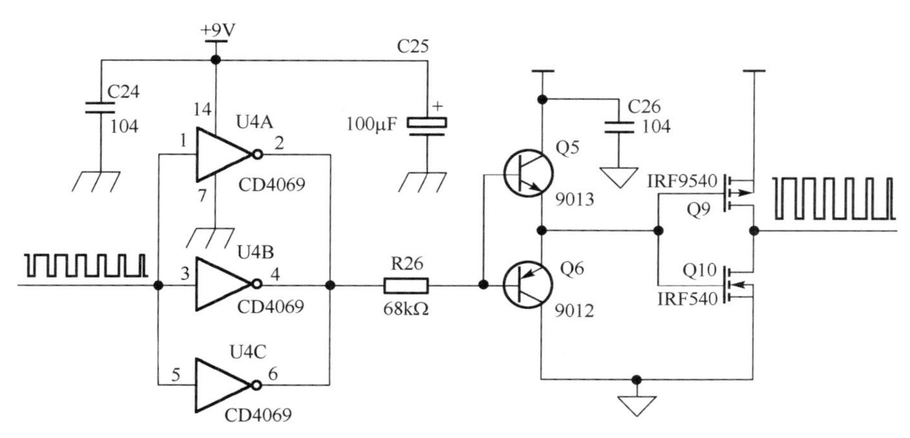

图 1-3-7 PWM 驱动放大电路

4．低通滤波电路

如图 1-3-8 所示，由 L1 和 C28 组成的低通滤波器是 PWM 解调电路，用于将音频信号从 PWM 中解调出来；当 VA 为低电平时，Q9 饱和导通，Q10 截止，电源经过如下回路：VDD → Q9(E)→ Q9(C)→ L1→ C28 →GND，对电容 C28 和电感 L1 充电，产生大电流。当 VA 为高电平时，Q9 截止，Q10 饱和导通，这时电容 C28 和电感 L1 上所充的电能通过回路：C28→L1 → Q10(C)→ Q10(E)→GND，对地放电，产生大电流。

当占空比大于 50%的脉冲，即宽脉冲到来时，C28 的充电时间大于放电时间，输出电平上升；当占空比小于 50%的脉冲，即窄脉冲到来时，C28 的充电时间小于放电时间，输出电平下降，正好与原音频信号的幅度变化相一致，所以原音频信号被恢复出来。

当取 L1=68μH 时，仿真电路如图 1-3-9 所示，仿真得到的幅频特性曲线如图 1-3-10 所示，可以看出截止频率在 20kHz 左右，基本满足设计要求。此外，可以通过提高载波的频率来进一步降低输出信号的谐波失真。

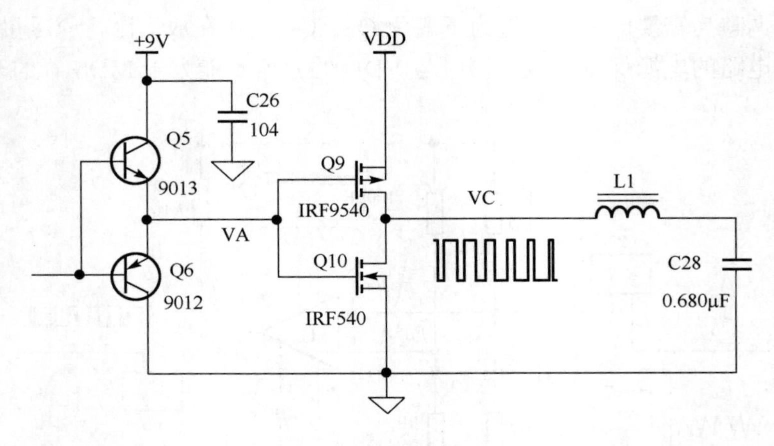

图 1-3-8　低通滤波电路

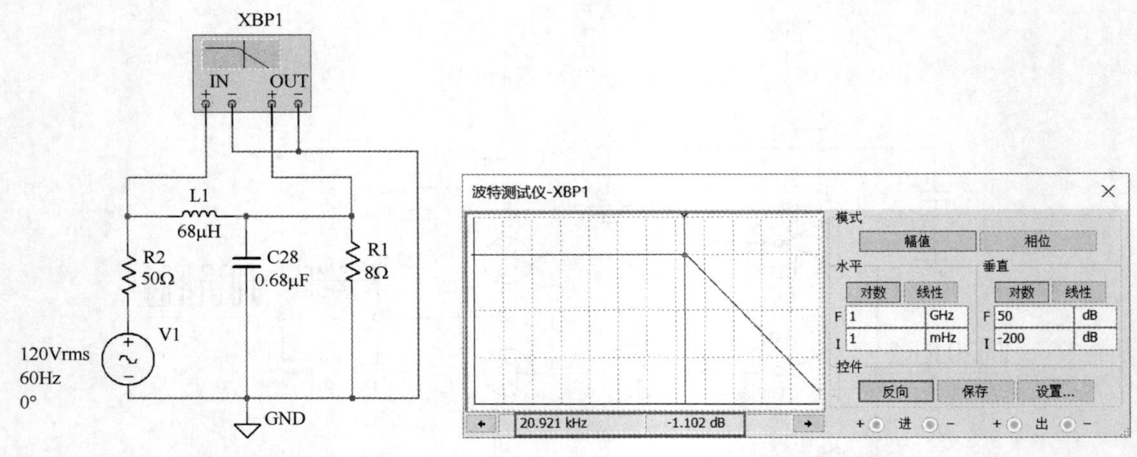

图 1-3-9　仿真电路　　　　图 1-3-10　幅频特性曲线

当采用 1kHz 的信号模拟音频信号，40kHz 的三角波信号模拟载波信号时，仿真信号发生器输出值如图 1-3-11 所示；分别把两个信号送入调制与解调电路(仿真电路如图 1-3-12 所示)中 U3 的 3 脚(G 点)和 U4 的 3 脚(F 点)，则 G、B、C、D 各点网络信号情况如图 1-3-13 所示。从仿真结果可以看出，此时的谐波失真比较大，可以提高载波频率来降低谐波失真。

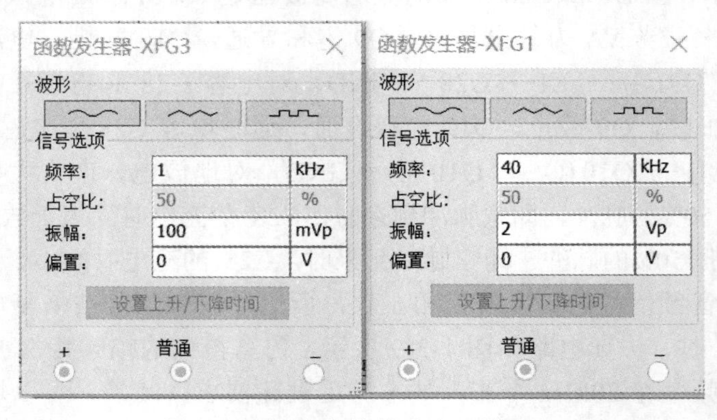

图 1-3-11　仿真信号发生器输出值

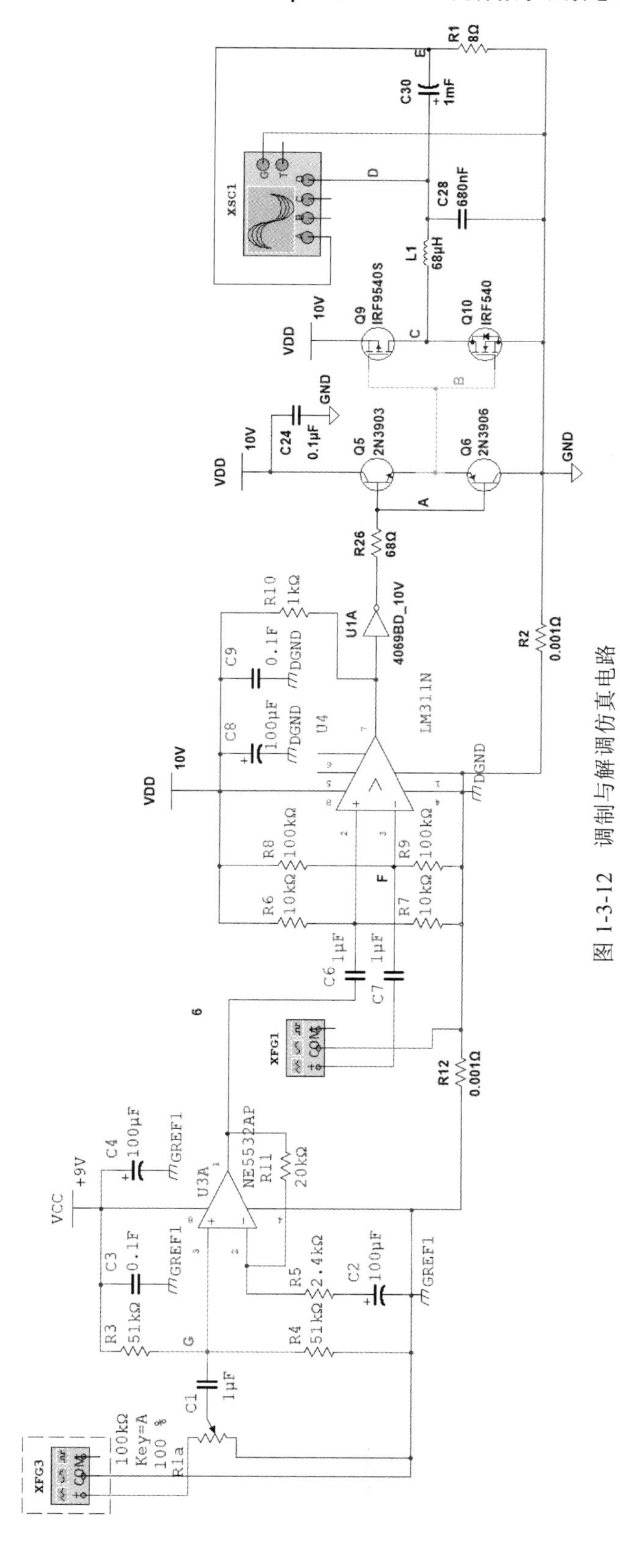

图 1-3-12 调制与解调仿真电路

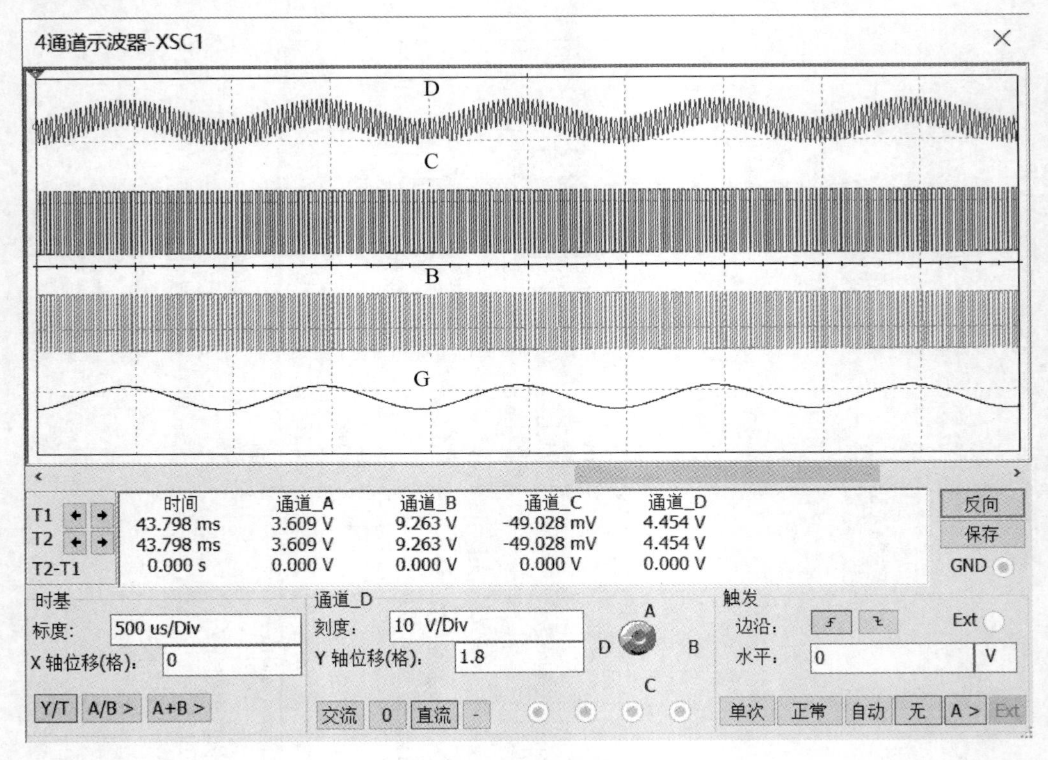

图 1-3-13　调制与解调波形

当音频信号采用 1kHz 的正弦波信号，载波采用 200kHz 的三角波信号时，仿真信号发生器输出值如图 1-3-14 所示；分别把两个信号送入调制与解调电路(仿真电路如图 1-3-12 所示)中 U3 的 3 脚(G 点)和 U4 的 3 脚(F 点)，则 G、B、C、D 各点网络信号情况如图 1-3-15 所示。从仿真结果可以看出此时的谐波失真比较小，所以可以通过适当提高载波信号的频率来获取低谐波失真的输出信号。

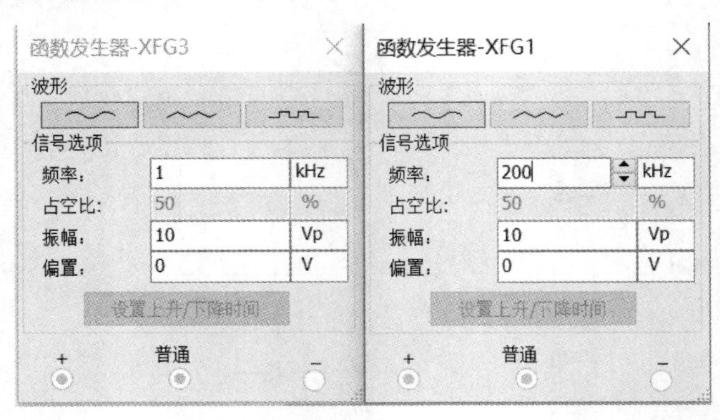

图 1-3-14　仿真信号发生器输出值

5. 喇叭保护电路

隔直电容构成的喇叭保护电路如图 1-3-16 所示，C30 为输出隔直耦合电容，用来滤除输出音频信号的直流成分，保护喇叭并防止喇叭声音异常。

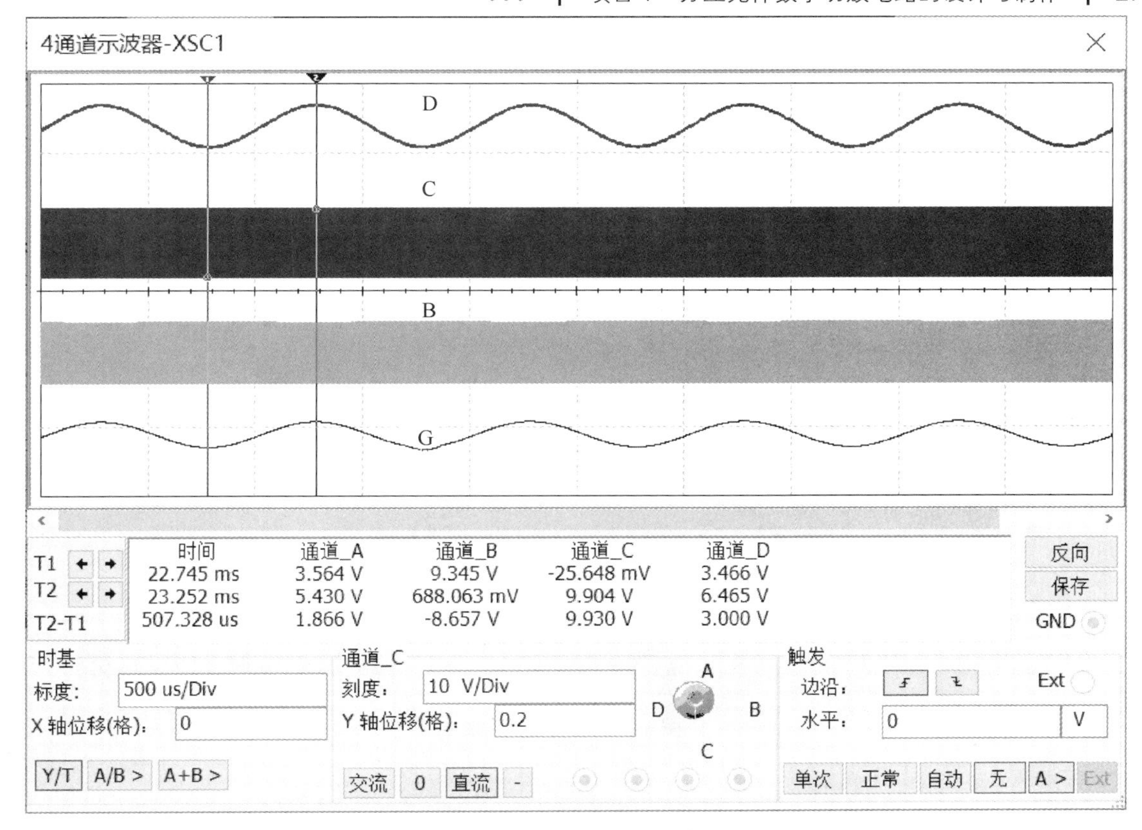

图 1-3-15 调制与解调波形

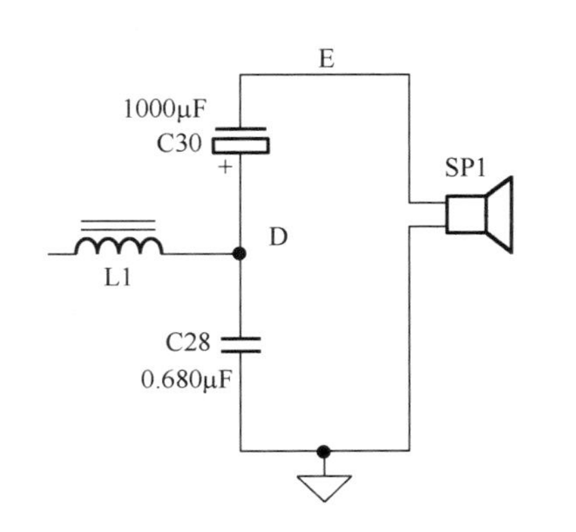

图 1-3-16 隔直电容构成的喇叭保护电路

仿真结果如图 1-3-17 所示，D 点波形是滤波之前的波形，E 点波形是滤波之后的波形。可以看出，经过隔直耦合电容 C30 后，输出音频的直流成分基本被滤除，能够防止直流信号对喇叭的破坏，起到一定的保护作用。

如贝尔喇叭保护电路如图 1-3-18 所示，C32 和 R28 是并联在喇叭上的一个电阻和一个电容的串联，能够使低音喇叭在相当宽的频率范围内呈现近似纯电阻，进而使分频点稳定，改善阻尼，改善相位失真。在这里其主要作用是吸收高频尖峰，避免高频自激。

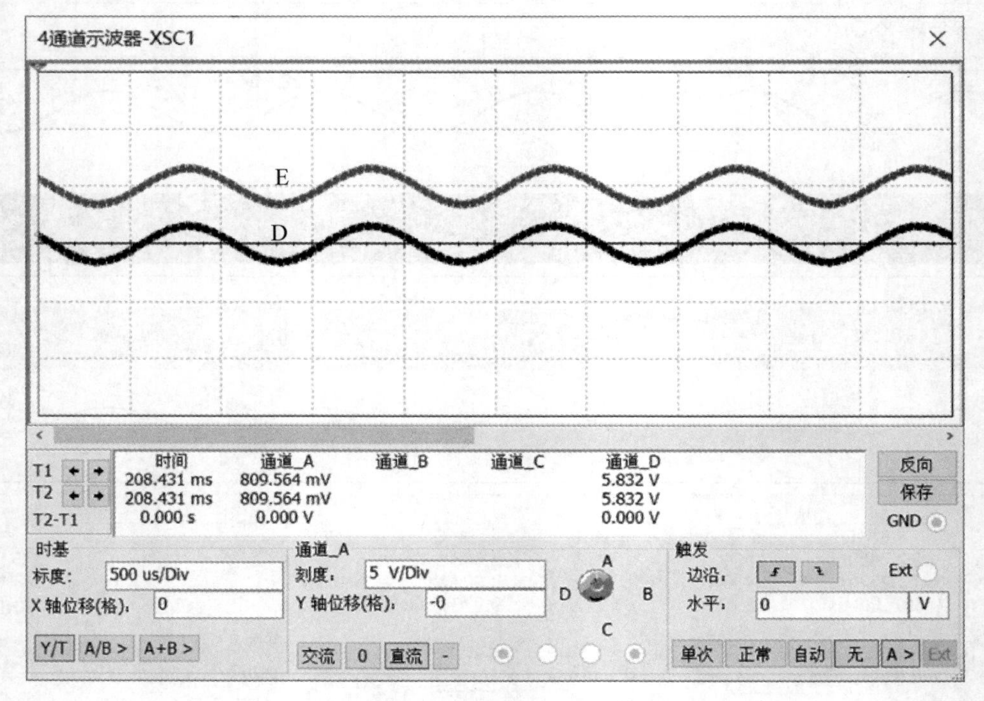

图 1-3-17　仿真结果

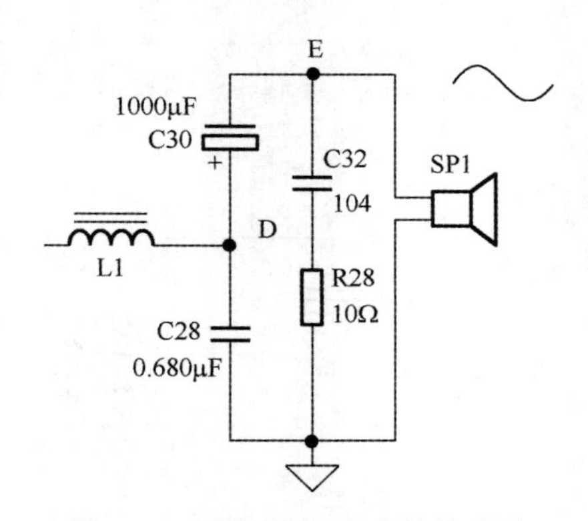

图 1-3-18　如贝尔喇叭保护电路

1.3.3　三角波发生电路

1. 由 555 电路组成的多谐振荡器

555 时基电路在“数字电子技术”课程中已有详细讲解，其工作原理此处不再赘述。由 555 电路组成的多谐振荡器如图 1-3-19 所示。

(1) 多谐振荡器的工作原理

图 1-3-19(a) 为多谐振荡器电路原理图；图 1-3-19(b) 为多谐振荡器的电容 C 上的充放电波形、NE555 的 3 脚的输出波形。

多谐振荡器只有两个暂稳态。假设当电源接通后，电路处于某一暂稳态，电容 C 上电

压 U_C 略低于 $V_{CC}/3$，U_O 为高电平，与 7 脚相连的三极管 V1 截止，电源 V_{CC} 通过 RA、RB 给电容 C 充电。随着充电的进行，U_C 逐渐增大，但只要 $\frac{1}{3}V_{CC} < U_C < \frac{2}{3}V_{CC}$，输出电压 U_O 就一直保持高电平不变，这就是第一个暂稳态。

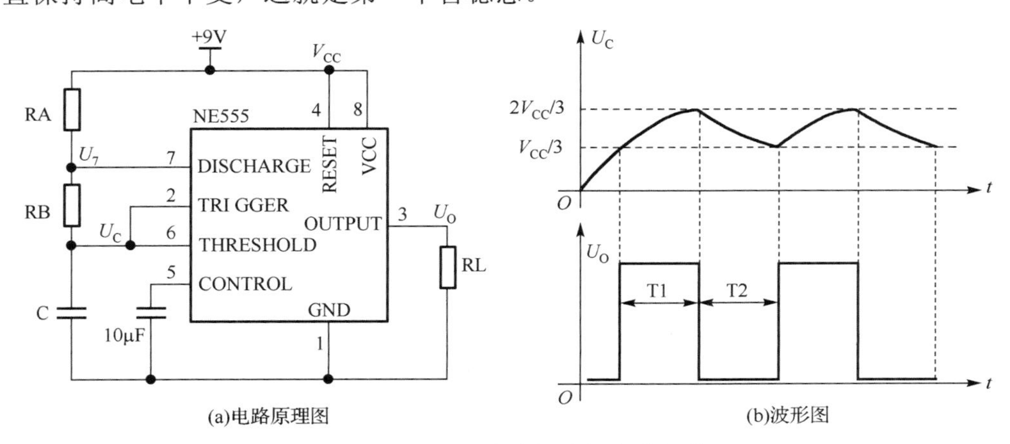

(a)电路原理图 (b)波形图

图 1-3-19 由 555 电路组成的多谐振荡器

当电容 C 上的电压 U_C 略微超过 $2V_{CC}/3$ 时(即 NE555 的 6 脚和 2 脚电压均大于或等于 $2V_{CC}/3$ 时)，RS 触发器置 0，使输出电压 U_O 从原来的高电平翻转到低电平，即 U_O=0，与 7 脚相连的三极管 V1 饱和导通，此时电容 C 通过 RB 和与 7 脚相连的三极管 V1 放电。随着电容 C 放电，U_C 下降，但只要 $\frac{1}{3}V_{CC} < U_C < \frac{2}{3}V_{CC}$，$U_O$ 就一直保持低电平不变，这就是第二个暂稳态。

当 U_C 下降到略微低于 $V_{CC}/3$ 时，RS 触发器置 1，电路输出又变为 U_O=1，与 7 脚相连的三极管 V1 截止，电容 C 再次充电，又重复上述过程，电路输出便得到周期性的矩形脉冲。其工作波形如图 1-3-19(b)所示。

(2)振荡周期 T 的计算

多谐振荡器的振荡周期为两个暂稳态的持续时间之和，即 T=T1+T2。由图 1-3-19(b)所示的 U_C 的波形求得电容 C 的充电时间 T1 和放电时间 T2 分别为

$$\text{T1} = (\text{RA}+\text{RB})C\ln\frac{V_{CC}-\frac{1}{3}V_{CC}}{V_{CC}-\frac{2}{3}V_{CC}} = (\text{RA+RB})C\ln 2 = 0.7(\text{RA+RB})C$$

$$\text{T2} = \text{RB}\times C\ln\frac{0-\frac{2}{3}V_{CC}}{0-\frac{1}{3}V_{CC}} = \text{RB}\times C\ln 2 = 0.7\text{RB}\times C$$

因而振荡周期为

$$T = \text{T1}+\text{T2} = 0.7(\text{RA}+2\text{RB})C$$

如果取 RA=1.8kΩ，RB=820Ω，C=10nF，那么 $\text{T1} = 0.7\times(1.8\text{k}+0.82\text{k})\times10\times10^{-9} = 18.34\mu\text{s}$，$\text{T2} = 0.7\times0.82\text{k}\times10\times10^{-9} = 5.74\mu\text{s}$，$T$=T1+T2=24.08μs，$f$=1/$T$=41.5kHz。仿真电路如图 1-3-20

所示，仿真结果如图 1-3-21 所示，T1=18.715μs 与理论值基本一致，UC 低电平跳变电压仿真值为 2.866V，与理论值 $V_{CC}/3$=3V 基本一致，UC 高电平跳变电压仿真值为 5.990V，与理论值 $2V_{CC}/3$=6V 基本一致。

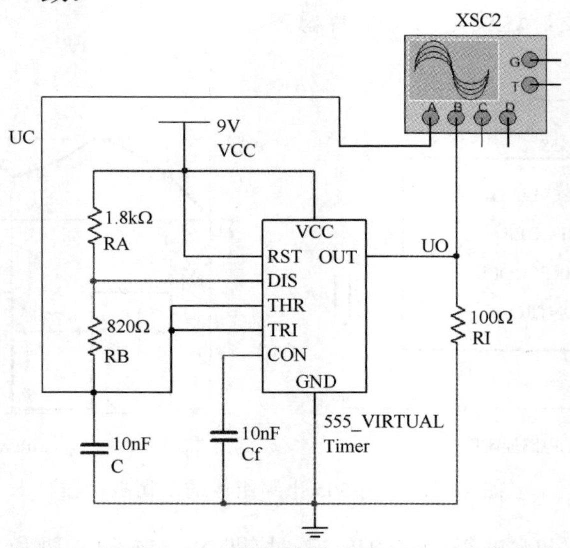

图 1-3-20　由 555 电路组成的多谐振荡器仿真电路

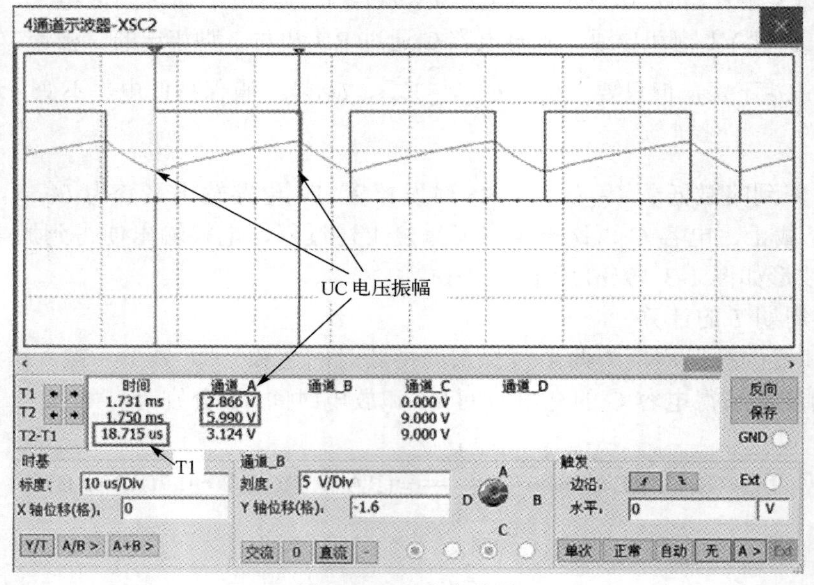

图 1-3-21　仿真结果

(3)存在的不足

T1 ≠ T2，充电时间不等于放电时间，三角波的波形不是等腰三角形。由于充电时多了一个电阻 RA。因此利用电阻和电容的充放电得到的三角波的线性不好。

2．T1 = T2 的多谐振荡电路

(1)T1 = T2 的多谐振荡电路工作原理

当电路上电时，电容 C1 上电压 U_C 略低于 $V_{CC}/3$，U_O 为高电平，C 点电压为高电平；

C 点电压为高电平时，D3 截止，D4 导通；B 点电平也为高电平，D2 截止。由于 D3 和 D2 截止，其等效电路如图 1-3-23 所示。

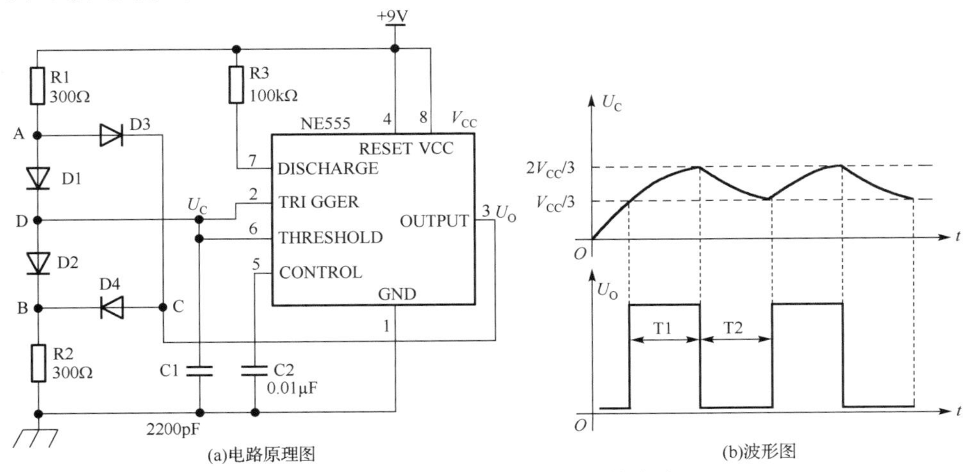

图 1-3-22 T1 = T2 的多谐振荡电路

这时，电源+9V 通过 R1 和 D1 给电容 C 充电。随着充电的进行 U_C 逐渐增高，但只要 $\frac{1}{3}V_{CC} < U_C < \frac{2}{3}V_{CC}$，输出电压 U_O 就一直保持高电平不变，这就是第一个暂稳态。

当电容 C 上的电压 U_C 略微超过 $2V_{CC}/3$ 时(即 NE555 的 6 脚和 2 脚的电压值均大于或等于 $2V_{CC}/3$ 时)，RS 触发器置 0，使输出电压 U_O 从原来的高电平翻转到低电平，即 U_O=0。

当 U_O 输出低电平时，C 点电压为低电平，D4 截止，D3 导通；同时，A 点电压也为低电平，D1 截止。

由于 D4 和 D1 截止，其等效电路如图 1-3-24 所示。这时，电容 C 通过 D2 和 R2 放电。随着电容 C 放电，U_C 下降，但只要 $\frac{1}{3}V_{CC} < U_C < \frac{2}{3}V_{CC}$，$U_O$ 就一直保持低电平不变，这就是第二个暂稳态。

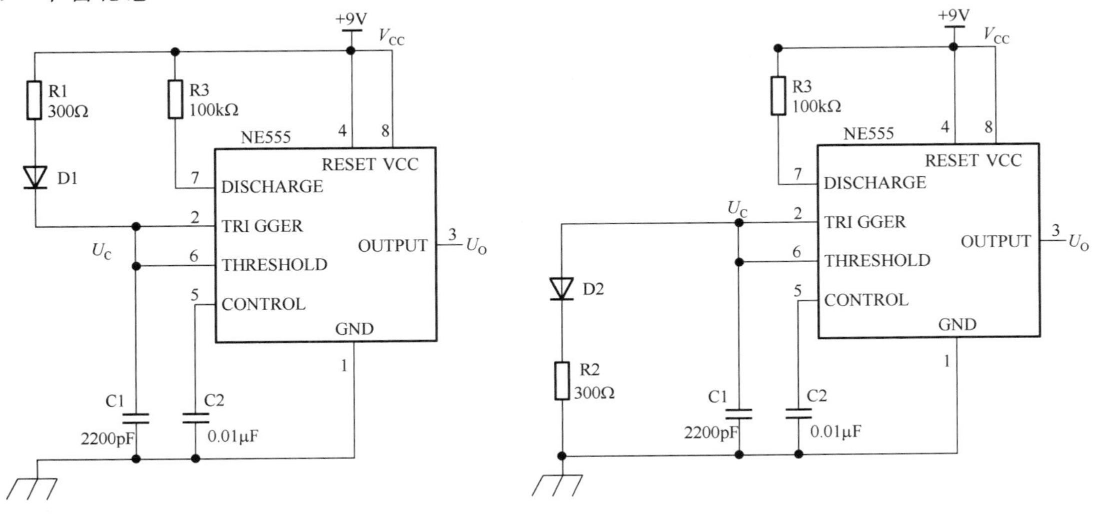

图 1-3-23 C 充电电路　　图 1-3-24 C 放电电路等效电路

当 U_C 下降到略微低于 $V_{CC}/3$ 时，RS 触发器置 1，NE555 的 3 脚输出又变为高电平，D3 和 D2 截止，电容 C 再次充电，就这样循环下去，在 U_C 处可以得到一个三角波信号。

(2) 振荡周期 T 的计算

多谐振荡器的振荡周期为两个暂稳态的持续时间之和，即 T=T1+T2。由图 1-3-22(b) 所示的 U_C 的波形求得电容 C 的充电时间 T1 和放电时间 T2 分别为

$$\mathrm{T1}=\mathrm{R1}\times C\ln\frac{V_{CC}-\frac{1}{3}V_{CC}}{V_{CC}-\frac{2}{3}V_{CC}}=\mathrm{R1}\times C\ln 2=0.7\mathrm{R1}\times C$$

$$\mathrm{T2}=\mathrm{R2}\times C\ln\frac{0-\frac{2}{3}V_{CC}}{0-\frac{1}{3}V_{CC}}=\mathrm{R2}\times C\ln 2=0.7\mathrm{R2}\times C$$

因而振荡周期为

$$T=\mathrm{T1}+\mathrm{T2}=0.7(\mathrm{R1}+2\mathrm{R2})C$$

由于 R1 = R2 = 300Ω，所以，T1 = T2，充电时间等于放电时间，三角波为等腰三角形。

仿真结果如图 1-3-25 所示，充电电流 i_1 与放电电流 i_2 不一致。此外，如图 1-3-26、图 1-3-27 所示，充电时间 T1 与放电时间 T2 也不一致。因此三角波两边不能完全对称，可以通过设置可调电阻使 R1、R2 尽量对称。

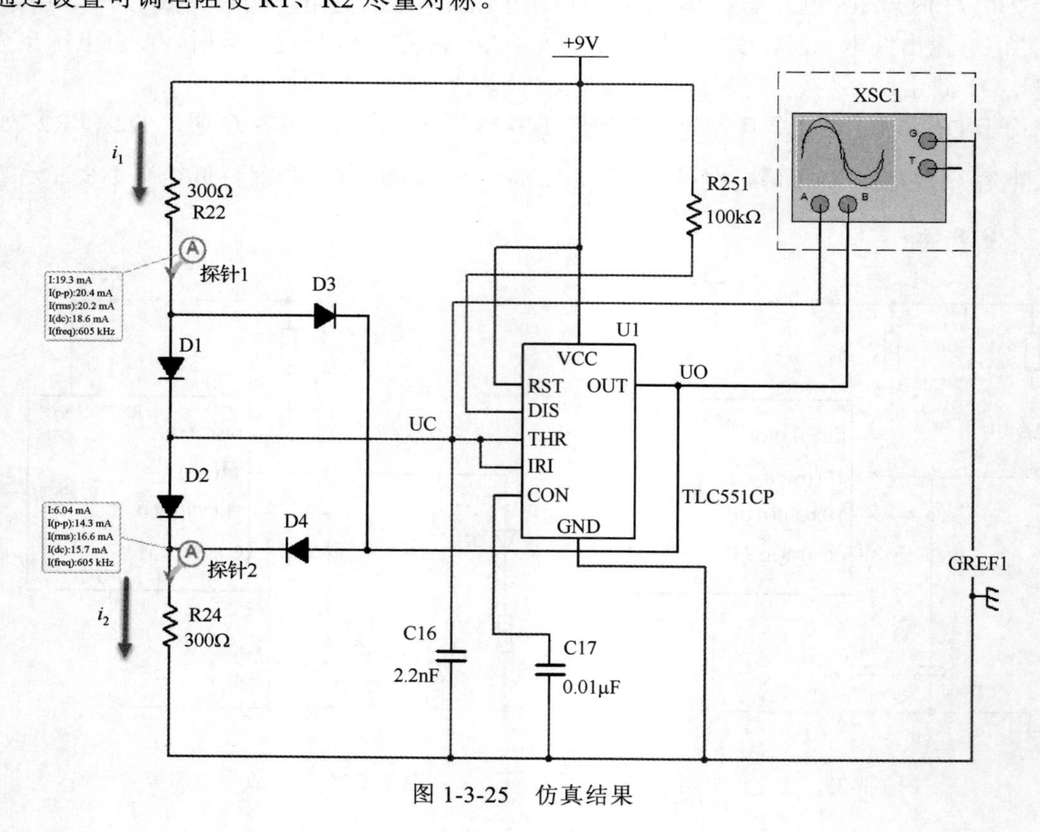

图 1-3-25 仿真结果

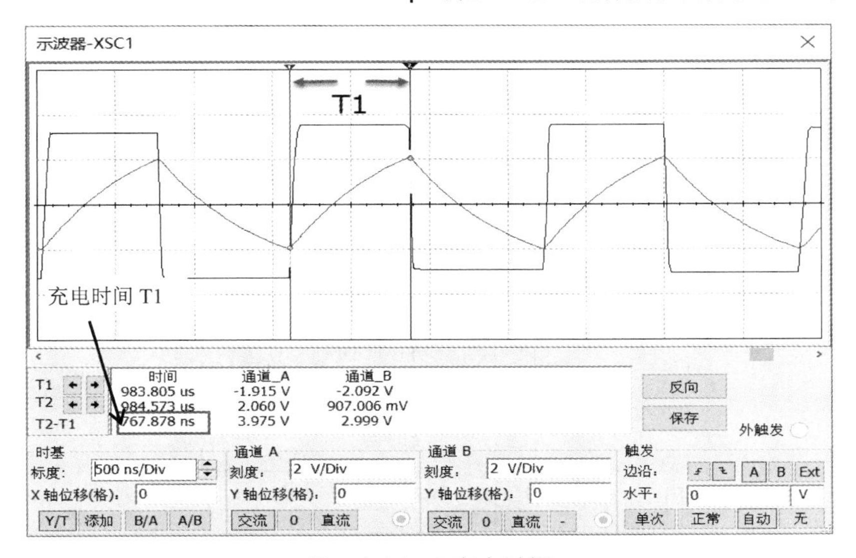

图 1-3-26　C 充电时间

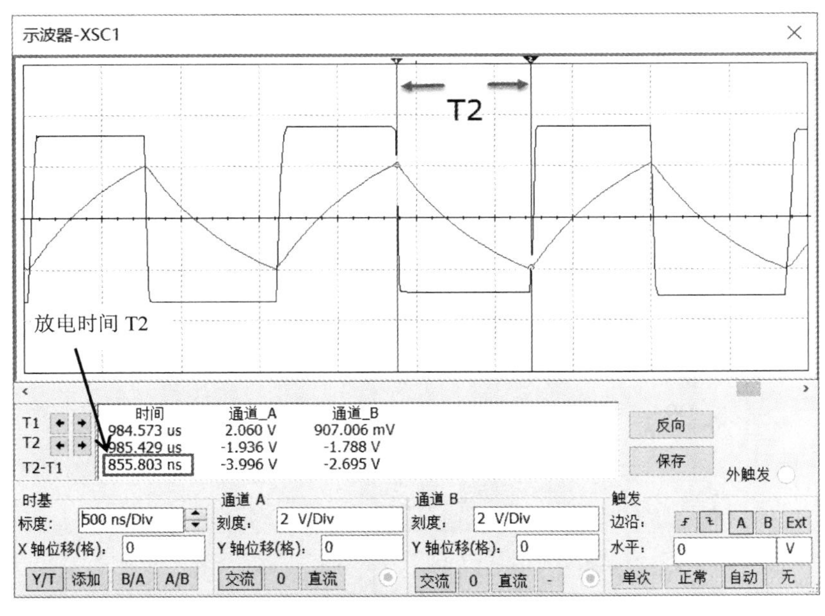

图 1-3-27　C 放电时间

(3) 存在的不足

理论上可以保证 T1 = T2，即充电时间等于放电时间，三角波的波形为等腰三角形。实际上，由于 R1 和 R2 存在误差，不可能做到 R1 = R2，所以三角波的波形不是标准的等腰三角形。

3. 改进型 T1 = T2 的多谐振荡电路

在 R1 和 R2 回路中分别增加精密微调电阻 R5 和 R6，通过对 R5 和 R6 两个可调电阻的调整，可以实现 R1 + R5= R2 + R6，从而实现 T1 = T2。改进型 T1 = T2 的多谐振荡电路如图 1-3-28 所示。

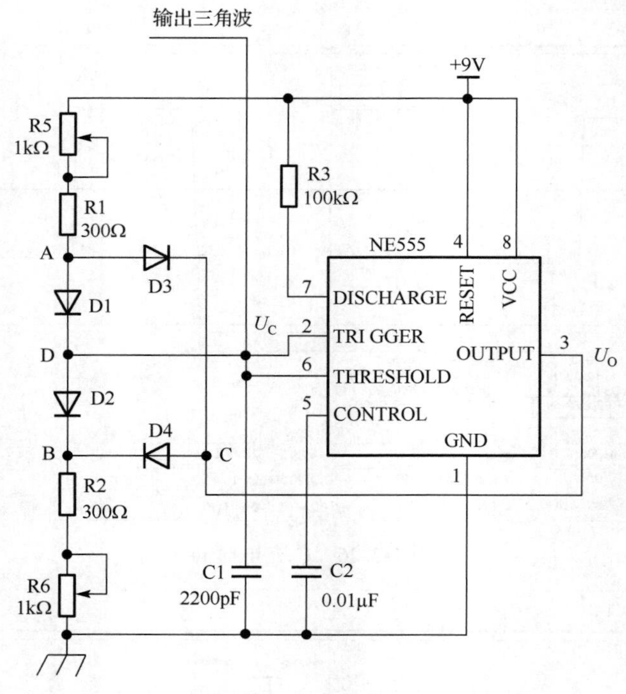

图 1-3-28　改进型 T1 = T2 的多谐振荡电路

搭建仿真电路，仿真电路与仿真值如图 1-3-29 所示，通过调整 R1 和 R2 的值，充电电流 i_1 与放电电流 i_2 基本一致；同时，充电时间 T1 与放电时间 T2 之间的相对误差也减小了，如图 1-3-30、图 1-3-31 所示。此时，三角波两边基本对称，但是充放电曲线与三角波仍有一定差距。

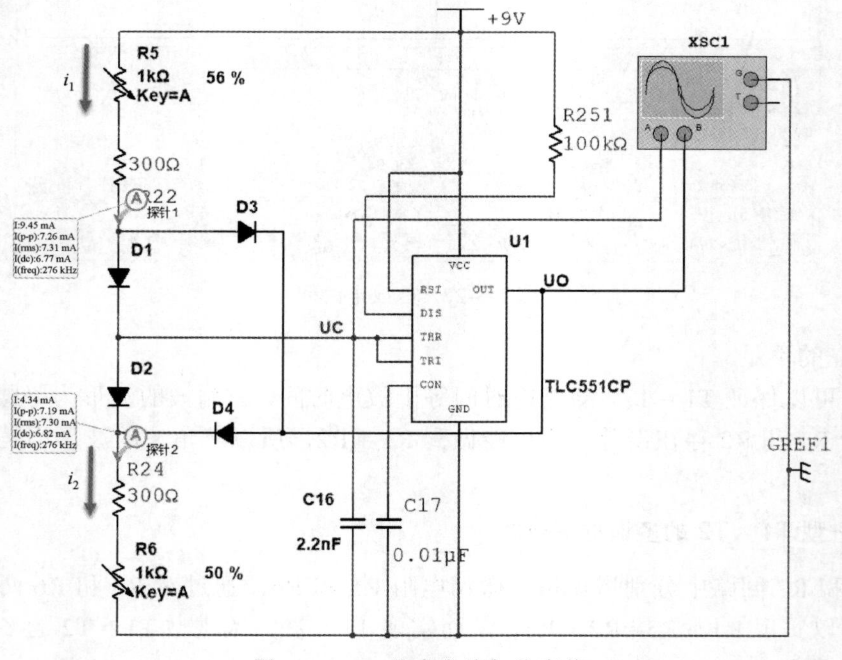

图 1-3-29　仿真电路与仿真值

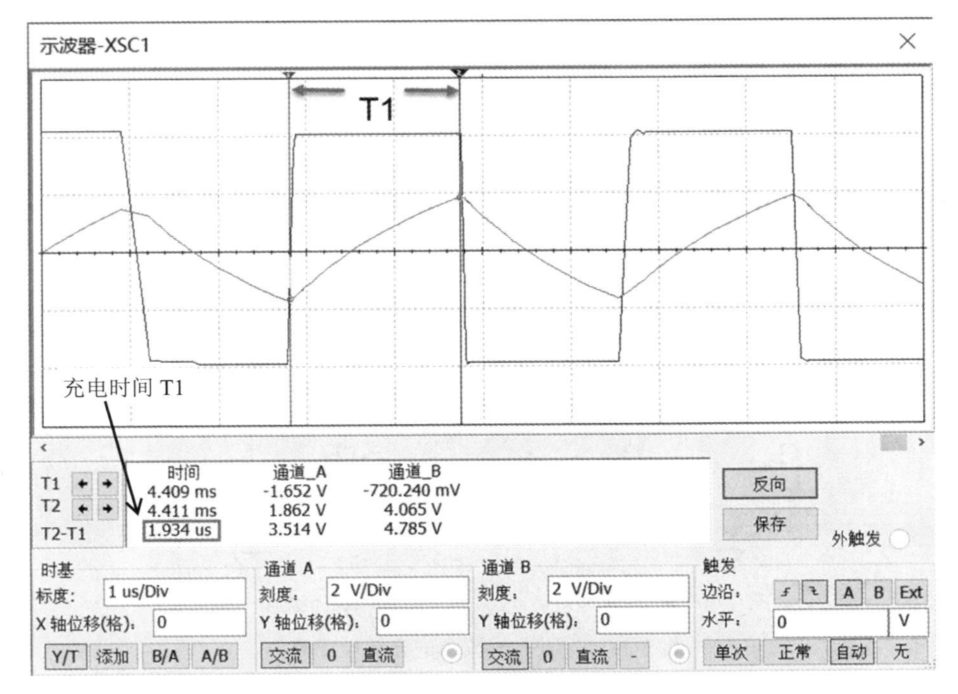

图 1-3-30　C 充电时间

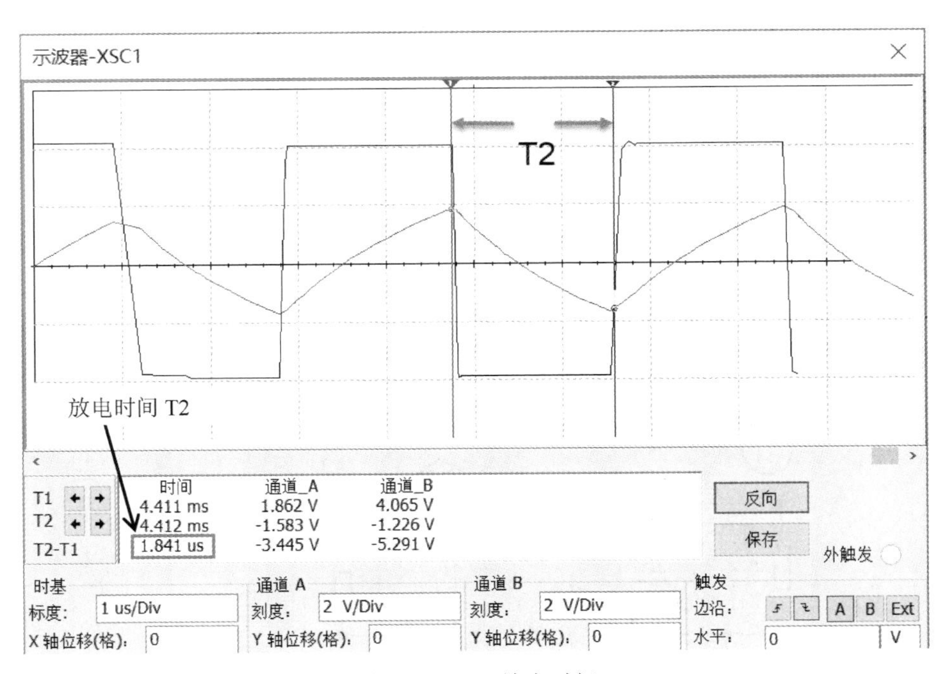

图 1-3-31　C 放电时间

3. 引入恒流源的多谐振荡电路

(1) 恒流源电路的基本原理

在图 1-3-32(a)中，由 T1 和 T2 组成恒流源。电阻 R1 上的电压等于 T1 的基结电压

V_{be}≈0.7V，故流过 R1 的电流约为 $i_R = 0.7/300 = 2.333$mA，忽略 T1 的基极电流，则流过 R1 的电流 i_R 即为 T2 的射极电流 i_e，也约等于 T2 的集电极电流 i_c，故 C1 的充电电流 $i_{充电}$约为 2.333mA。

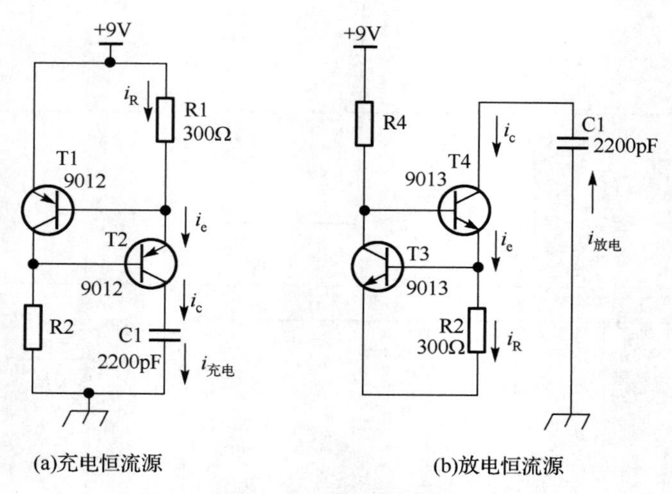

图 1-3-32　引入恒流源的充放电电路

在图 1-3-32(b)中，由 T3 和 T4 组成恒流源。电阻 R2 上的电压等于 T3 的基结电压 V_{be}≈0.7V，故流过 R2 的电流约为 $i_R = 0.7/300 = 2.333$mA，忽略 T3 和 T4 的基极电流，则流过 R2 的电流 i_R 即为 T4 的射极电流 i_e，也约等于 T4 的集电极电流 i_c，故 C1 的放电电流 $i_{放电}$约为 2.333mA。为了保证 T1 = T2，即充电时间等于放电时间，三角波波形为等腰三角形，在充电回路中增加了可调电阻 R5，在放电回路中增加了可调电阻 R6。通过对 R5 和 R6 两个可调电阻的调整，可以实现 R1 + R5= R2 + R6，从而实现 T1 = T2。T1 = T2 的充电恒流源电路如图 1-3-33(a)所示，T1 = T2 的放电恒流源电路如图 1-3-33(b)所示。

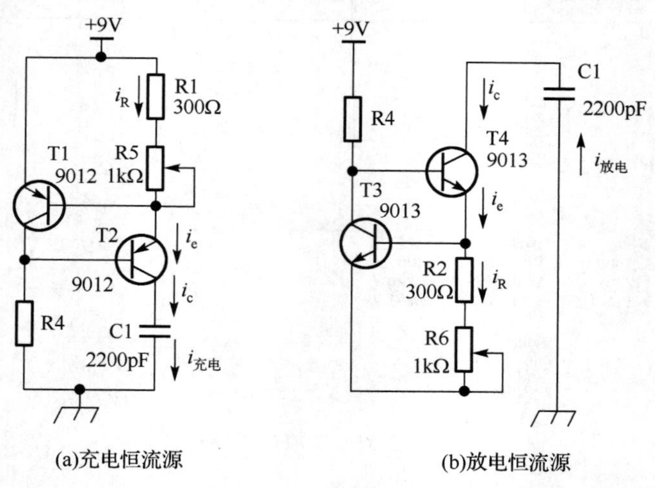

图 1-3-33　T1 = T2 的充放电恒流源电路

(2)输出三角波频率的计算

① 当将 R5 和 R6 调到最小时，即 R5= 0Ω和 R6= 0Ω 时：由前面分析可知，C1 的充电

电流为恒流，$i_{充电}=0.7/300=2.33\text{mA}$，放电电流也为恒流，$i_{放电}=0.7/300=2.33\text{mA}$，由电路理论知识可知，设充电时间为 t_1，放电时间为 t_2，则有

$$\frac{2}{3}V_{CC}=\frac{1}{3}V_{CC}+\frac{i_{充电}\times t_1}{C1},\quad t_1=\left(\frac{2}{3}V_{CC}-\frac{1}{3}V_{CC}\right)\times\frac{C1}{i_{充电}}=\frac{1}{3}\times\frac{V_{CC}\times C1}{i_{充电}}$$

$$\frac{1}{3}V_{CC}=\frac{2}{3}V_{CC}-\frac{i_{放电}\times t_2}{C1},\quad t_2=\left(\frac{2}{3}V_{CC}-\frac{1}{3}V_{CC}\right)\times\frac{C1}{i_{放电}}=\frac{1}{3}\times\frac{V_{CC}\times C1}{i_{放电}}$$

可得三角波的周期为

$$T=t_1+t_2$$

由于

$$i_{充电}=i_{放电}=i=2.33\text{mA}$$

因此

$$T=t_1+t_2=\frac{2V_{CC}\times C1}{3\times i}=5.665\mu\text{s}$$

故三角波频率为

$$f=\frac{3\times i}{2V_{CC}\times C1}=\frac{3\times 2.33\times 10^{-3}}{2\times 9\times 2200\times 10^{-12}}=\frac{6.99\times 10^{-3}}{3.96\times 10^{-8}}=176.5\text{kHz}$$

② 当将 R5 和 R6 调到最大时，即 R5 = 1000Ω和 R6 = 1000Ω 时：由前面分析可知，C1 的充电电流为恒流，$i_{充电}=0.7/(300+1000)=0.538\text{mA}$，放电电流也为恒流，$i_{放电}=0.7/(300+1000)=0.538\text{mA}$。

可得三角波的周期为

$$T=t_1+t_2=\frac{2V_{CC}\times C1}{3\times i}=24.535\mu\text{s}$$

故三角波频率为

$$f=\frac{3\times i}{2V_{CC}\times C1}=\frac{3\times 0.538\times 10^{-3}}{2\times 9\times 2200\times 10^{-12}}=\frac{1.614\times 10^{-3}}{3.96\times 10^{-8}}=40.8\text{kHz}$$

(2) 仿真情况分析

搭建仿真电路，仿真电路及仿真电流值如图 1-3-34 所示，调整 R23 和 R25 的值，使充放电常数尽量一致；仿真电流值放大图如图 1-3-35 所示，充电电流 i_1 与放电电流 i_2 基本一致；充电时间和放电时间仿真图分别如图 1-3-36、图 1-3-37 所示，充电时间 T1 与放电时间 T2 之间的相对误差减小了。可见，加入恒流源后充放电曲线基本呈线性，接近平直，三角波两边基本呈直线，且三角波两边基本对称。

如果将仿真电路中可调电阻 R23 和 R25 的值修改为 0，那么仿真电路及仿真电流值如图 1-3-38 所示。三角波周期的理论计算值为 5.665μs，仿真结果值为 4.83μs(仿真结果如图 1-3-39 所示)，三角波输出频率可以达到 180kHz，理论计算与仿真结果基本相符，所以经过改进，三角波波形已经基本符合载波信号的频率要求。

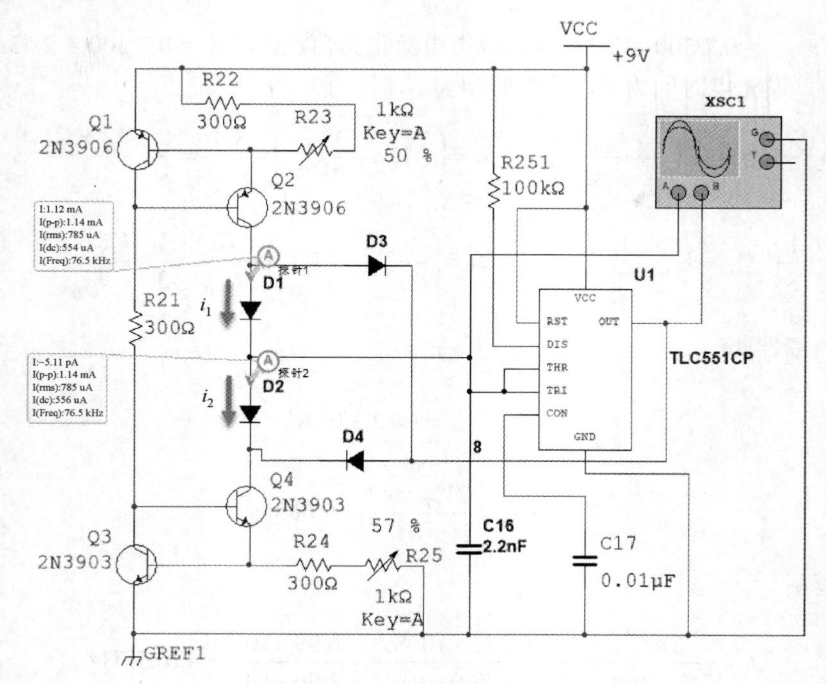

图 1-3-34　仿真电路及仿真电流值

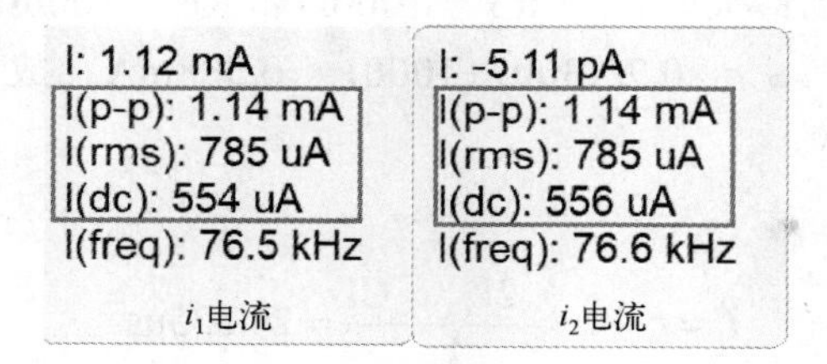

图 1-3-35　仿真电流值放大图

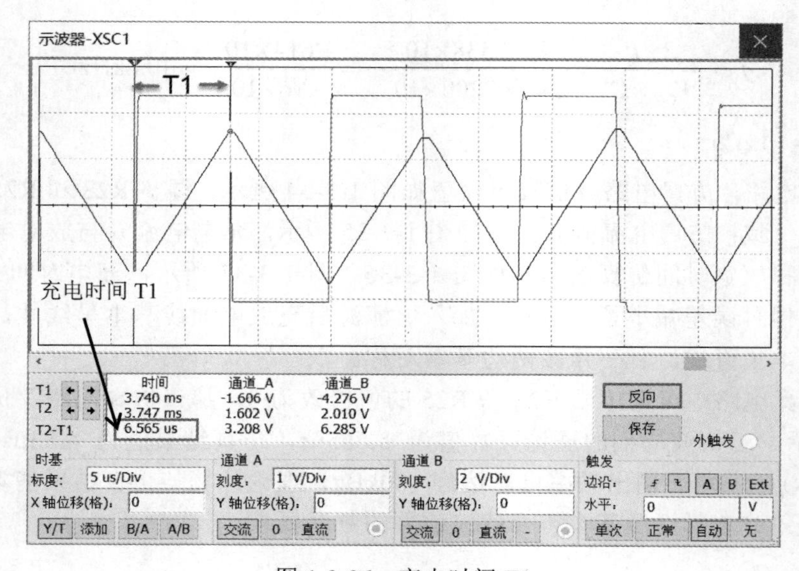

图 1-3-36　充电时间 T1

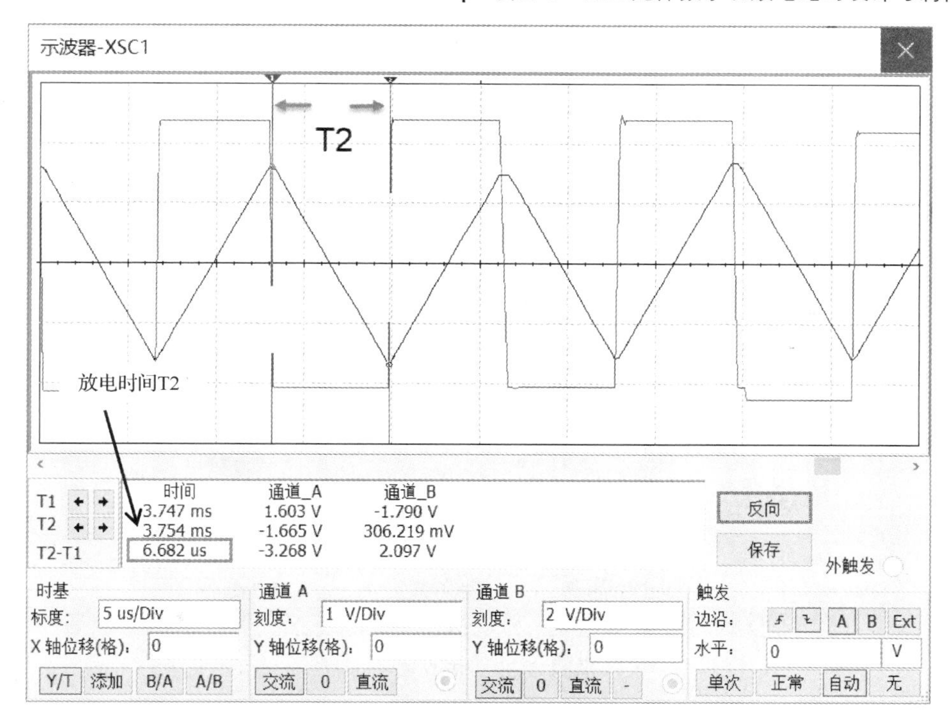

图 1-3-37 放电时间 T2

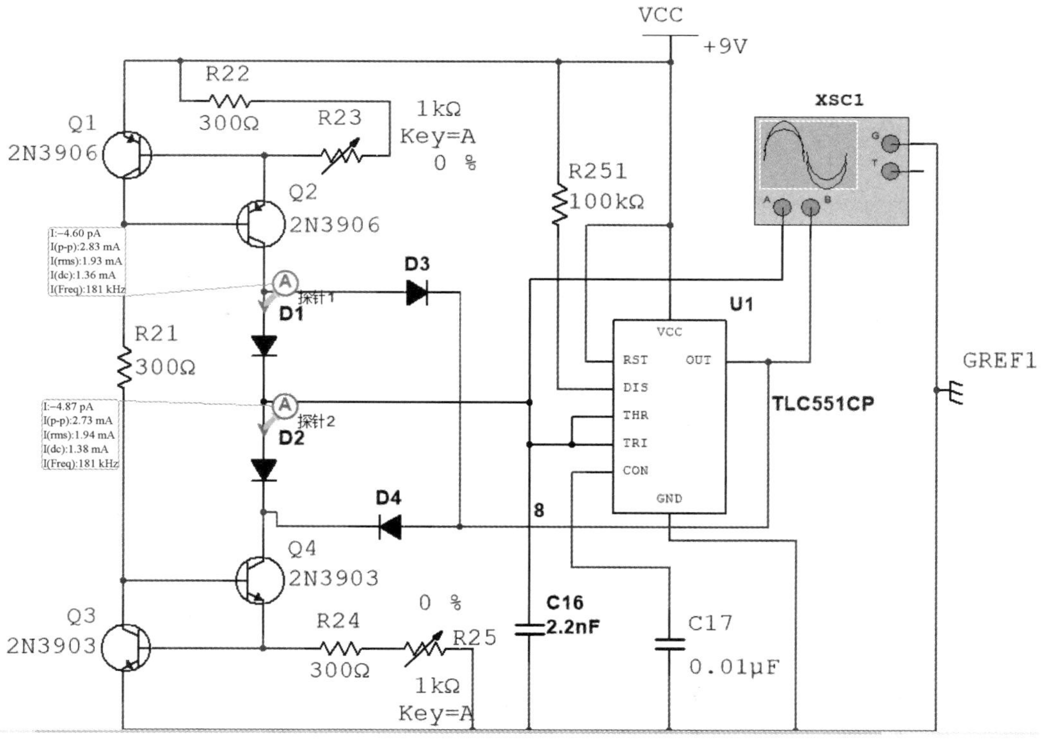

图 1-3-38 仿真电路及仿真电流值

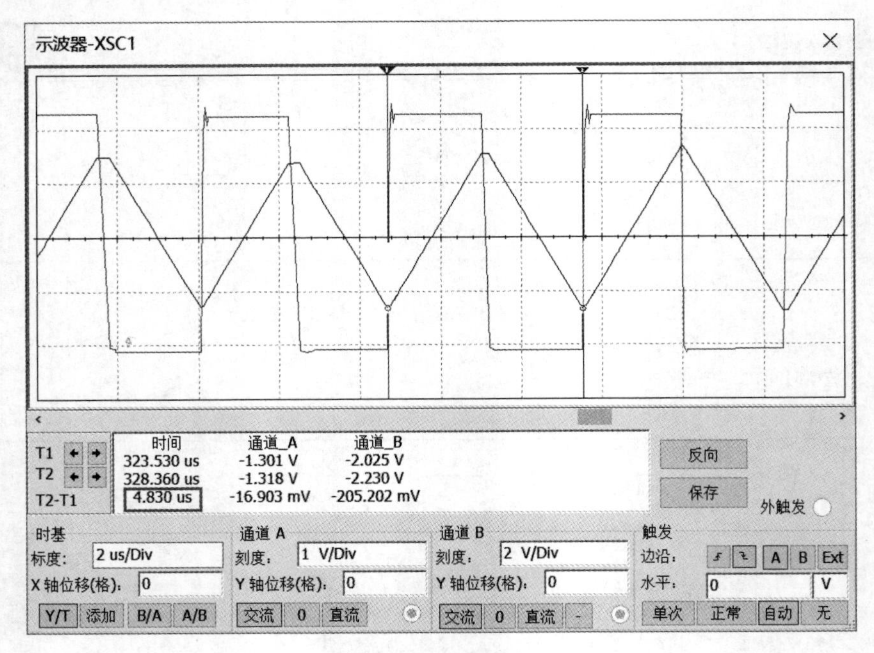

图 1-3-39　仿真结果

4．符合要求的三角波信号产生电路

三角波信号产生电路是数字功放的关键电路，如图 1-3-40 所示，其由 NE555 集成电路、充放电电容 C1、R1 和 R5 组成的充电电路、R2 和 R6 组成的放电电路、充电恒流源 T1 和 T2、放电恒流源 T3 和 T4，以及充放电转换开关 D1、D2、D3 和 D4 等组成，充放电电容 C1 两端输出三角波信号。

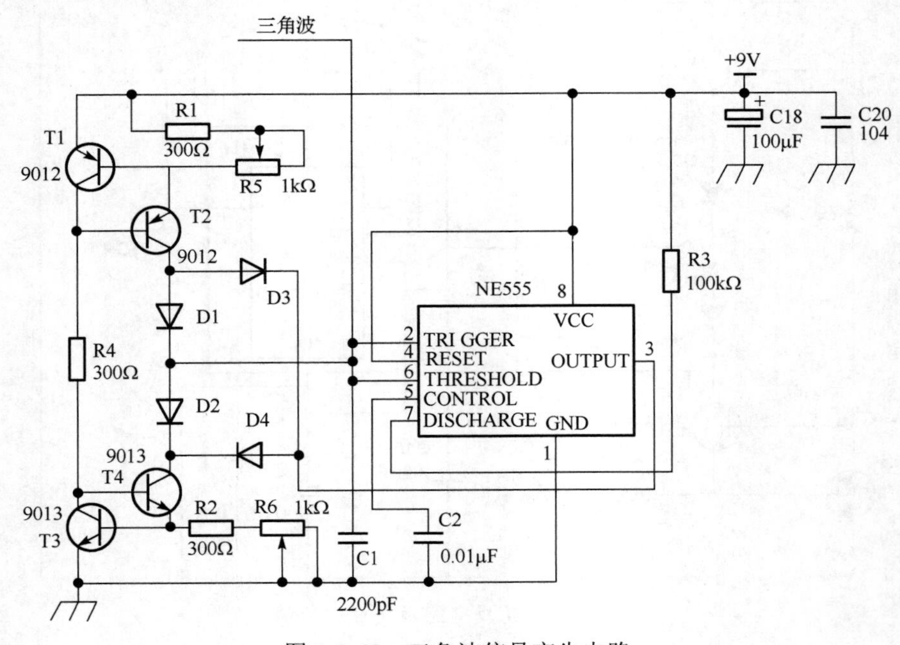

图 1-3-40　三角波信号产生电路

该电路的特点如下：

(1)采用恒流源对电容线性充放电产生三角波，波形比方波经阻容电路或者积分电路得到的三角波效果好。

(2)在充电回路增加了可调电阻 R5，在放电回路增加了可调电阻 R6。通过对 R5 和 R6 两个可调电阻的调整，可以实现 R1 + R5 = R2 + R6，从而实现 T1 = T2，使三角波波形为等腰三角形。

(3)三角波的频率从 40.7kHz 到 176.5kHz 可调，适应性好。

1.3.4 电源电路

1. 全波桥式整流电路

全波桥式整流电路如图 1-3-41 所示，220V 市电由变压器降压(假设采用的是 9V 变压器)后为 u_i($u_i = \sqrt{2}U_i \sin\omega t$，$U_i$为有效值)，此交流信号经 KBP307 的 2、3 脚输入，从 KBP307 的 1、4 脚输出，整流为脉动的直流信号，再经过后端的 C38、C39、C40 滤波后，成为平直的直流信号。整流电容滤波输出特性曲线如图 1-3-42 所示，可知滤波电容容量越大，阻抗越大，负载电流越小，输出平均电压值越大，输出直流信号波形越平滑，输出电压有效值 $8.1\text{V} = 0.9 \times 9\text{V} < U_o < 1.4 \times 9\text{V} = 11.6\text{V}$ 。

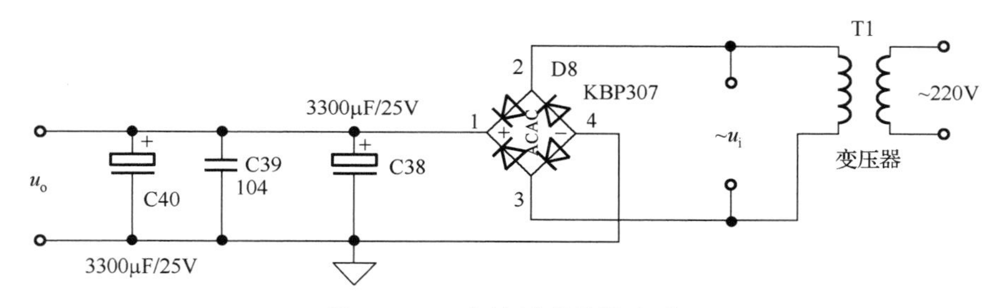

图 1-3-41 全波桥式整流电路

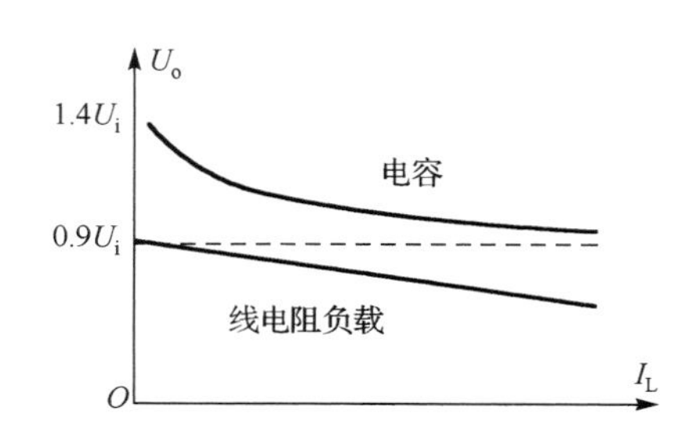

图 1-3-42 整流电容滤波输出特性曲线

2. 仿真情况分析

(1)滤波电解电容取值对输出的影响

① 仿真时，采用 90V、50Hz 的交流信号代替市电，10∶1 的变压器代替实际变压器，当负载 RL 取 100Ω，滤波电容 C38 取 1mF 时，仿真电路与仿真结果如图 1-3-43 所示，输入/输出波形如图 1-3-44 所示，示波器显示，整流滤波后的输出波形有脉动交流成分，输出直流电压有效值约为 10.8V。

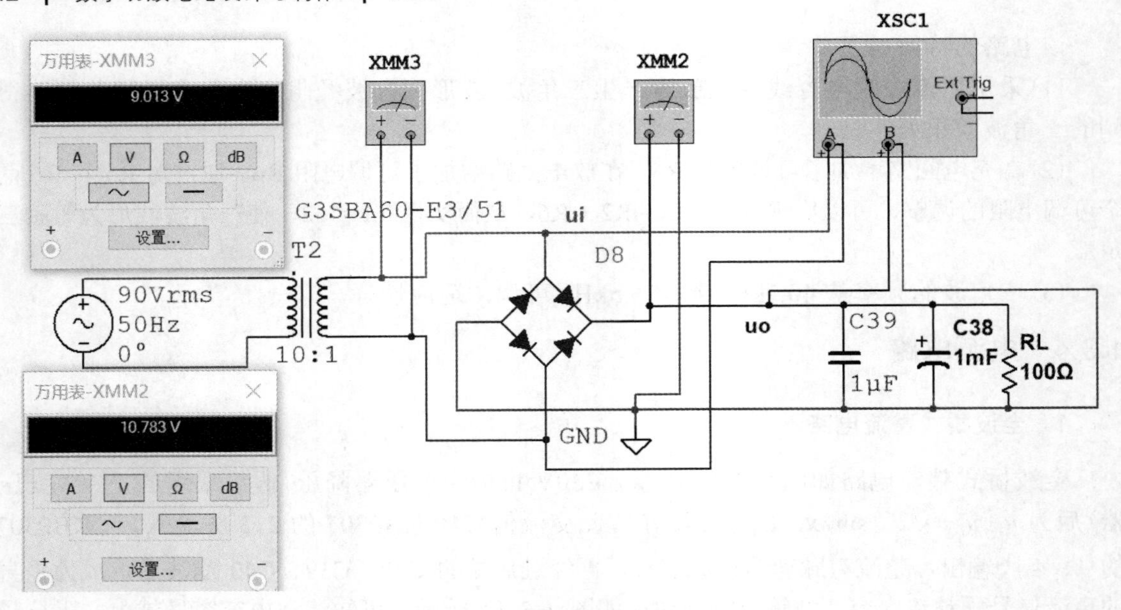

图 1-3-43　仿真电路与仿真结果

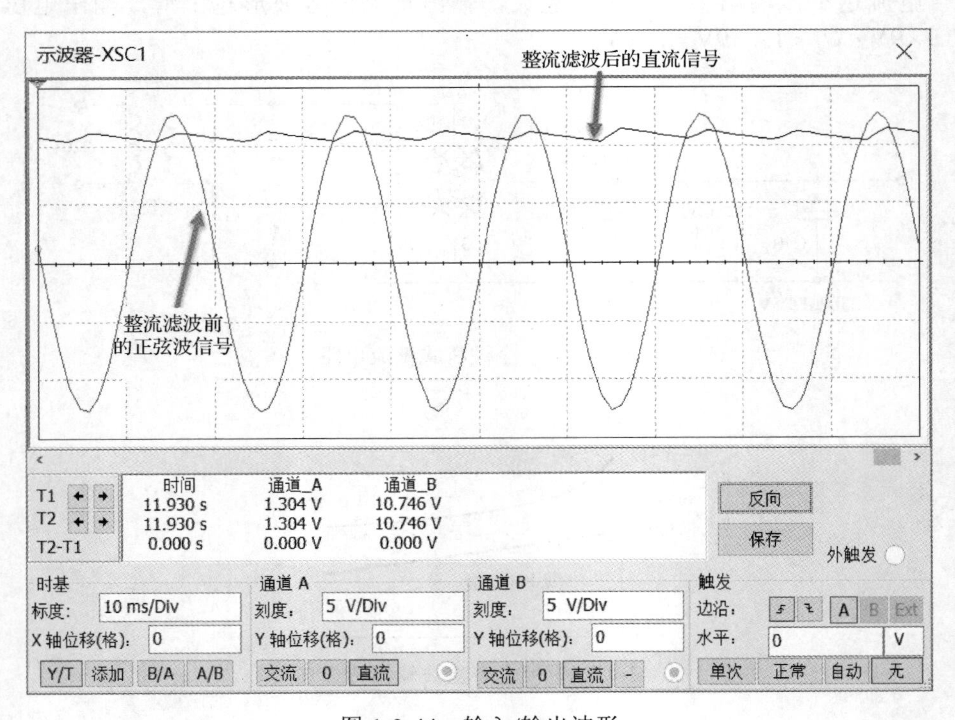

图 1-3-44　输入/输出波形

② 仿真时，采用 90V、50Hz 的交流信号代替市电，10∶1 的变压器代替实际变压器，当负载 RL 取 100Ω，滤波电容 C38 取 3.3mF 时，仿真电路与仿真结果如图 1-3-45 所示，输入/输出波形如图 1-3-46 所示，示波器显示，整流滤波后的输出波形的脉动交流成分减小了，输出直流电压有效值约为 11.6V。

从以上两种不同取值的滤波电容得到不同的输出电压可知，滤波电容容量越大，阻抗越大，负载电流越小，输出平均电压越大，输出直流信号波形越平滑，故全波桥式整流电路在输出端并联了两个 3300μF 的电解电容。

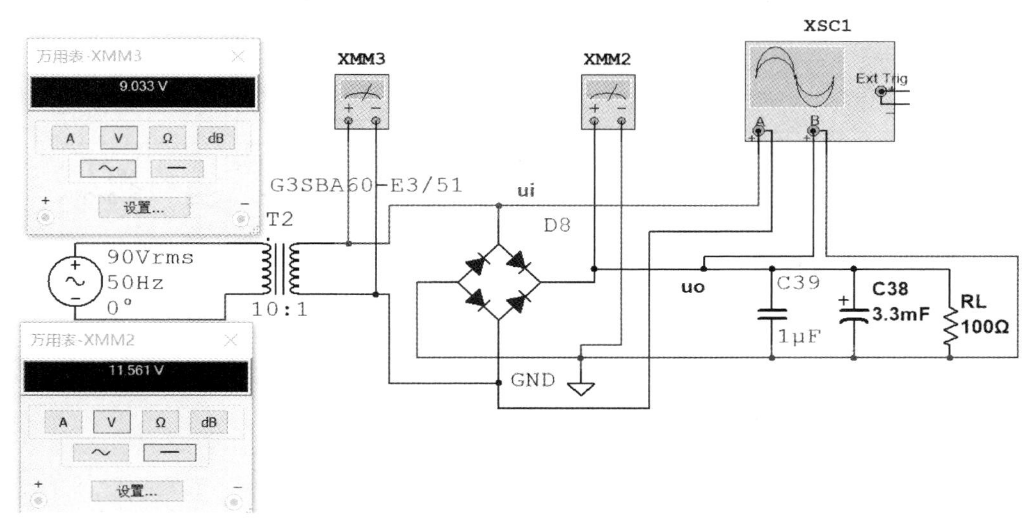

图 1-3-45 仿真电路与仿真结果

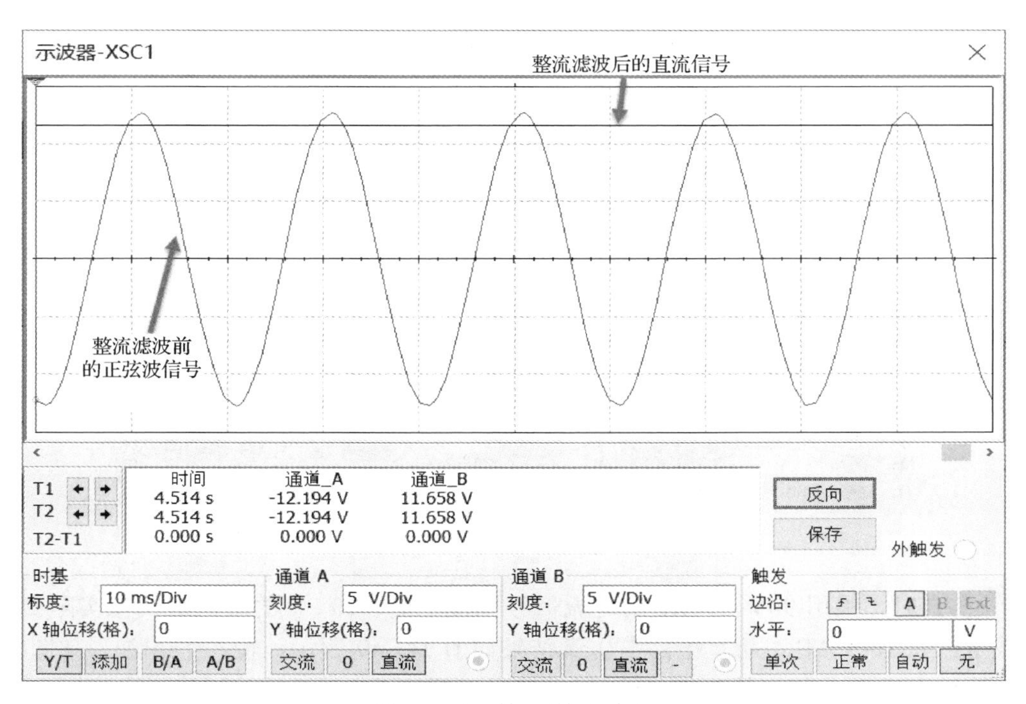

图 1-3-46 输入/输出波形

(2) 负载的取值对输出的影响

① 仿真时，采用 90V、50Hz 的交流信号代替市电，10：1 的变压器代替实际变压器，当负载 RL 取 100Ω时，仿真电路与仿真结果如图 1-3-47 所示，输入/输出波形如图 1-3-48 所示，输出电压有效值大约为 10.9V，示波器显示的整流滤波后的输出波形有微量交流成分。

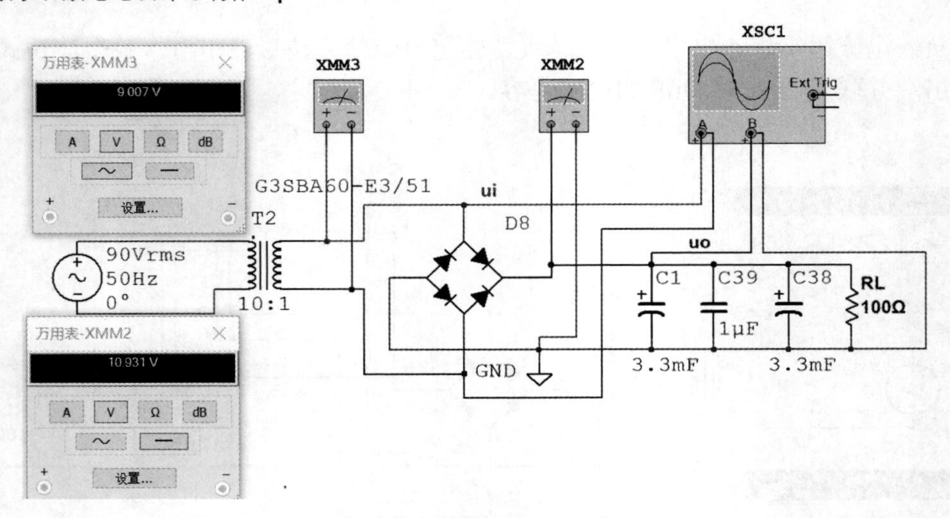

图 1-3-47 仿真电路与仿真结果

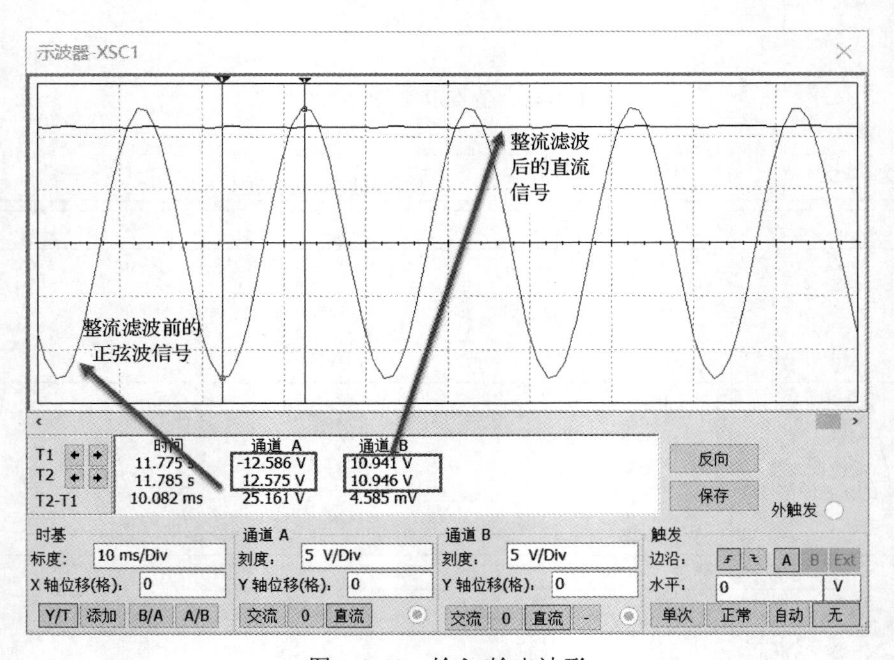

图 1-3-48 输入/输出波形

② 仿真时，采用 90V、50Hz 的交流信号代替市电，10∶1 的变压器代替实际变压器，当负载 RL 取 100kΩ时，仿真电路与仿真结果如图 1-3-49 所示，输入/输出波形如图 1-3-50 所示，输出电压有效值大约为 11.6V，示波器显示的整流滤波后的输出波形比较接近理想直流信号。

综上所述，改变负载电阻的阻值使负载电流减小，输出电压值增加，与理论分析结果一致。

3. 搭建实际电源电路

实际电源电路如图 1-3-51 所示，由电源开关 S1、保险丝 F1、电源变压器 T1、接线座 P9、整流桥 D8、滤波电容 C35～C40 和三端稳压集成电路 U7 组成。

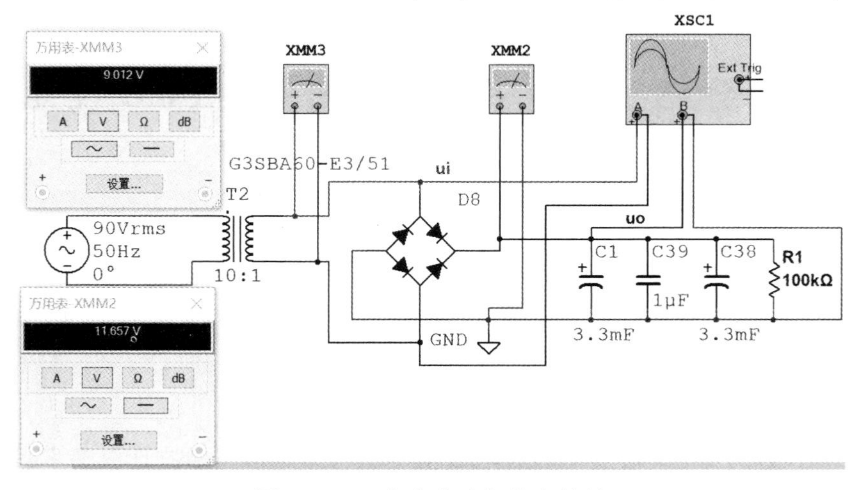

图 1-3-49 仿真电路与仿真结果

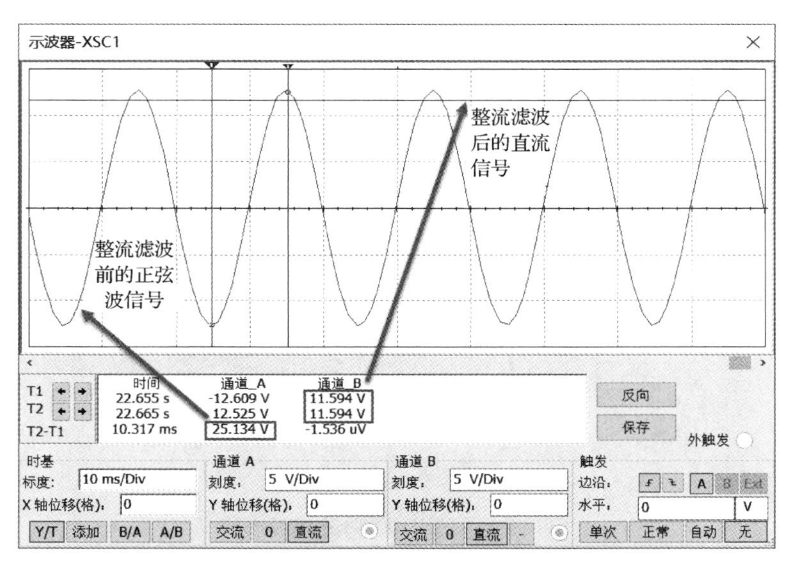

图 1-3-50 输入/输出波形

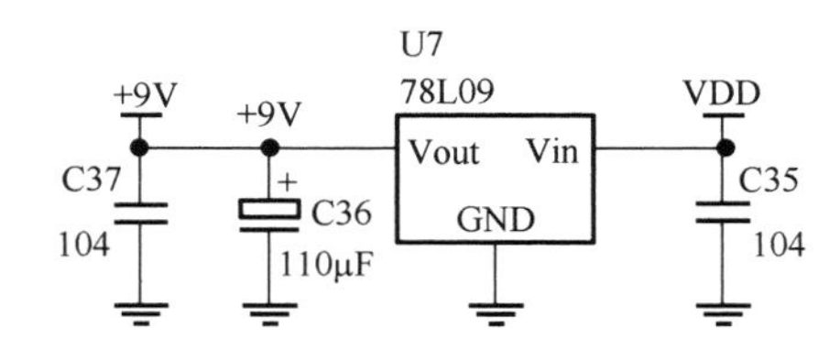

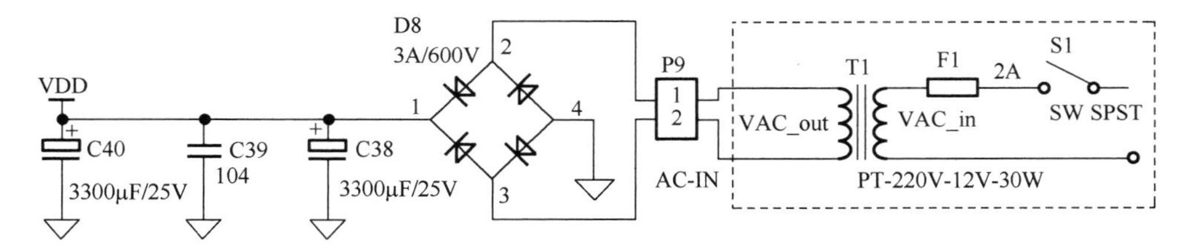

图 1-3-51 实际电源电路

1.4 分立元件数字功放原理图及 PCB 设计

1.4.1 参考元器件符号和封装的设计

在设计图纸之前，我们可以根据元器件对应型号的规格书设计对应的封装，以方便后期设计 PCB。在此以部分元器件封装的设计为例来讲解，其他封装仅给出封装尺寸规格供读者参考。

1. 根据 KBP307 规格书设计元器件符号和封装

图 1-4-1 为 KBP307 规格书中的规格数据及实物图，按照元器件上文字标识面的逆时针顺序将引脚分别标识为 1、2、3、4 脚，如图 1-4-2 所示。

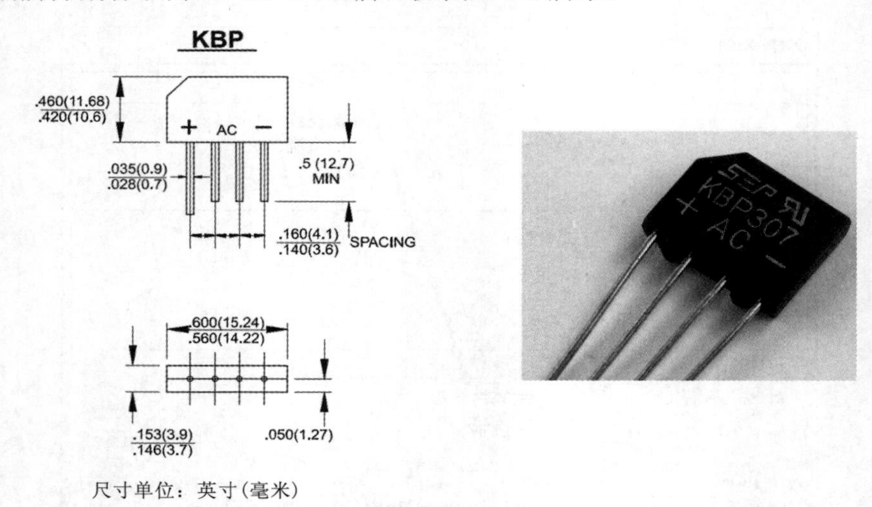

图 1-4-1 KBP307 规格与实物图

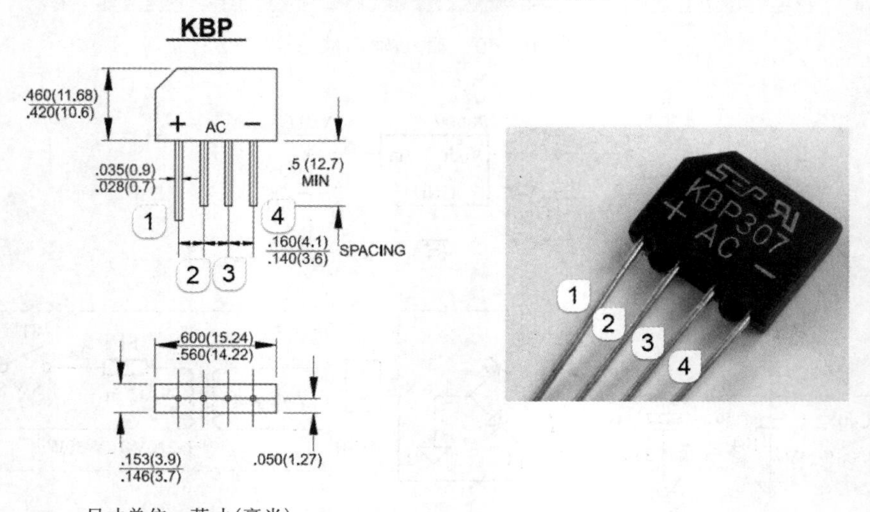

图 1-4-2 带引脚号的 KBP307 规格与实物图

(1) KBP307 元器件符号的设计

图 1-4-3 为全桥滤波电路的应用，内部二极管阴阳相连处为交流信号输入处，对应实物的 2、3 脚；内部二极管阴阴相连处为整流后直流信号正电源输出处，对应实物的 1 脚；内部二极管阳阳相连处为整流后直流信号负电源输出处，对应实物的 4 脚。因此，我们可以把元器件符号画出，如图 1-4-4 所示。

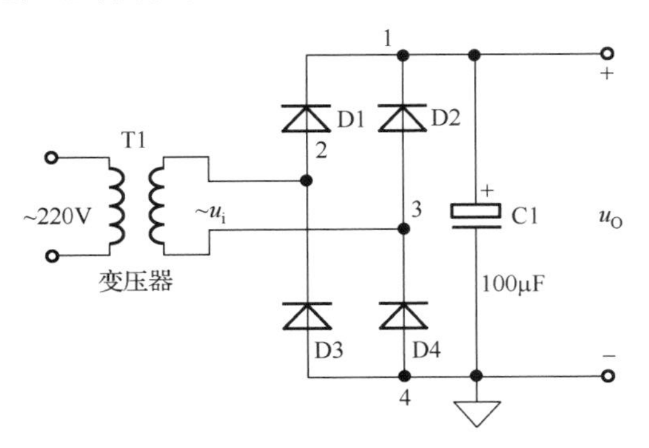

图 1-4-3　全桥滤波电路的应用

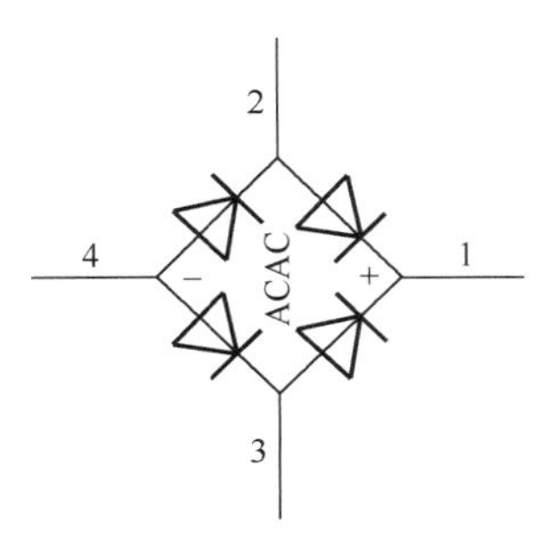

图 1-4-4　KBP307 的元器件符号

(2) KBP307 元器件封装的设计

从图 1-4-1 中可以得知，规格书中引脚的尺寸最大约为 0.9mm，那么封装的焊孔大约增加 0.2mm，即孔径可以取 1.2mm，由于后面的 PCB 为单面板，取焊盘长为 4mm，宽为 2.5mm；规格书中焊脚间距为 3.6～4.1mm，封装焊脚的间距取平均值 3.8mm；丝印尺寸根据规格书要求大概取 14.1mm×5mm；从而得到 KBP307 的封装规格如图 1-4-5 所示，最后的封装样式如图 1-4-6 所示。

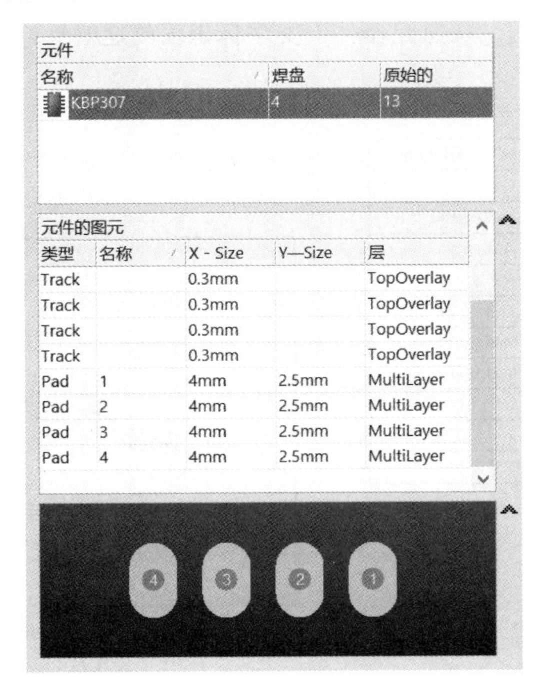

元件

名称	焊盘	原始的
KBP307	4	13

元件的图元

类型	名称	X - Size	Y—Size	层
Track		0.3mm		TopOverlay
Track		0.3mm		TopOverlay
Track		0.3mm		TopOverlay
Track		0.3mm		TopOverlay
Pad	1	4mm	2.5mm	MultiLayer
Pad	2	4mm	2.5mm	MultiLayer
Pad	3	4mm	2.5mm	MultiLayer
Pad	4	4mm	2.5mm	MultiLayer

图 1-4-5　KBP307 的封装规格

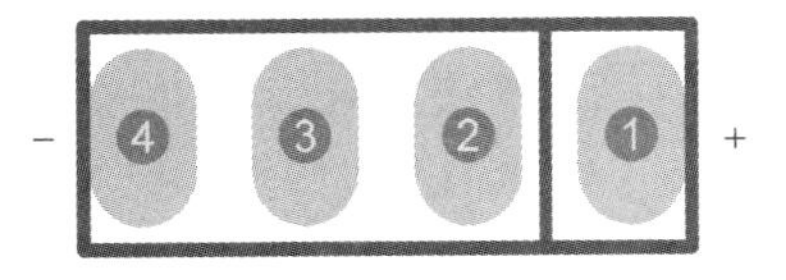

图 1-4-6　KBP307 的封装样式

(3)关联 KBP307 元器件符号与封装

如图 1-4-7 所示，在元器件库中将 KBP307 的符号与其对应的封装关联好，以方便后续的图纸和 PCB 设计。

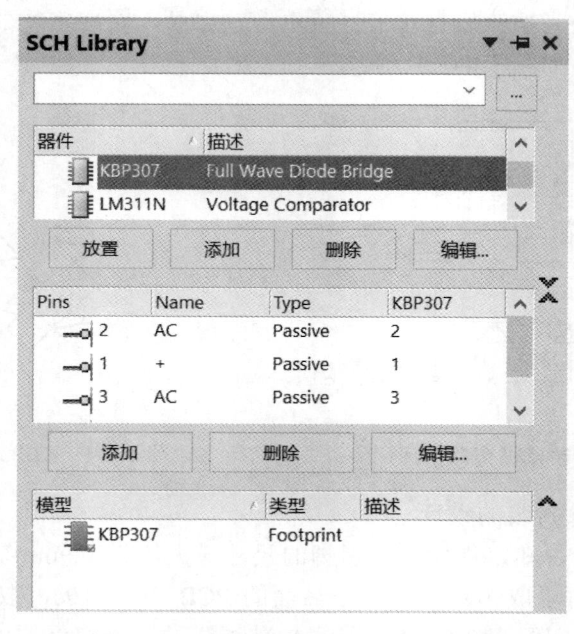

图 1-4-7　KBP307 的符号与封装关联

2. 根据 S9012 规格书设计元器件符号和封装

图 1-4-8 为 S9012 规格书中的规格数据，按照元器件上文字标识面的逆时针顺序将引脚分别标识为 1、2、3，如图 1-4-9 所示。

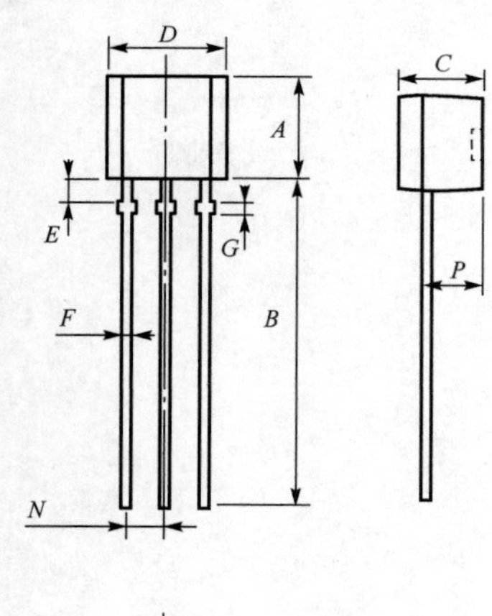

DIM	MILLIMETERS
A	4.55±0.20
B	14.50±0.30
C	3.54±0.20
D	4.56±0.20
E	1.30±0.20
F	0.46±0.20
G	0.50±0.10
H	0.32±0.10
N	1.30±0.20
P	2.52±0.20

(单位: mm)

图 1-4-8　S9012 规格数据

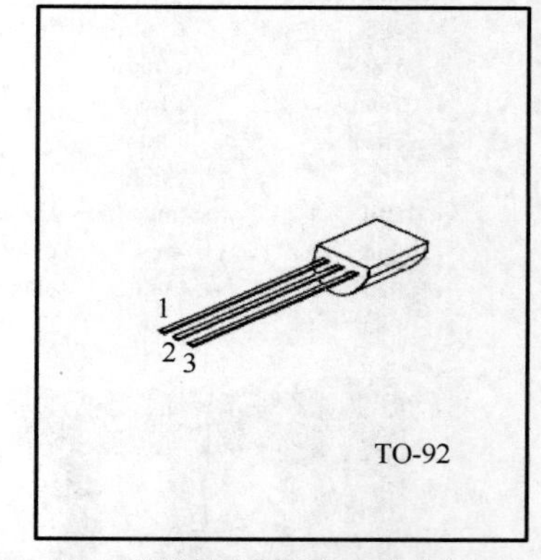

1-发射极；2-基极；3-集电极

图 1-4-9　S9012 引脚号

(1) S9012 元器件符号的设计

根据图 1-4-9 所示的引脚号标识，1 脚为发射极 E，2 脚为基极 B，3 脚为集电极 C，对应引脚号和引脚名称，根据三极管常用的外形，可以绘制其符号如图 1-4-10 所示。

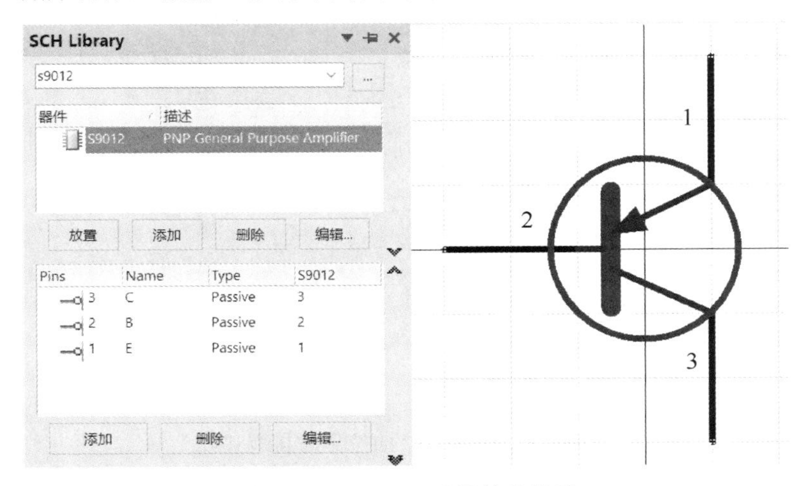

图 1-4-10　S9012 元器件的符号

(2) S9012 元器件封装的设计

从图 1-4-8 中可以得知规格书中引脚的尺寸最大约为 0.66mm，那么封装的焊孔大约增加 0.2mm，即孔径可以取 0.9mm，由于后面的 PCB 为单面板，取焊盘长为 1mm，宽为 2mm；规格书焊盘间距为 1.1～1.5mm，这里取 1.5mm；丝印半圆圆弧尺寸根据规格书中 D 的数据取 *X* 轴尺寸值 *X*=2.5mm，根据规格书中 C 的数据取 *Y* 轴尺寸值 *Y*=4mm，从而得到 S9012 的封装规格及样式如图 1-4-11 所示。

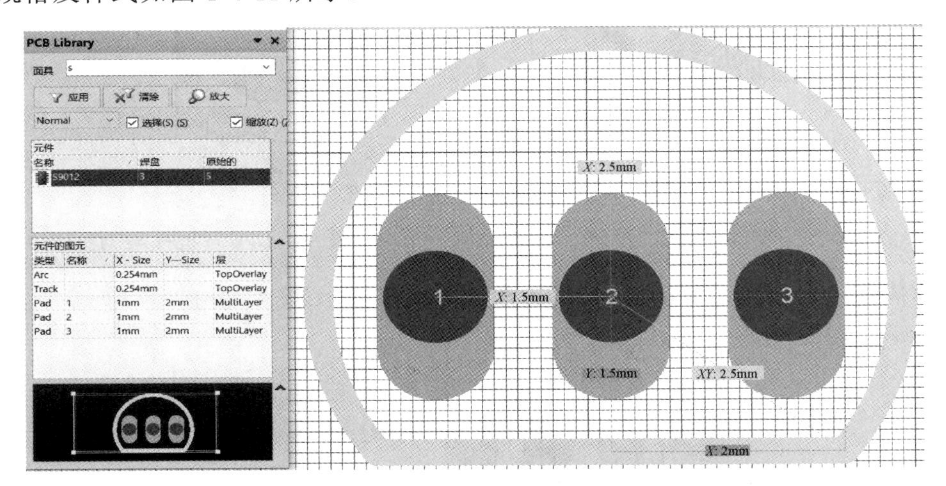

图 1-4-11　S9012 的封装规格及样式

(3) 关联 S9012 元器件符号与封装

如图 1-4-12 所示，在元器件库中将 S9012 的符号与其对应的封装关联好，以方便后续进行图纸和 PCB 设计。

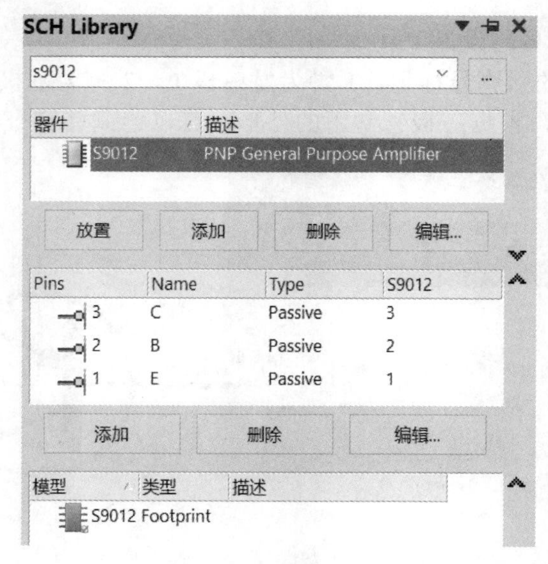

图 1-4-12 S9012 的符号与封装关联

3. 参考元器件封装

① 电位器 R1（共有 1 个）的封装如图 1-4-13 所示（单位：mm）。

② 耳机插座 J1（共有 1 个）的封装如图 1-4-14 所示（单位：mm）。

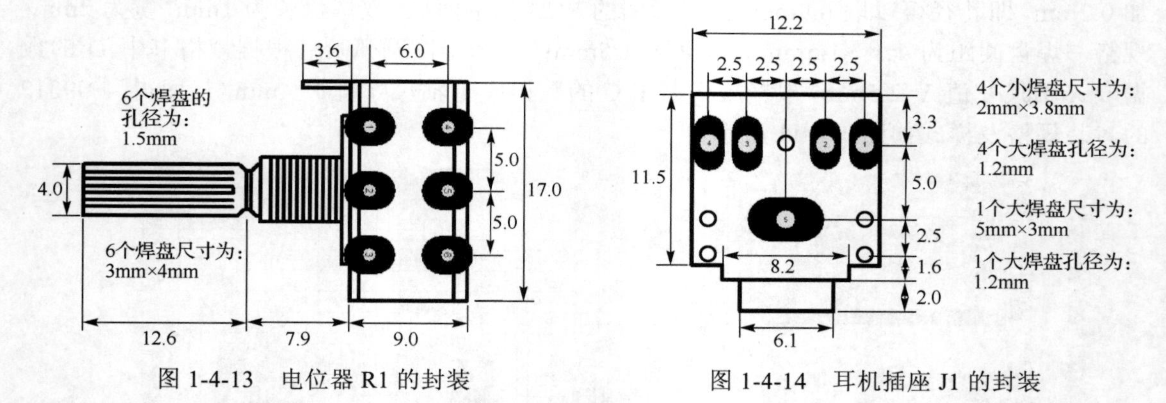

图 1-4-13 电位器 R1 的封装

图 1-4-14 耳机插座 J1 的封装

③ 整流桥堆 D1（共有 1 个）的封装如图 1-4-15 所示（单位：mm）。

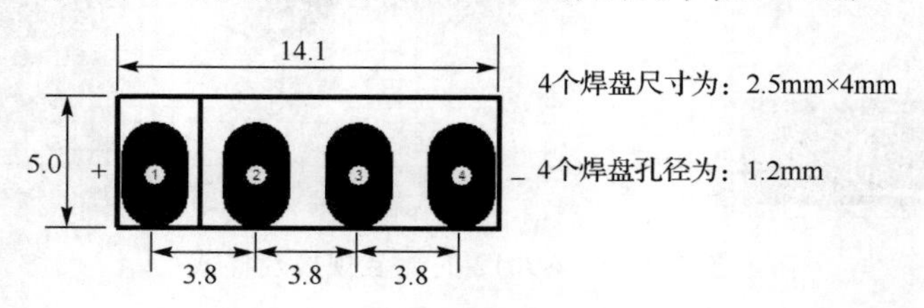

图 1-4-15 整流桥堆 D1 的封装

④ 滤波大电解电容（容量 3300μF/25V）C38 和 C40 的封装如图 1-4-16 所示（单位：mm）。

⑤ 小电解电容（容量 100μF/25V）的封装如图 1-4-17 所示（单位：mm）。

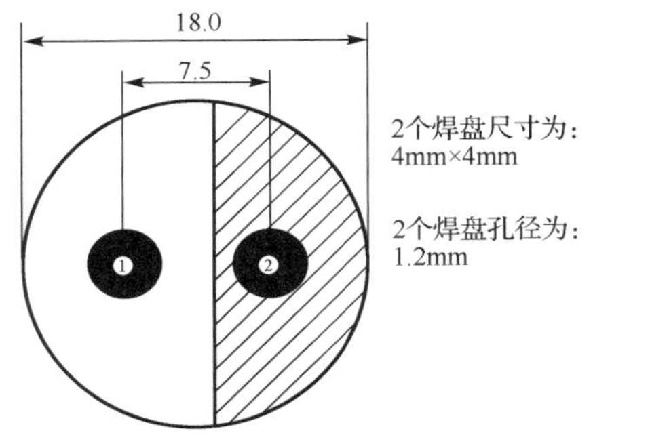

图 1-4-16 滤波大电解电容的封装

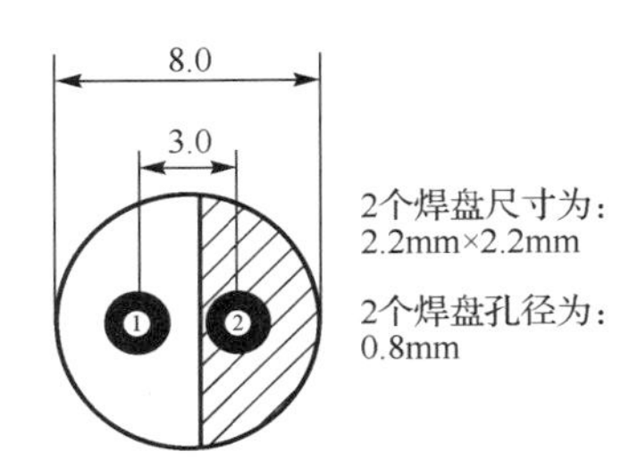

图 1-4-17 小电解电容的封装

⑥ 三脚插座（共有 2 个）的封装如图 1-4-18 所示（单位：mm），二脚插座（共有 3 个）的封装如图 1-4-19 所示（单位：mm）：

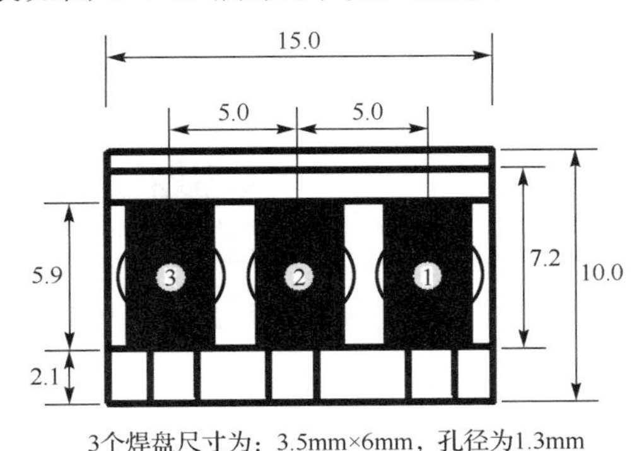

3个焊盘尺寸为：3.5mm×6mm，孔径为1.3mm

图 1-4-18 三脚插座的封装

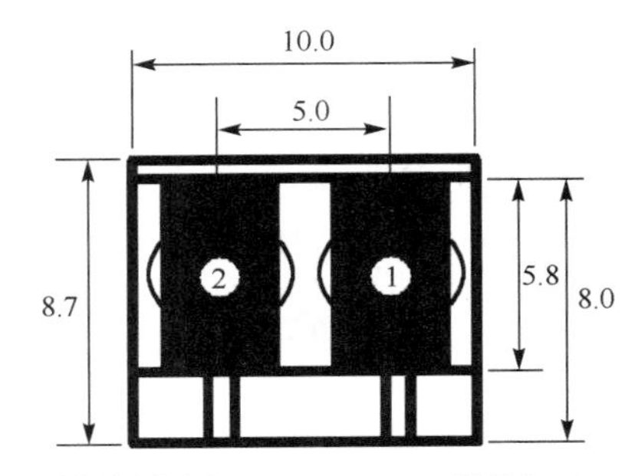

2个焊盘尺寸为：3.5mm×6mm，孔径为1.3mm

图 1-4-19 二脚插座的封装

⑦ 1/6W 电阻器的封装如图 1-4-20 所示（单位：mm）。

⑧ 1/2W 电阻器的封装如图 1-4-21 所示（单位：mm）。

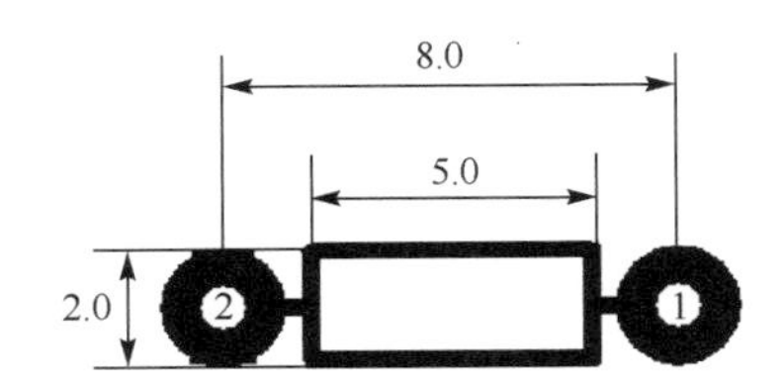

2个焊盘尺寸为：2.2mm×2.2mm，孔径为0.8mm

图 1-4-20 1/6W 电阻器的封装

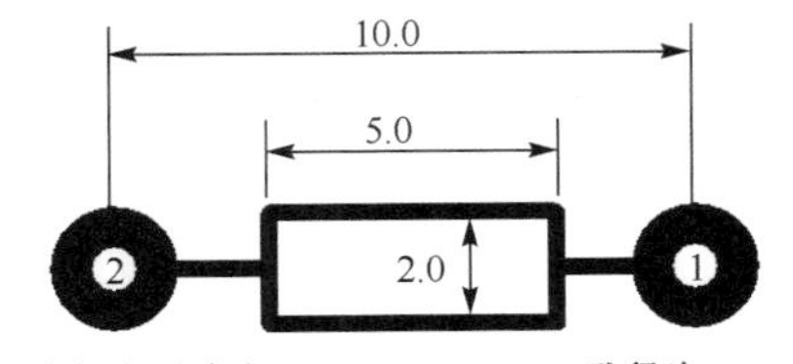

2个焊盘尺寸为：2.2mm×2.2mm，孔径为0.8mm

图 1-4-21 1/2W 电阻器的封装

⑨ 105 电容的封装如图 1-4-22 所示（单位：mm）。

⑩ 一般瓷片电容的封装如图 1-4-23 所示（单位：mm）。

⑪ 三极管（9012、9013）的封装如图 1-4-24 所示（单位：mm）。

⑫ 短路针（P2～P7）的封装如图 1-4-25 所示（单位：mm）。

⑬ LED 的封装如图 1-4-26 所示（单位：mm）。

⑭ 跳线的封装如图 1-4-27 所示（单位：mm）。

跳线的长度一般要求为 2.54mm（100mils）的整数倍，所以，一般要建 2.5mm、5mm、7.5mm、10mm、12.5mm、15mm、17.5mm、20mm、22.5mm 和 25mm 共十条跳线。跳线

的焊盘尺寸一般为 2.0mm×2.0mm、2.0mm×2.1mm、2.0mm×2.2mm、2.1mm×2.1mm、2.1mm×2.2mm 或 2.2mm×2.2mm。

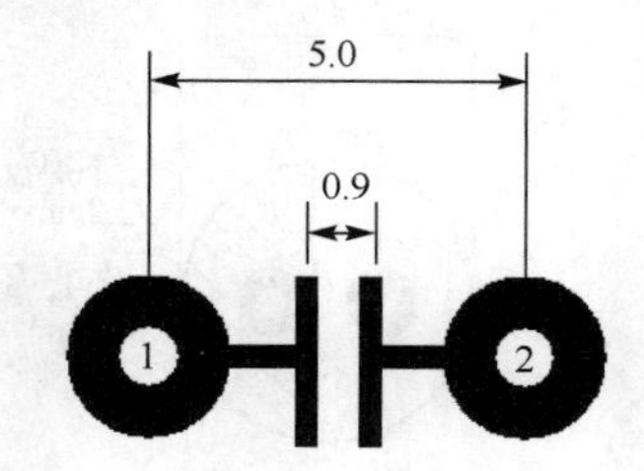

图 1-4-22　105 电容的封装

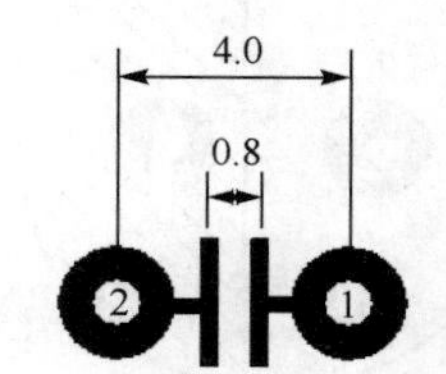

图 1-4-23　一般瓷片电容的封装

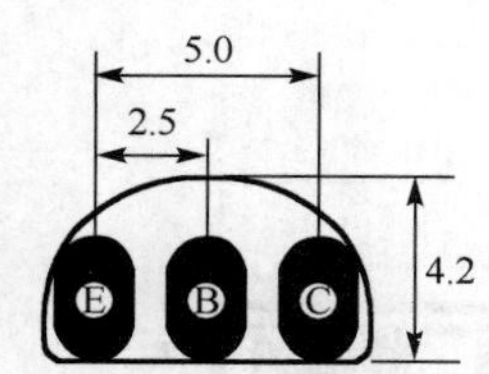

图 1-4-24　三极管的封装

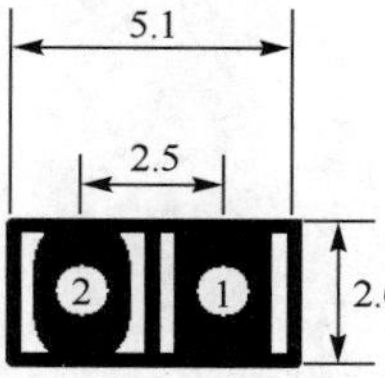

2个焊盘尺寸为：1.8mm×3.0mm
孔径为：1mm

图 1-4-25　短路针的封装

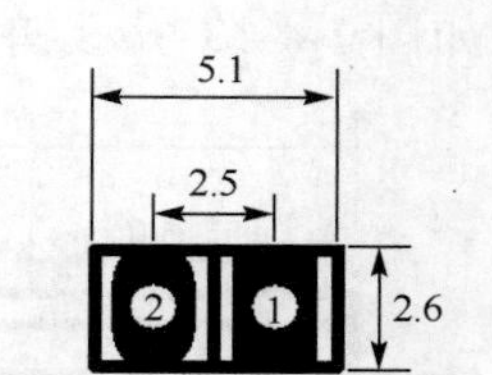

图 1-4-26　LED 的封装

⑮ 中型电解电容(1000μF)C30 和 C31 的封装如图 1-4-28 所示(单位：mm)。

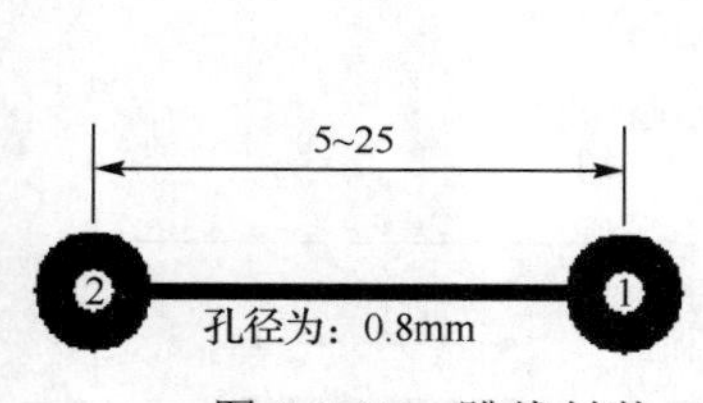

图 1-4-27　跳线封装

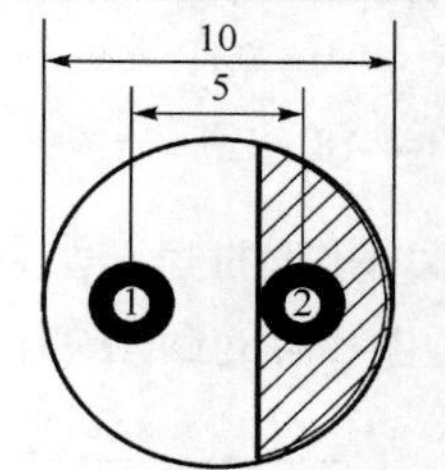

图 1-4-28　中型电解电容的封装

⑯ 插装电感 L1 和 L2(共有 2 个)的封装如图 1-4-29 所示(单位：mm)。

⑰ 贴片电感 L1 和 L2(共有 2 个)的封装如图 1-4-30 所示(单位：mm)。

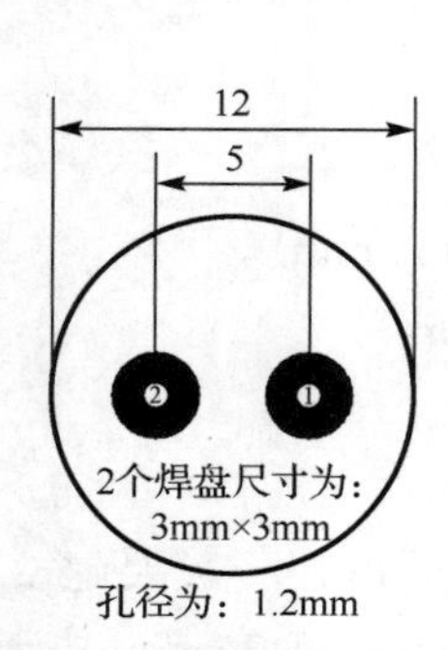

图 1-4-29　插装电感的封装

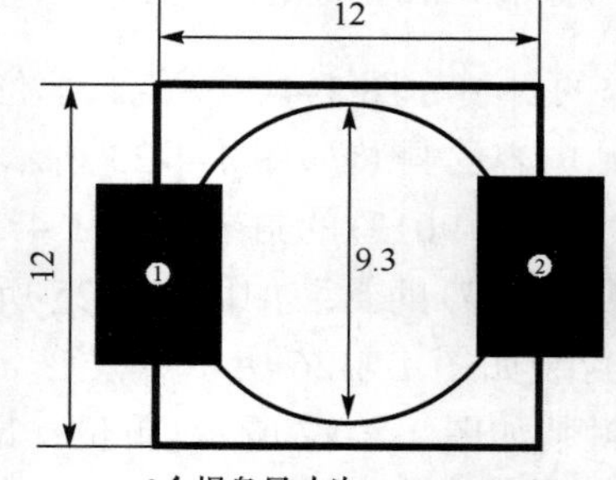

图 1-4-30　贴片电感的封装

⑱ 贴片和直插通用电感 L1 和 L2 的封装如图 1-4-31 所示(单位：mm)。

⑲ 场效应管 Q8、Q9、Q10 和 Q11 的封装如图 1-4-32 所示(单位：mm)。

12
12
孔径为：0.8mm

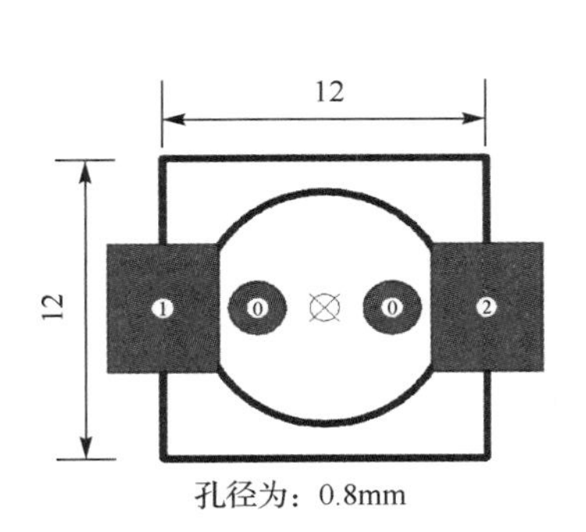

图 1-4-31 贴片和直插通用电感的封装

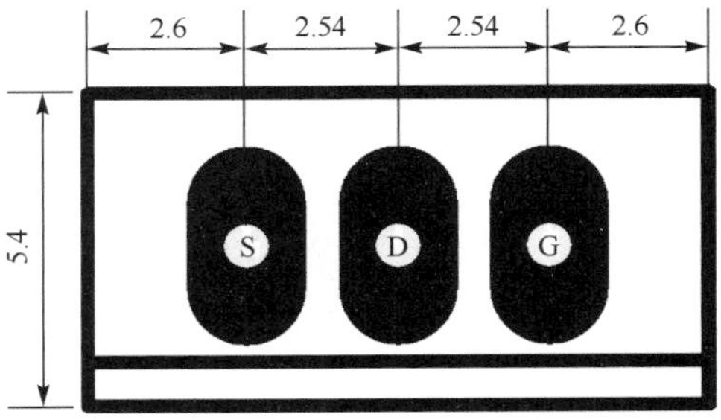

2.6
2.54
2.54
2.6
5.4
S
D
G
3个焊盘尺寸为：2mm×3.5mm
孔径为：1.2mm

图 1-4-32 场效应管的封装

⑳ 精密微调电阻 R23 和 R25 的封装如图 1-4-33 所示(单位：mm)。

10.4
2.54
2.54
4.2
3
2
1
3个焊盘尺寸为：2mm×3mm
孔径为：0.8mm

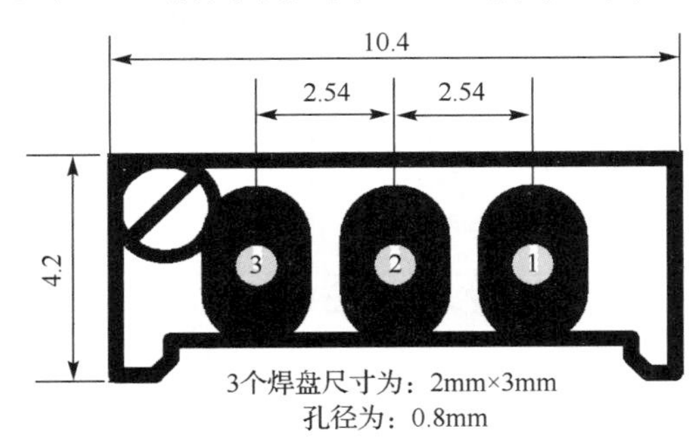

图 1-4-33 精密微调电阻的封装

㉑ DIP8 器件 U1、U2、U3 和 U5 的封装如图 1-4-34 所示(单位：mm)。

㉒ DIP14 器件 U4 的封装如图 1-4-35 所示(单位：mm)。

10
2.54
2.54
2.54
5.7
8.5
8个焊盘尺寸为：1.8mm×2.8mm
孔径为：1.0mm

图 1-4-34 DIP8 器件的封装

17.6
2.54
2.54
2.54
2.54
2.54
2.54
5.5
8.5
14个焊盘尺寸为：1.8mm×2.8mm
孔径为：1.0mm

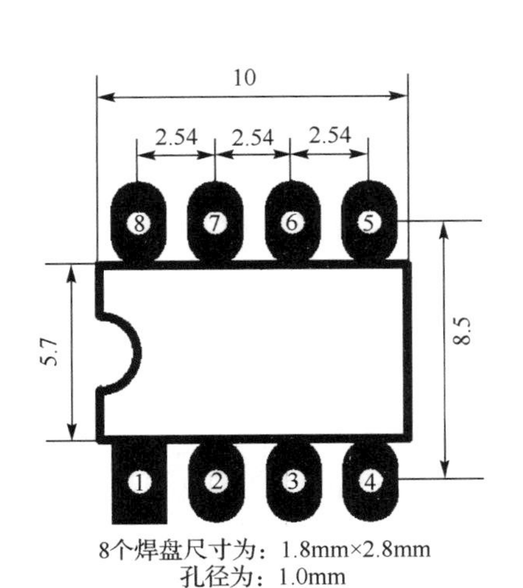

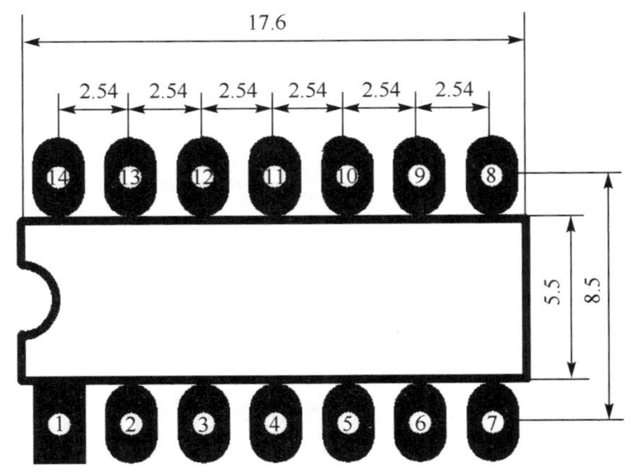

图 1-4-35 DIP14 器件的封装

1.4.2 原理图的设计

1. 新建项目文件

在合适的位置新建项目文件夹，以“自己的学号最后 2 位数字+姓名”建立一个 PCB 工程文件，并在工程文件中添加需要的图纸文件、符号文件、封装库文件、PCB 文件 4 个常用的文件备用，如图 1-4-36 所示。

图 1-4-36 以“自己的学号最后 2 位数字+姓名”建立一个 PCB 工程文件

2. 设计元器件符号和封装

根据规格书和图纸要求设计元器件符号库和封装库，元器件符号的设计样式可以参考分立元件数字功放电路原理图(如图 1-3-1 所示)，封装的设计规格参考 1.4.1 节中所述内容。

3. 原理图设计

设计要求：

(1)采用 A4 幅面；

(2)原理图中所有的字符都用粗体，小三号；

(3)取消自动放置节点，选用手工放置节点，节点选用 SMALL；

(4)原理图中元器件符号的设计应和图纸幅面相匹配，系统库中没有的元器件需自行设计，设计时建议将引脚放置在整格(系统默认格点)位置上，以方便后续连线；

(5)原理图中的字符不应与元器件符号或连线有重叠现象；

(6)原理图排布应居中、均匀放置，且元器件和导线都要放置在整格位置上；

(7)原理图中输入的元器件封装应具备唯一性，即一个元器件对应一种封装。

4．添加封装

在原理图中，元件 C20 有两个封装名：CAP104 和 CAP105，其中 CAP105 是不需要的封装，为了避免封装混乱，将其删除。如图 1-4-37 所示，利用“工具”菜单下的“封装管理器”命令，打开封装管理器界面，如图 1-4-38 所示，在管理器左边的列表框里选中需要修改的元件 C20，右边将显示它的两个封装，删掉一个多余的封装即可。

图 1-4-37　打开封装管理器界面

在原理图中，给所有元件添加对应的封装，并且使元件只有一个所需要的封装，删除其他多余的封装。

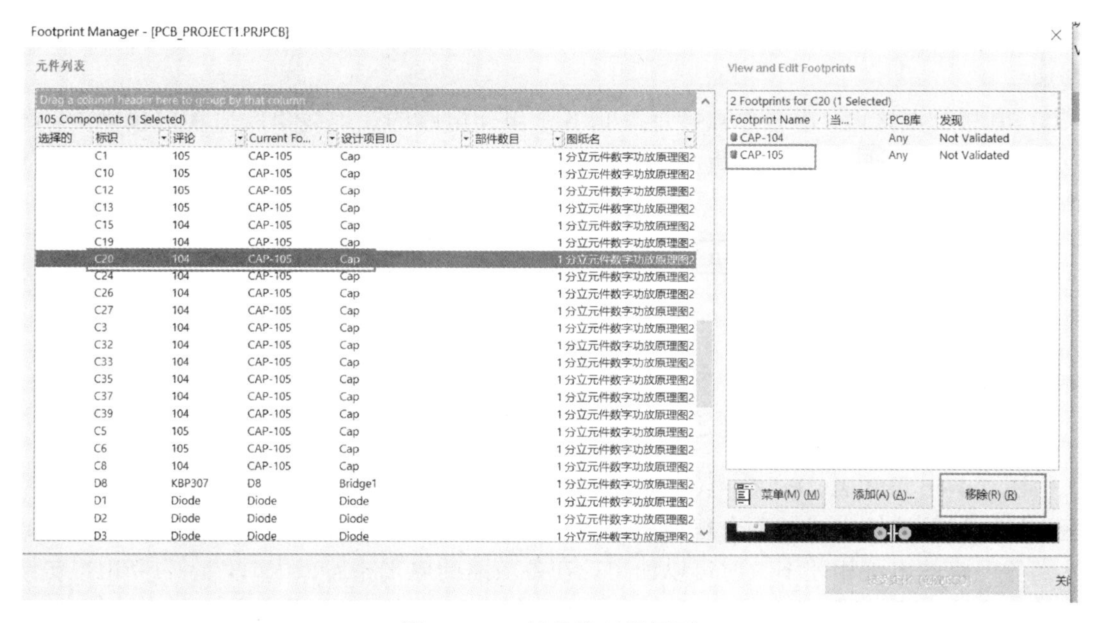

选择的	标识	评论	Current Fo...	设计项目ID	部件数目	图纸名
	C1	105	CAP-105	Cap		1分立元件数字功放原理图2
	C10	105	CAP-105	Cap		1分立元件数字功放原理图2
	C12	105	CAP-105	Cap		1分立元件数字功放原理图2
	C13	105	CAP-105	Cap		1分立元件数字功放原理图2
	C15	104	CAP-105	Cap		1分立元件数字功放原理图2
	C19	104	CAP-105	Cap		1分立元件数字功放原理图2
	C20	104	CAP-105	Cap		1分立元件数字功放原理图2
	C24	104	CAP-105	Cap		1分立元件数字功放原理图2
	C26	104	CAP-105	Cap		1分立元件数字功放原理图2
	C27	104	CAP-105	Cap		1分立元件数字功放原理图2
	C3	104	CAP-105	Cap		1分立元件数字功放原理图2
	C32	104	CAP-105	Cap		1分立元件数字功放原理图2
	C33	104	CAP-105	Cap		1分立元件数字功放原理图2
	C35	104	CAP-105	Cap		1分立元件数字功放原理图2
	C37	104	CAP-105	Cap		1分立元件数字功放原理图2
	C39	104	CAP-105	Cap		1分立元件数字功放原理图2
	C5	105	CAP-105	Cap		1分立元件数字功放原理图2
	C6	105	CAP-105	Cap		1分立元件数字功放原理图2
	C8	104	CAP-105	Cap		1分立元件数字功放原理图2
	D8	KBP307	D8	Bridge1		1分立元件数字功放原理图2
	D1	Diode	Diode	Diode		1分立元件数字功放原理图2
	D2	Diode	Diode	Diode		1分立元件数字功放原理图2
	D3	Diode	Diode	Diode		1分立元件数字功放原理图2

图 1-4-38　封装管理器界面

5．编译查错

对绘制好的原理图进行编译查错，如图 1-4-39 所示，根据系统的提醒修改图纸存在的问题，直到没有错误为止。

Project　Place　Design　Tools　Simulate　Reports　Window　Help

Compile Document 分立元件数字有源功放原理图2020.4.14.SchDoc

Compile PCB Project PCB_PROJECT1.PRJPCB

Recompile PCB Project PCB_PROJECT1.PRJPCB

Design Workspace

Add New to Project

Add Existing to Project...

Remove from Project...

Project Documents...　Ctrl+Alt+O

图 1-4-39　编译查错

1.4.3 PCB 地线设计

1. PCB 地线设计目标

在 PCB 的地线设计中，接地技术既应用于多层 PCB，也应用于单层 PCB。理想地线应是一个零电位、零阻抗的物理实体，但实际的地线本身既有电阻分量又有电抗分量，当有电流通过该地线时，就要产生电压降。接地技术的目标是最小化接地阻抗，从而减小从电路返回到电源地的接地回路的电压降。

2. PCB 地线设计类型

(1) 单点接地

单点接地是指所将有电路的地线接到公共地线的同一点上，优点是没有地环路，相对简单，缺点是地线往往过长，导致地线阻抗过大。单点接地可分为串联单点接地和并联单点接地。

① 串联单点接地：串联单点接地是指各个单元电路的接地线串联后连向接地点，串联单点接地连接方式如图 1-4-40 所示，接地点由工作地线串联起来，然后接地，对应的等效电路如图 1-4-41 所示。

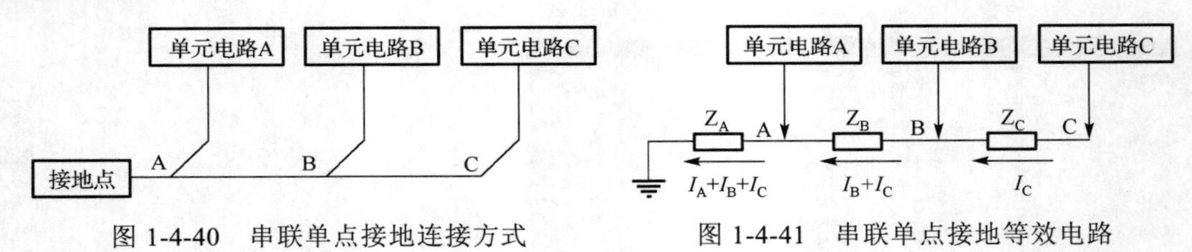

图 1-4-40 串联单点接地连接方式

图 1-4-41 串联单点接地等效电路

由图 1-4-40 可知 A、B、C 点的电位并不为零，且受其他电路电流的影响。从防止噪声的角度出发，这种接地方式是不合理的。但由于其比较简单，采用这种接地方式的地方仍然很多，当各电路的电平相差不大时可以使用；在各电路的电平相差很大时，因为高电平电路会产生更大的地电流，形成很大的地电位差并干扰低电平电路，所以不能使用该方式接地。

② 并联单点接地：并联单点接地连接方式如图 1-4-42 所示，图中各单元电路分别用地线接于一个接地点上，对应的等效电路如图 1-4-43 所示。

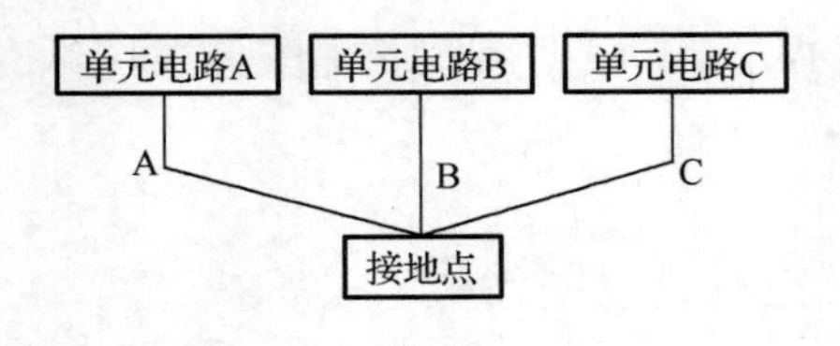

图 1-4-42 并联单点接地连接方式

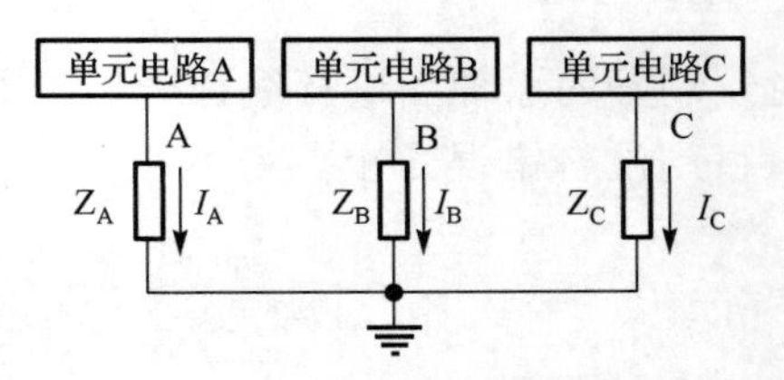

图 1-4-43 并联单点接地等效电路

由于并联单点接地方式需要很多根地线，在 PCB 设计时采用并联单点接地是比较麻烦的。一方面，分别接地会增加地线长度，进而增加地线阻抗；另一方面，这种接地方式还会造成各地线相互之间产生电感耦合，地线相互之间的分布电容也会产生电容耦合。随着频率增大，地线阻抗、地线间的电感感抗及电容容抗都会增大，因此这种接地方式不适用于高频电路。

在采用并联单点接地方式时，还必须注意要把最低电平的单元电路布置在靠近接地点处，以使A点、B点及C点的电位受影响最小。

③单点混合接地：一般把以上两种接地方式结合起来使用，称为单点混合接地，其连接方式如图1-4-44所示。其基本原则为，首先把容易产生相互干扰的电路分成小组，如把模拟电路和数字电路、小功率和大功率电路、低噪声电路和高噪声电路等区分开来，各自为一组；采用单点串联方式把小组内各电路的接地点串联起来，选择电平最低的电路作为小组接地点，再把各小组的接地点按单点并联的方式分别连接到一个独立的点(汇合)后接地。在频率较低，地线阻抗不大，组内各电路的电平相差不大的情况下，这种方式非常适用，因为其走线和电路图相似，所以电路布线比较容易。

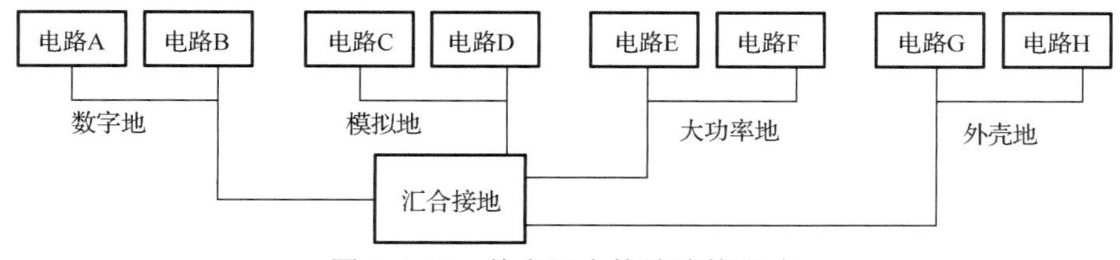

图1-4-44 单点混合接地连接方式

(2)多点接地

工作频率高(>30MHz)的电路通常采用多点接地(在该电路系统中，用一块接地平板代替电路中每部分各自的地回路)的接地方式。因为接地引线的感抗与电路工作频率和引线长度成正比，工作频率高时将增大共地阻抗，从而增大共地阻抗产生的电磁干扰，所以采用多点接地时，尽量找最近的低阻值接地面接地。

多点接地电路中各个接地点都直接接到距它最近的接地平面上，以使接地引线的长度最短。多点接地电路结构简单，接地线上可能出现的高频驻波现象显著减少，但多点接地可能会导致设备内部形成许多接地环路，从而降低设备对外界电磁场的抵御能力。

(3)混合接地

将单点接地和多点接地混合使用的方式称为混合接地。一般的模块都会采用混合接地的方式完成电路地线与地平面的连接。如果不选择使用整个平面作为公共的地线(如模块本身有两个地线的时候)，就需要对地平面进行分割，这里不做详细阐述。

(4)浮地

浮地是指设备地线系统在电气上与大地绝缘的一种接地方式。

3. 分立元件数字功放电路PCB地线设计

模拟电路涉及弱小的音频信号，比较容易受到公共阻抗的影响，而数字电路门限电平较高，对公共阻抗的抗干扰能力强，且数字信号为矩形波，包含大量的谐波，如果电路板中的数字地与模拟地没有从接入点分开，数字信号中的谐波很容易会干扰到模拟信号的波形。此外，大功率地的电流比较大，也会影响模拟电路的小信号。所以在分立元件数字功放电路中将地分成了3组，分别为模拟地、数字地和大功率地，分别用符号、符号、符号标识，如图1-4-45所示。

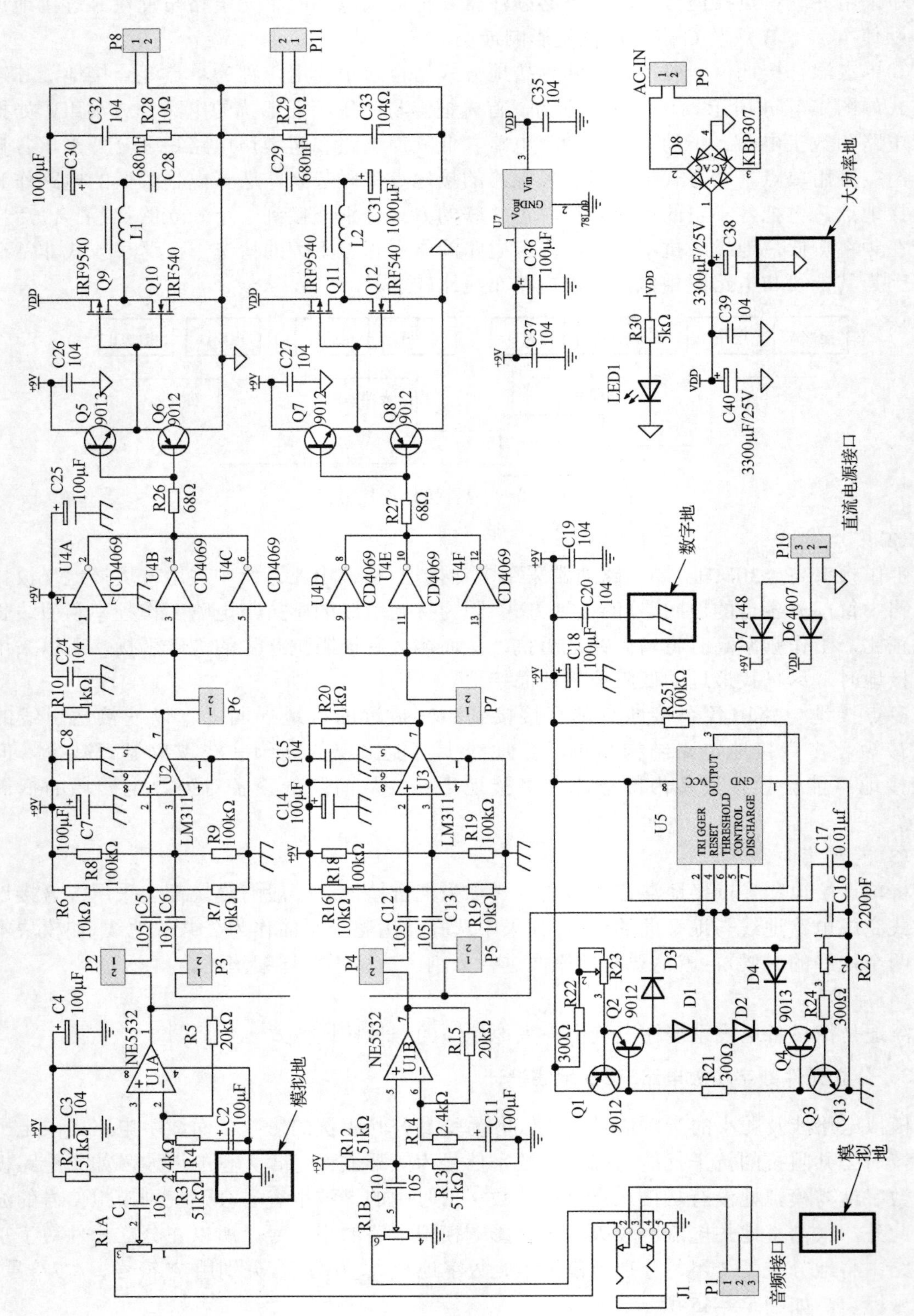

图 1-4-45 分立元件数字功放地分组情况图

在分立元件数字功放电路中，信号的工作频率小于 1MHz，它的布线和元器件间的电感对干扰影响较小，而接地电路形成的环流对干扰影响较大，因而采用单点混合接地，地线布置与连接的 PCB 参考图如图 1-4-46 所示。

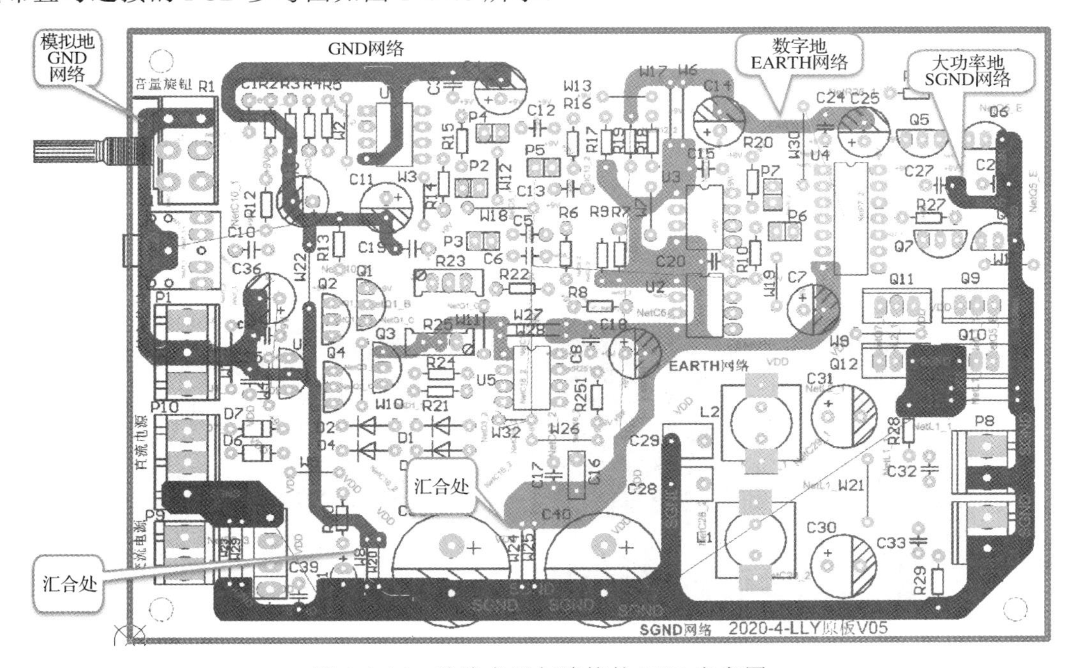

图 1-4-46 地线布置与连接的 PCB 参考图

1.4.4 PCB 的设计

1. PCB 设计任务要求

① 元器件封装参考元器件规格书进行。

② PCB 样板物理板框大小要求：约为 140mm×97mm，顶层放置元器件，底层单面走线。

③ 尽量使输入和输出信号距离最远，以防止输出大信号干扰输入小信号；元器件按信号流的方向从左到右、从上到下或者从右到左、从下到上放置，且以核心元器件为中心分单元布局。

④ 元器件应均匀、整齐、紧凑地排列在 PCB 上，尽量缩短和减少各元器件之间的引线和连接。

⑤ 接插口尽量排在板边以方便引入信号。

⑥ 参考板子元器件全部放置在顶层，用插件封装。

⑦ 去耦电容尽量靠近集成电路芯片(IC)放置，以保证好的去耦效果。

⑧ 三条地线分网络布线，最后在电源的大电解电容处连接在一起。

⑨ 板子导线全部放置在底层，单面布线，如果布不通可以在顶层飞线，但是尽量使用同一种尺寸的飞线，如 10mm 和 7.5mm，飞线过孔焊盘内孔径为 0.8mm，外孔径为 1.6mm。

⑩ 线距不小于 0.3mm，走线应尽量短、尽量粗，信号线尺寸应大于 0.5mm，电源线和地线尽量加宽，焊盘尽量用铜皮包裹。

⑪ PCB 铜皮拐角尽量采用钝角或者圆角，尽量不出现直角或者锐角。

⑫ 丝印方向尽量一致，且不能被焊孔、元器件丝印、过孔等对象遮挡，方便装配和维修。

⑬ 最后要进行 DRC 检查(设计规则检查)，帮助排查错误。

2. PCB 板框设计

(1)任务要求

在 PCB 的 4 个脚，且距离板子物理边框 3mm 处各打一个半径为 1.8mm 的机械孔，以便于安装。

(2)板框参考样板

板框参考样板如图 1-4-47 所示。

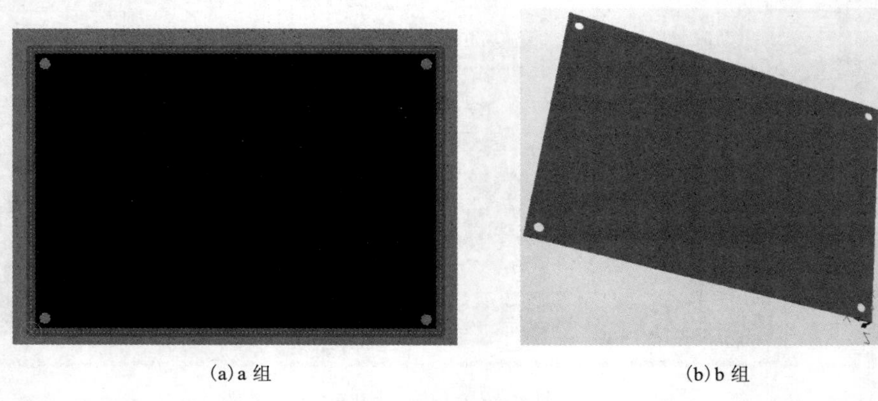

(a)a 组　　(b)b 组

图 1-4-47　板框参考样板

3. PCB 布局

① 从原理图中导入 PCB(如图 1-4-48 所示)，若无报错则可执行变化操作，将全部元器件导入 PCB。

Engineering Change Order

Modifications					Status		
Enable	Action	Affected Object		Affected Document	Check	Done	Message
☑	Add	C2	To	分立元件数字功放PCB板框文件01.PcbDoc	✓	✓	
☑	Add	C3	To	分立元件数字功放PCB板框文件01.PcbDoc	✓	✓	
☑	Add	C4	To	分立元件数字功放PCB板框文件01.PcbDoc	✓	✓	
☑	Add	C5	To	分立元件数字功放PCB板框文件01.PcbDoc	✓	✓	
☑	Add	C6	To	分立元件数字功放PCB板框文件01.PcbDoc	✓	✓	
☑	Add	C7	To	分立元件数字功放PCB板框文件01.PcbDoc	✓	✓	
☑	Add	C8	To	分立元件数字功放PCB板框文件01.PcbDoc	✓	✓	
☑	Add	C10	To	分立元件数字功放PCB板框文件01.PcbDoc	✓	✓	
☑	Add	C11	To	分立元件数字功放PCB板框文件01.PcbDoc	✓	✓	
☑	Add	C12	To	分立元件数字功放PCB板框文件01.PcbDoc	✓	✓	
☑	Add	C13	To	分立元件数字功放PCB板框文件01.PcbDoc	✓	✓	
☑	Add	C14	To	分立元件数字功放PCB板框文件01.PcbDoc	✓	✓	
☑	Add	C15	To	分立元件数字功放PCB板框文件01.PcbDoc	✓	✓	
☑	Add	C16	To	分立元件数字功放PCB板框文件01.PcbDoc	✓	✓	
☑	Add	C17	To	分立元件数字功放PCB板框文件01.PcbDoc	✓	✓	
☑	Add	C18	To	分立元件数字功放PCB板框文件01.PcbDoc	✓	✓	
☑	Add	C19	To	分立元件数字功放PCB板框文件01.PcbDoc	✓	✓	
☑	Add	C20	To	分立元件数字功放PCB板框文件01.PcbDoc	✓	✓	
☑	Add	C24	To	分立元件数字功放PCB板框文件01.PcbDoc	✓	✓	
☑	Add	C25	To	分立元件数字功放PCB板框文件01.PcbDoc	✓	✓	
☑	Add	C26	To	分立元件数字功放PCB板框文件01.PcbDoc	✓	✓	
☑	Add	C27	To	分立元件数字功放PCB板框文件01.PcbDoc	✓	✓	

图 1-4-48　导入 PCB

然后，开启交叉选择模式(如图 1-4-49 所示)，并开启两个窗口垂直显示功能(如图 1-4-50 所示)，即可对原理图和 PCB 进行交互式操作。

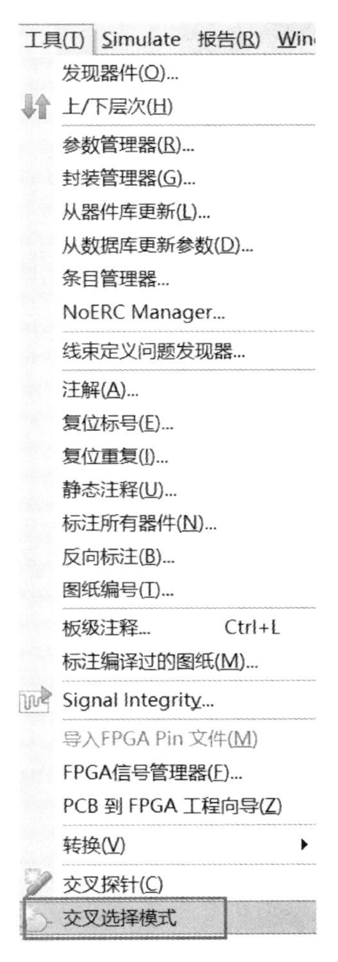

图 1-4-49 开启交叉选择模式

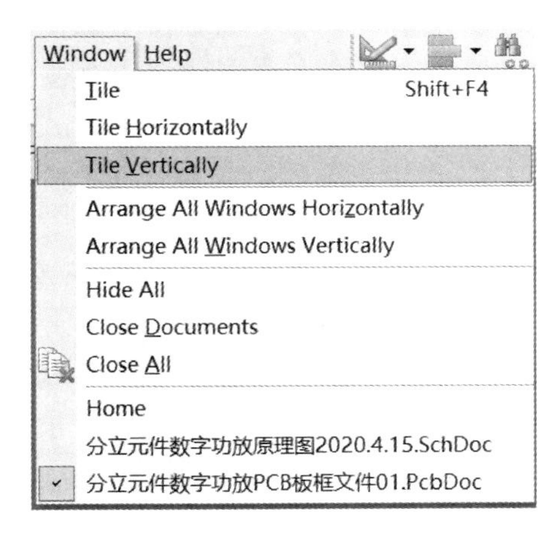

图 1-4-50 开启两个窗口垂直显示功能

② 分单元布局。在原理图中选择需要布局的单元或者元器件，然后在 PCB 中单击鼠标之后，按 IL 键，框选需要布局的位置即可将该单元或者元器件放置在框选的位置上。

例如，在原理图中选中 JI 和 P1，PCB 中对应的这两个元器件会高亮显示，在 PCB 中单击鼠标后，按 IL 键，在 PCB 的左下角(需要放置 J1 和 P1 的位置)进行框选，这两个元器件就被整齐摆放在框选范围内了，原理图与 PCB 交互操作如图 1-4-51 所示。

接着，在原理图中选择电源单元，对应地，PCB 中对应的单元被选中，电源单元将高亮显示，如图 1-4-52 所示，利用交互式布局方式将其放置在 JI、P1 旁边，并将原理图其他部分分单元依次放入 PCB 中，布局完成后的电源单元如图 1-4-53 所示。

③ 在这里，假设该功放产品的电源信号从左下角引入，音频信号从板子左边约中间位置输入，调整 P1、J1 位置，将它们放置在板边，将电源输入边插件放置在板子边缘，电源整流稳压单元放置在板子左下角，音频输入与电源单元调整后的布局如图 1-4-54 所示。

图 1-4-51　原理图与 PCB 交互操作

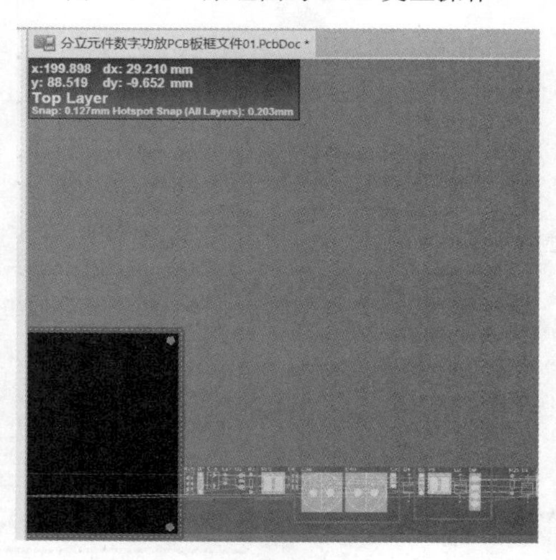

图 1-4-52　被选中电源单元高亮显示

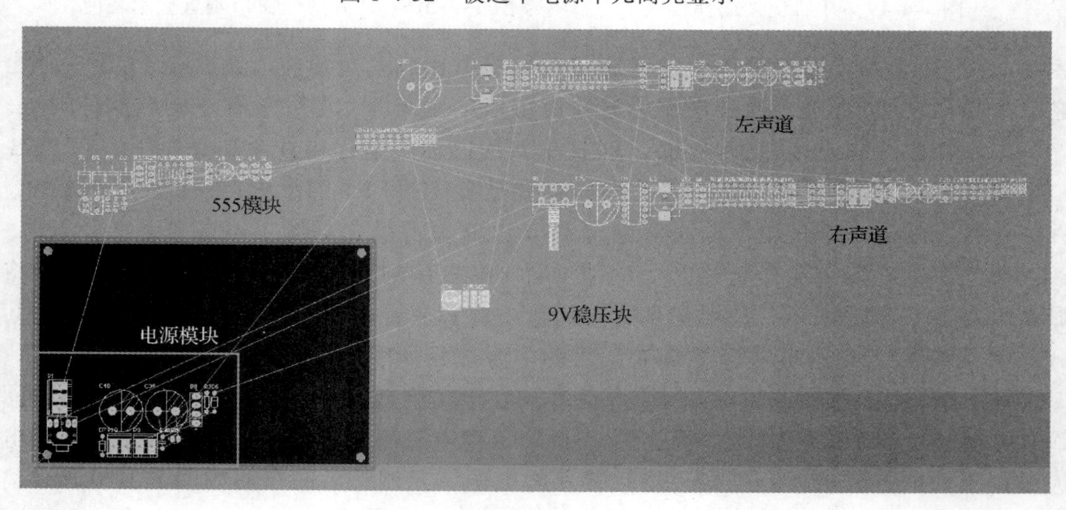

图 1-4-53　布局完成后的电源单元

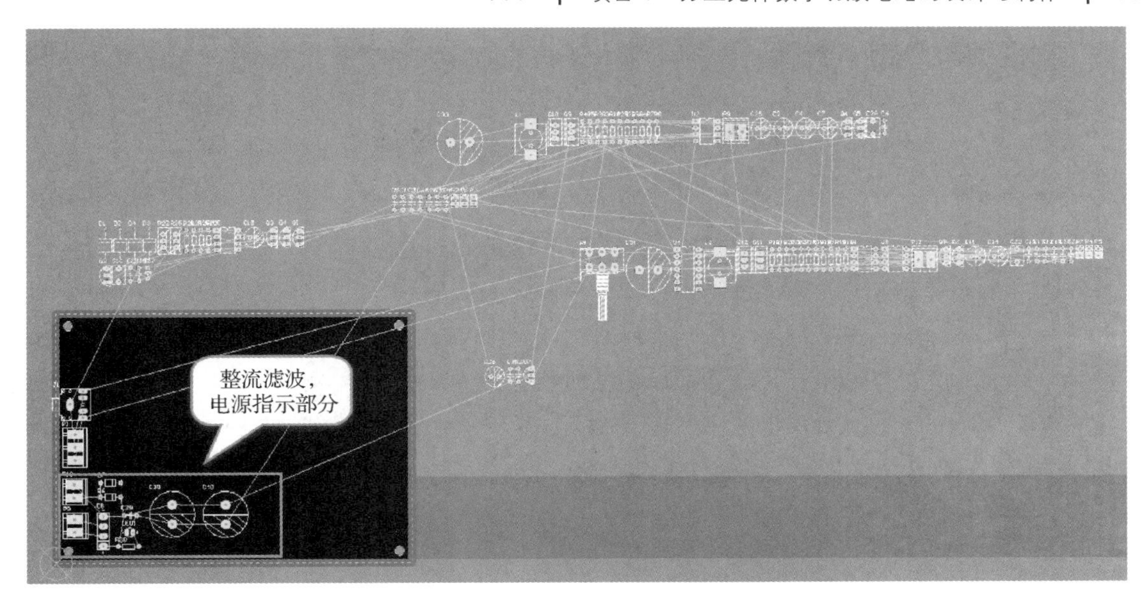

图 1-4-54　音频输入与电源单元调整后的布局

④ 根据飞线调整 9V 稳压块与三角波单元的布局。

⑤ 选择前置放大电路单元，如图 1-4-55 所示，这部分主要用于放大模拟信号，它们的公共地是模拟地，需就近放置在一起，根据飞线调整布局，如图 1-4-56 所示。

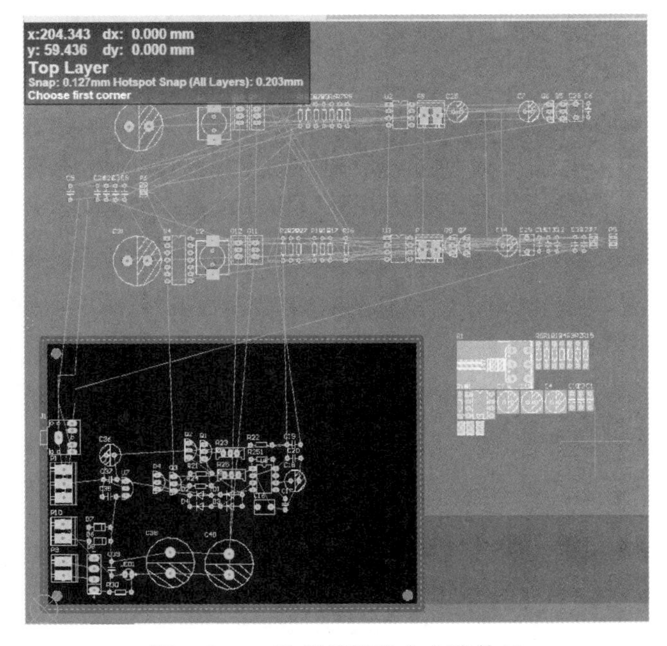

图 1-4-55　选择前置放大电路单元

⑥ 选择 PWM 产生电路与 CD4069 电路，如图 1-4-57 所示，把这部分与三角波产生电路放在一起，并根据飞线调整布局，如图 1-4-58 所示，它们公共地是数字地。

⑦ 根据元器件之间的距离大小，微调元器件的疏密，直到各元器件基本均匀分布，如图 1-4-59 所示。

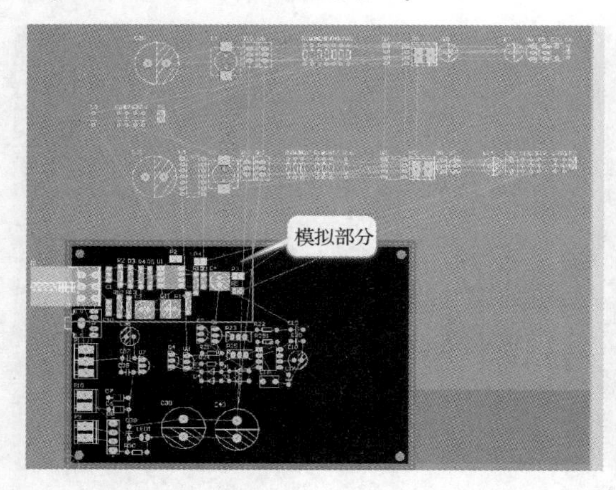

图 1-4-56　9V 稳压块与三角波单元调整后的布局

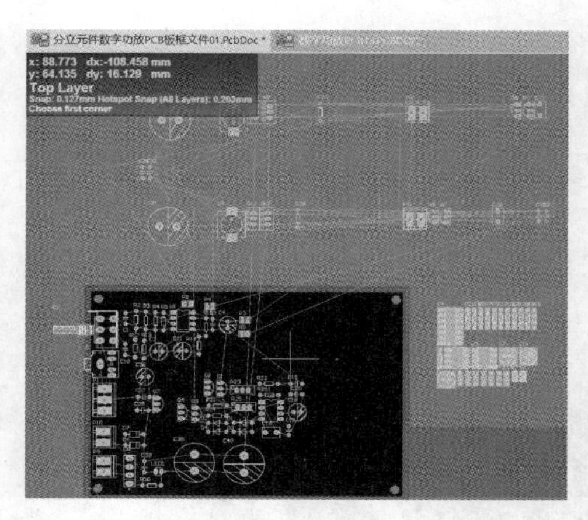

图 1-4-57　选择 PWM 产生电路与 CD4069 电路

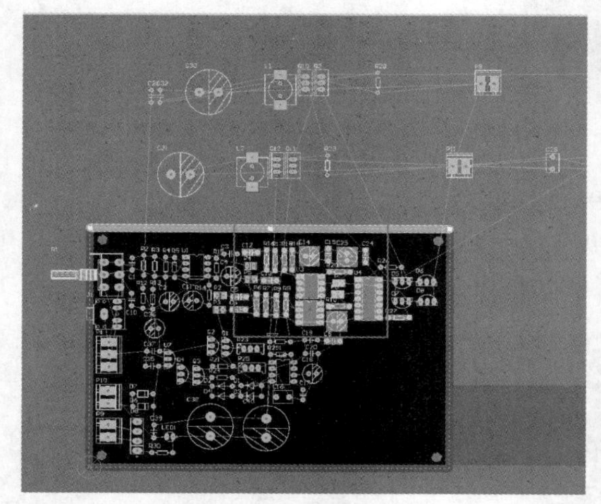

图 1-4-58　PWM 产生电路与 CD4069 电路调整后的布局

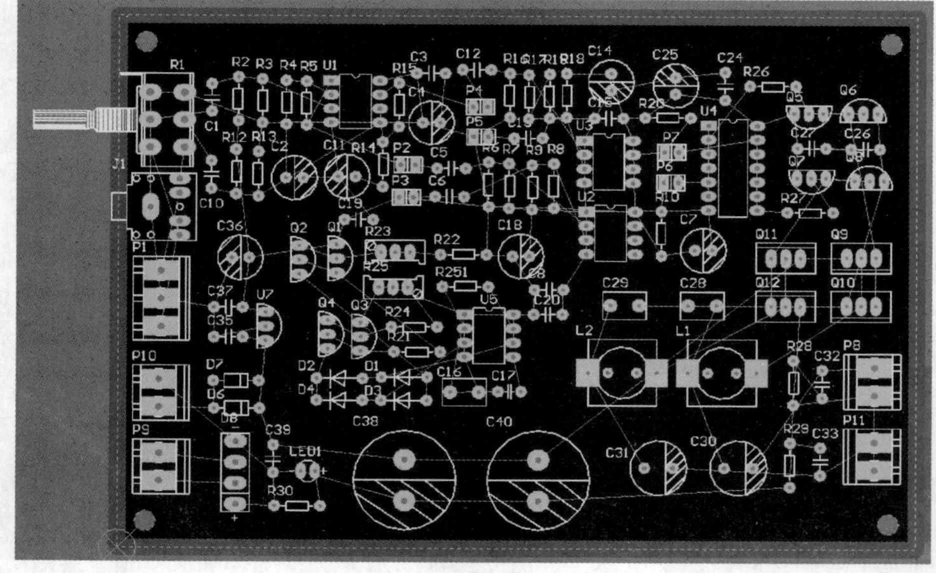

图 1-4-59　整个板子的参考布局

4．元器件引脚的网络检查与纠错

将 PCB 库的封装逐个检查后，根据原理图对应 PCB，逐条检查元器件引脚的网络，查看是否有错封装、漏网络、漏飞线等情况。

(1) 修改和增加网络的方法

将检查出的错误，通过如下修改和增加网络的方法进行改错，用此方法修改后的原理图与 PCB 将不再对应，请谨慎使用此方法。

如图 1-4-60 所示，通过“Design”→“Netlist”→“Edit Nets”命令，进入“Netlist Manager”对话框，如图 1-4-61 所示。在“Netlist Manager”对话框中，可以增加、删除和更改 PCB 图中的网络编号，对新放置的元器件进行封装，对网线没有连接的元器件引脚，可以新增网络编号，重新正确连接元器件引脚；同样地，也可以对网线连接错误的元器件引脚进行更改。通过这些措施，可以将错误的元器件封装更换为正确的封装，重新添加漏掉的元器件封装，合并一个元器件出现的多个封装，并正确连接引脚。

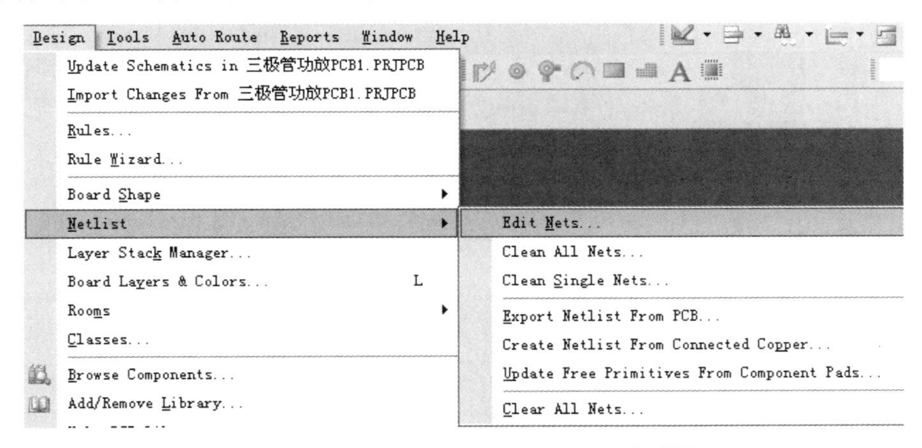

图 1-4-60 进入“Netlist Manager”对话框

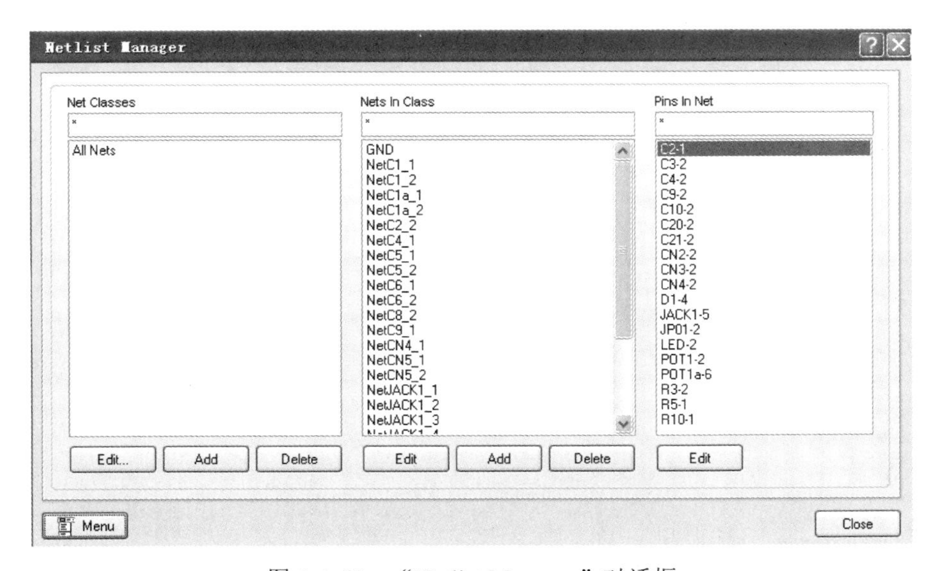

图 1-4-61 “Netlist Manager”对话框

(2)修改原理图更新PCB的方法

例如，S9013的焊盘没有飞线，那么可能存在的问题如下：

① 封装引脚号与原理图元器件符号引脚号不对应。

② 原理图中的导线没有连接好。

修改方法：将S9013的元器件封装与原理图元器件符号引脚号一一对应，把开路的导线连接好之后，从原理图更新到PCB中，从而达到修改的目的。采用该方法修改之后，原理图始终与PCB一致。

5. PCB布线

(1)分网络设置自动布线规则

信号线顶层(TopLayer层)线宽0.5mm，底层(BottomLayer层)线宽0.8mm，三个地网络地线宽度为2mm，信号线线宽规则设置如图1-4-62所示，地线线宽规则设置如图1-4-63所示。

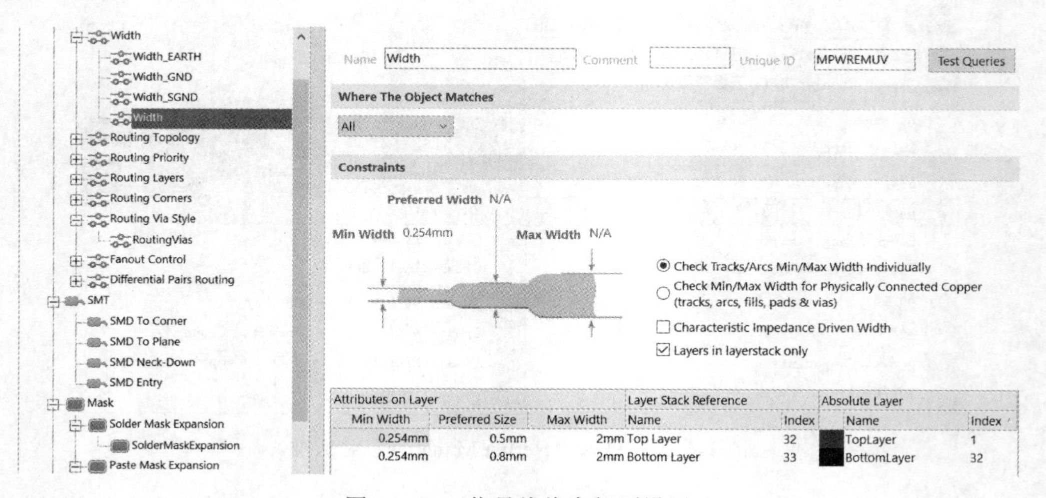

图1-4-62 信号线线宽规则设置

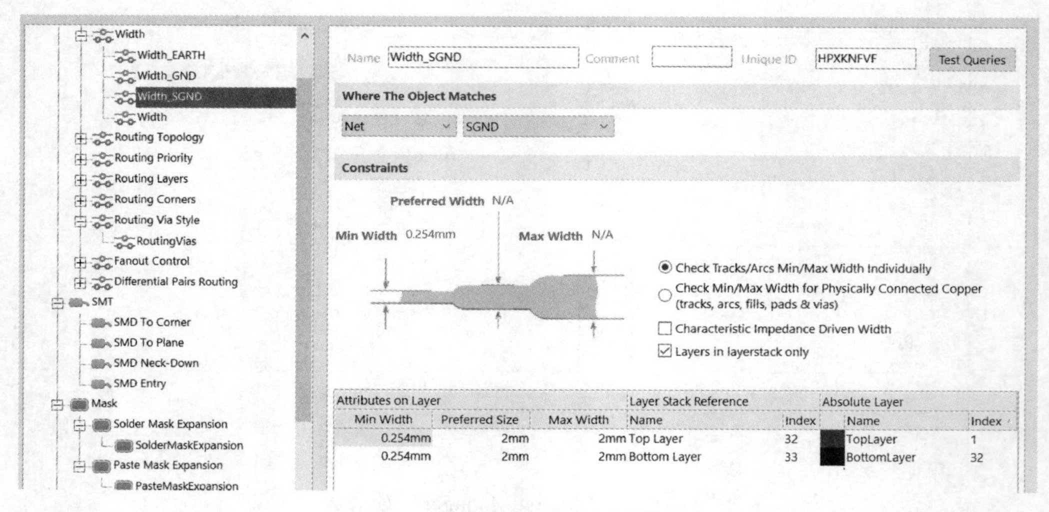

图1-4-63 地线线宽规则设置

(2) 自动布线

给整个电路板双面板自动布线，布线后的整体效果如图 1-4-64 所示，底层和顶层布线效果如图 1-4-65 所示。

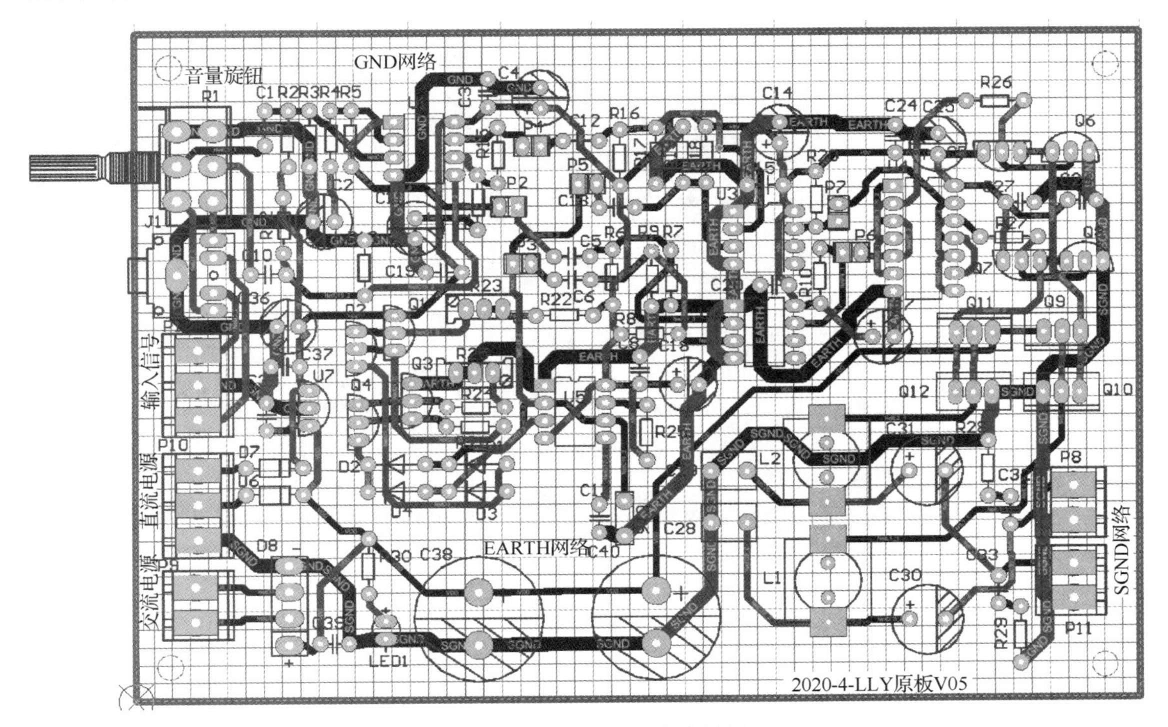

图 1-4-64 布线后的整体效果

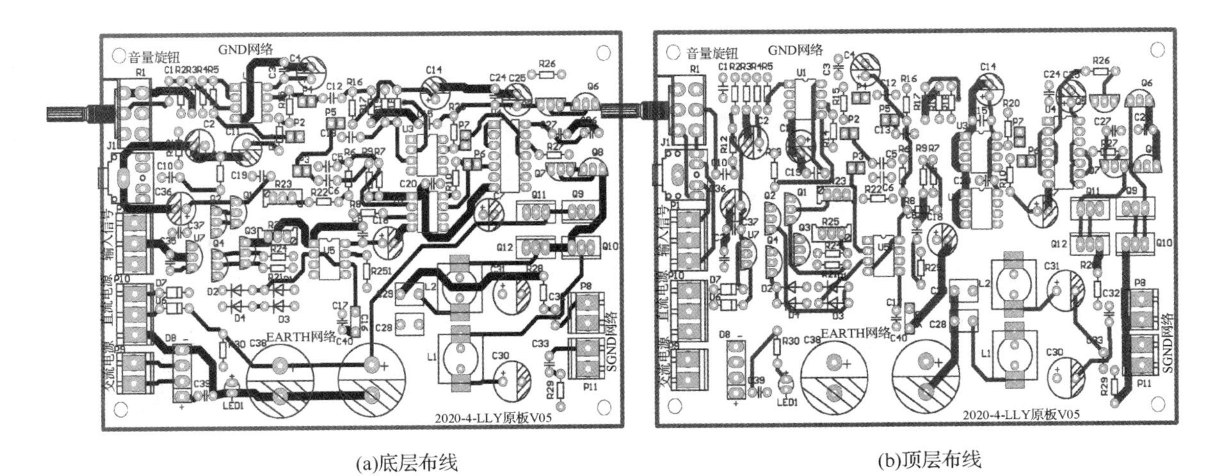

(a)底层布线　　(b)顶层布线

图 1-4-65 底层和顶层布线效果

(3) 手工调整布线

① 双面板调整为单面板。

利用“Interaction Routing”命令将顶层走线(红色走线)转换为底层走线(蓝色走线)，若蓝色线走不通，则用跳线代替红线后，将所有顶层的走线转换为底层走线。

这个过程是一个需要大量时间不断调整的过程，可以参照样板来进行，PCB 单面板参考样板如图 1-4-66 所示。

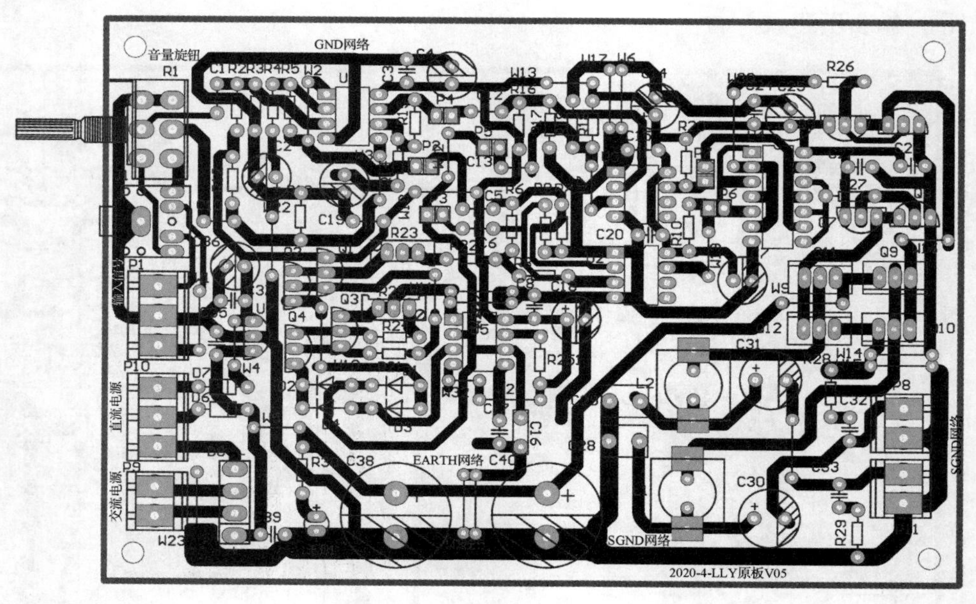

图 1-4-66　PCB 单面板参考样板

② 地线的走线。

原理图有三个地网络，原理图中三个地网络没有连接在一起，在 PCB 中，三个地网络最后要连接到一起，通常可以通过 0Ω电阻或者跳线将它们连接在一起，在这里选择用跳线将它们连接到大滤波电容 C38 负端处汇合。为了保护小信号不受干扰，将输入端的地单独接到地的出口，即 C38 的引脚处，地线的布置与连接情况如图 1-4-67 所示。

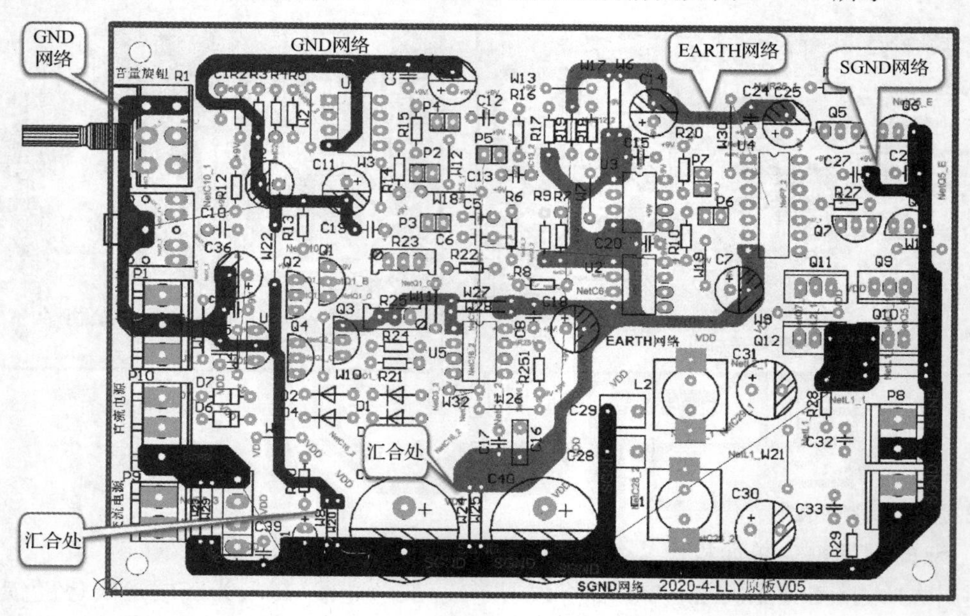

图 1-4-67　地线的布置与连接

③ 覆铜。

为了增强单面板的可靠性，应尽量把导线做宽或者加上覆铜将焊盘包裹起来，加宽导线后的 PCB 如图 1-4-68 所示，供读者参考。

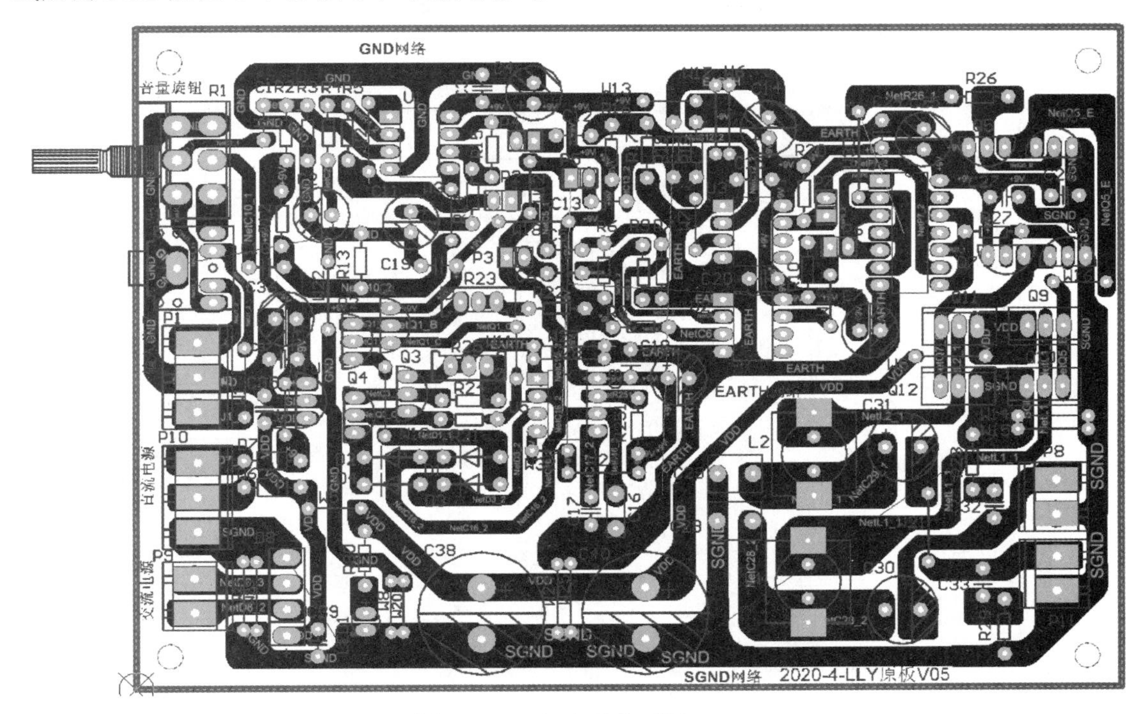

图 1-4-68 加宽导线后的 PCB

(4) 丝印调整

PCB 丝印层即文字层，用于在 PCB 的上下两表面印刷上所需要的标志图案和文字代号等（如元器件标号和标称值、元器件外廓形状和厂家标志、生产日期等），从而方便电路的安装和维修等。

为了便于元器件插装和维修，元器件位号不应被已安装的元器件所遮挡；丝印不能压在导通孔、焊盘上，以免开阻焊窗时造成部分丝印丢失，影响识别；丝印之间的间距应大于 5mil；丝印建议摆放成两个方向，这样将会非常方便查看丝印，丝印放置方向参考样例如图 1-4-69 所示，整个 PCB 的丝印放置参考样例如图 1-4-70 所示。

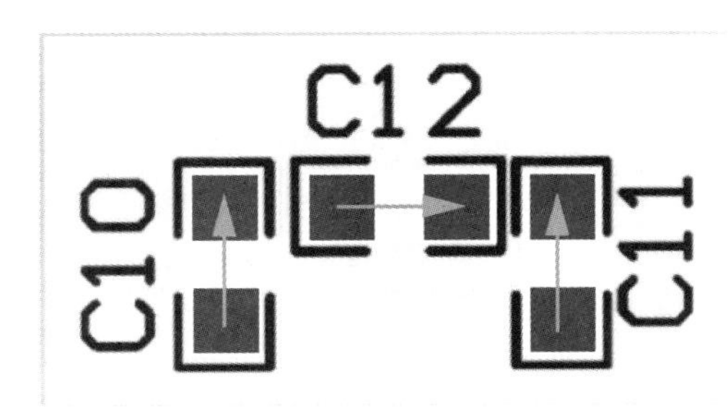

图 1-4-69 丝印放置方向参考样例

(5) DRC 查错

使用“Tools”→“Design Rule Check”命令进行 DRC 检查，排查 PCB 命令存在的问题，本 PCB 上由于存在飞线（后期装配 PCB 时装配上去的），故存在 24 条线路开路的情况，DRC 检查结果如图 1-4-71 所示。一一确认好后，就完成了分立元件数字功放电路的 PCB 走线设计，如图 1-4-72 所示。

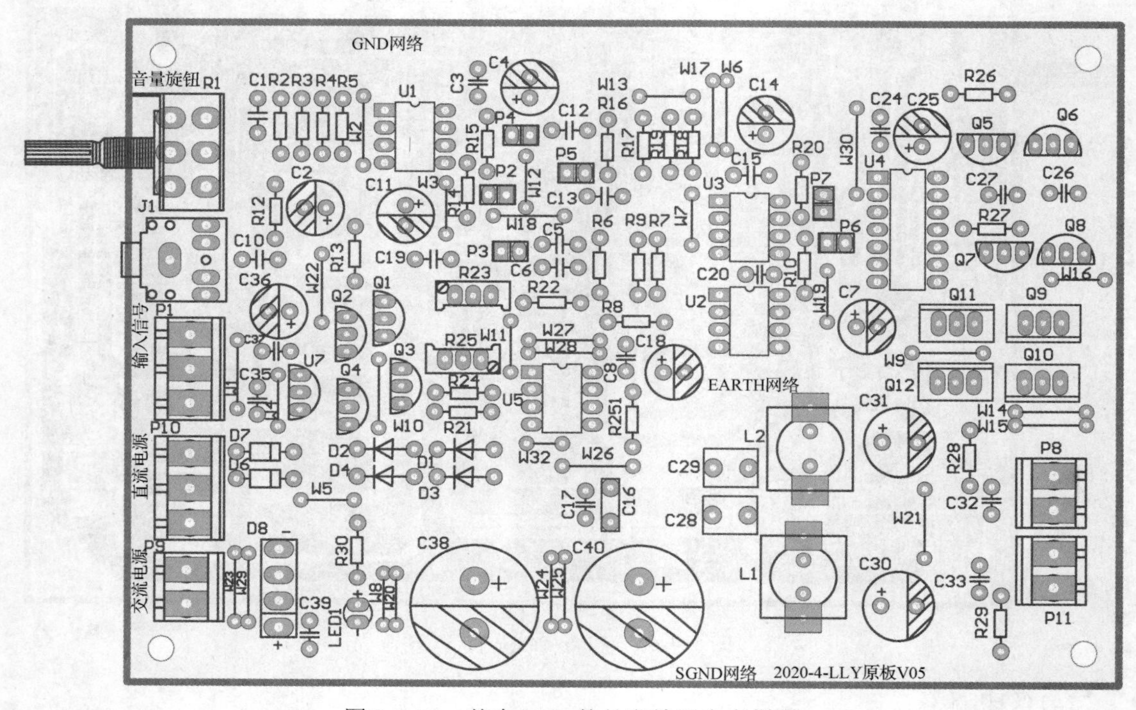

图 1-4-70 整个 PCB 的丝印放置参考样例

Messages

Class	Document	Source	Message	Time	Date	No.
[Un-Routed ...	分立元件数字功放llyPCB...	Advanced ...	Un-Routed Net Constraint: Net +9V Between Track (56.083mm,33.325mm)(56.083mm,36.711mm) on Bottom La...	16:29:38	2020/7/29	1
[Un-Routed ...	分立元件数字功放llyPCB...	Advanced ...	Un-Routed Net Constraint: Net +9V Between Track (61.087mm,54.737mm)(61.087mm,58.877mm) on Bottom La...	16:29:38	2020/7/29	2
[Un-Routed ...	分立元件数字功放llyPCB...	Advanced ...	Un-Routed Net Constraint: Net +9V Between Pad W4-2(21.158mm,37.026mm) on Multi-Layer And Track (22.621...	16:29:38	2020/7/29	3
[Un-Routed ...	分立元件数字功放llyPCB...	Advanced ...	Un-Routed Net Constraint: Net +9V Between Track (61.087mm,59.436mm)(61.087mm,67.285mm) on Bottom La...	16:29:38	2020/7/29	4
[Un-Routed ...	分立元件数字功放llyPCB...	Advanced ...	Un-Routed Net Constraint: Net +9V Between Pad W18-2(51.333mm,67.969mm) on Multi-Layer And Pad W18-1(...	16:29:38	2020/7/29	5
[Un-Routed ...	分立元件数字功放llyPCB...	Advanced ...	Un-Routed Net Constraint: Net EARTH Between Pad W27-2(56.388mm,49.784mm) on Multi-Layer And Track (64....	16:29:38	2020/7/29	6
[Un-Routed ...	分立元件数字功放llyPCB...	Advanced ...	Un-Routed Net Constraint: Net EARTH Between Track (74.473mm,28.169mm)(74.549mm,28.245mm) on Bottom ...	16:29:38	2020/7/29	7
[Un-Routed ...	分立元件数字功放llyPCB...	Advanced ...	Un-Routed Net Constraint: Net GND Between Track (3.531mm,61.341mm)(5.665mm,61.341mm) on Bottom Laye...	16:29:38	2020/7/29	8
[Un-Routed ...	分立元件数字功放llyPCB...	Advanced ...	Un-Routed Net Constraint: Net NetC10_2 Between Pad W3-1(44.704mm,65.278mm) on Multi-Layer And Pad W...	16:29:38	2020/7/29	9
[Un-Routed ...	分立元件数字功放llyPCB...	Advanced ...	Un-Routed Net Constraint: Net NetC13_2 Between Pad W7-2(79.248mm,63.747mm) on Multi-Layer And Pad W...	16:29:38	2020/7/29	10
[Un-Routed ...	分立元件数字功放llyPCB...	Advanced ...	Un-Routed Net Constraint: Net NetC31_2 Between Pad W21-1(112.141mm,18.321mm) on Multi-Layer And Pad ...	16:29:38	2020/7/29	11
[Un-Routed ...	分立元件数字功放llyPCB...	Advanced ...	Un-Routed Net Constraint: Net NetD1_1 Between Pad W10-2(35.306mm,36.863mm) on Multi-Layer And Pad W...	16:29:38	2020/7/29	12
[Un-Routed ...	分立元件数字功放llyPCB...	Advanced ...	Un-Routed Net Constraint: Net NetJ1_3 Between Pad W1-1(15.431mm,39.593mm) on Multi-Layer And Pad W1-...	16:29:38	2020/7/29	13
[Un-Routed ...	分立元件数字功放llyPCB...	Advanced ...	Un-Routed Net Constraint: Net NetP2_2 Between Track (33.02mm,73.66mm)(33.02mm,75.344mm) on Bottom La...	16:29:38	2020/7/29	14
[Un-Routed ...	分立元件数字功放llyPCB...	Advanced ...	Un-Routed Net Constraint: Net NetP6_1 Between Pad W19-1(98.349mm,52.603mm) on Multi-Layer And Pad W1...	16:29:38	2020/7/29	15
[Un-Routed ...	分立元件数字功放llyPCB...	Advanced ...	Un-Routed Net Constraint: Net NetQ5_E Between Pad W16-2(129.896mm,58.928mm) on Multi-Layer And Pad ...	16:29:38	2020/7/29	16
[Un-Routed ...	分立元件数字功放llyPCB...	Advanced ...	Un-Routed Net Constraint: Net NetR26_1 Between Pad W30-2(102.387mm,83.871mm) on Multi-Layer And Track...	16:29:38	2020/7/29	17
[Un-Routed ...	分立元件数字功放llyPCB...	Advanced ...	Un-Routed Net Constraint: Net SGND Between Track (51.029mm,7.874mm)(71.037mm,7.874mm) on Bottom Lay...	16:29:38	2020/7/29	18
[Un-Routed ...	分立元件数字功放llyPCB...	Advanced ...	Un-Routed Net Constraint: Net SGND Between Track (79.858mm,7.163mm)(81.603mm,8.908mm) on Bottom Lay...	16:29:38	2020/7/29	19

图 1-4-71 DRC 检查结果

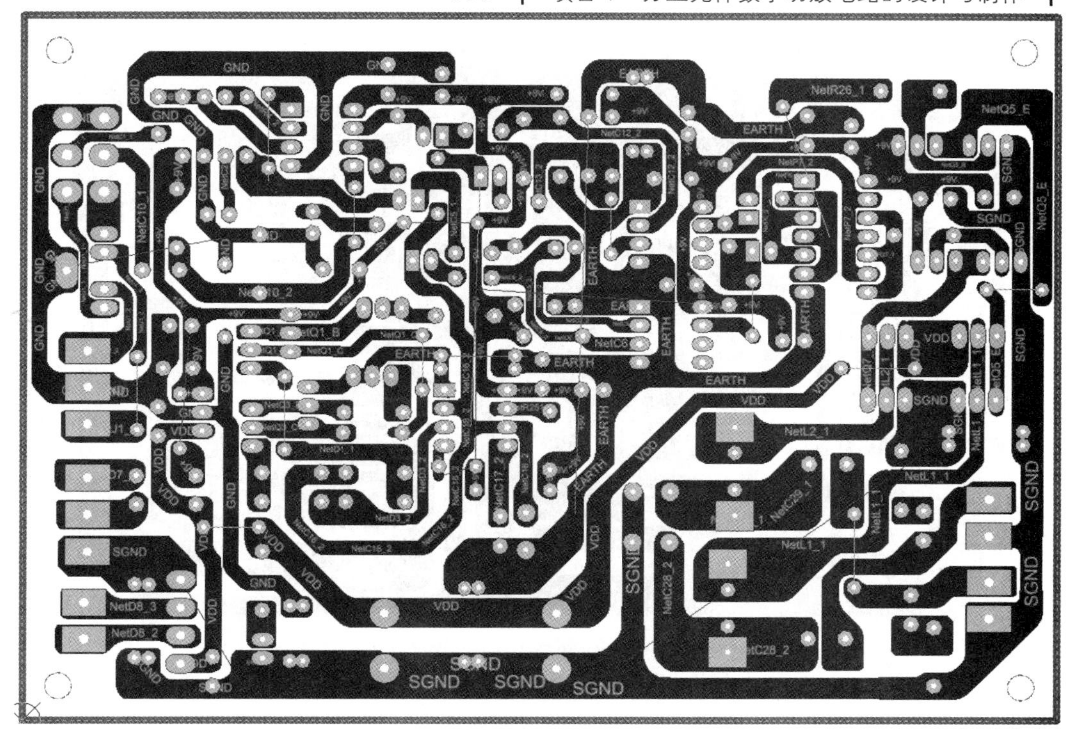

图 1-4-72 分立元件数字功放电路的 PCB 走线设计

6. 参考 PCB 样板

分立元件数字功放电路的 PCB 样板 1 如图 1-4-73 所示，PCB 样板 2 如图 1-4-74 所示。

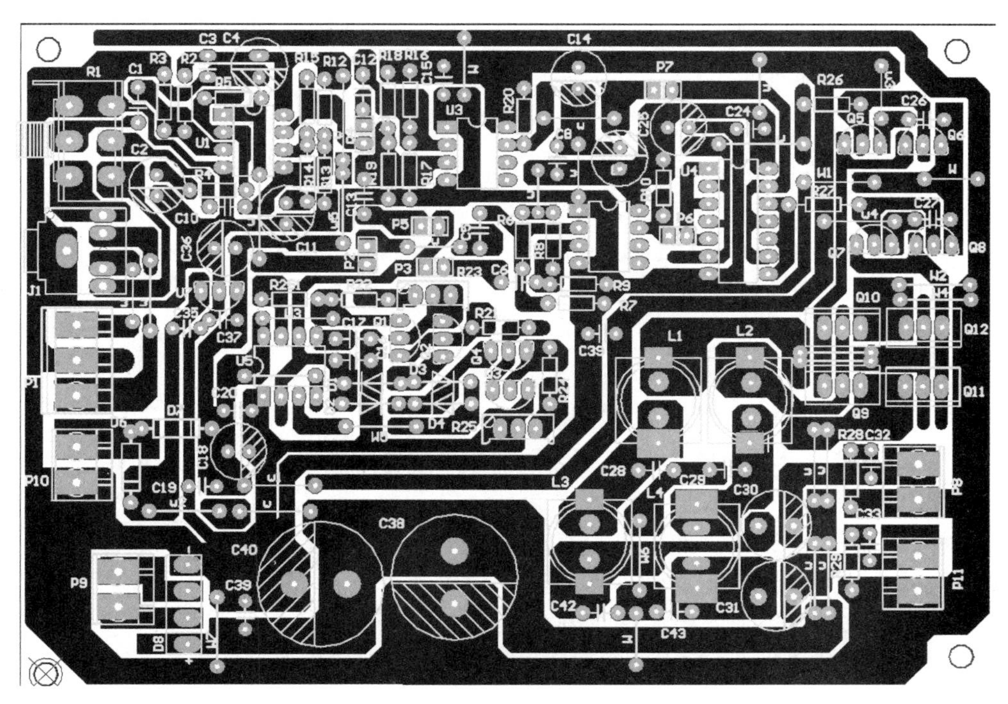

图 1-4-73 分立元件数字功放电路的 PCB 样板 1

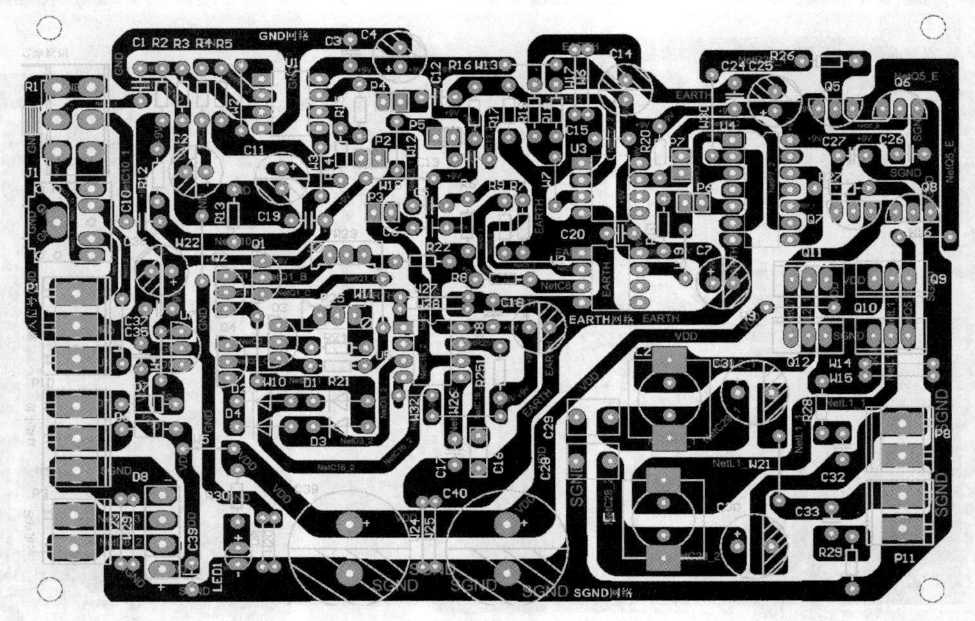

图 1-4-74　分立元件数字功放电路的 PCB 样板 2

1.4.5　PCB 打样

PCB 打样比较常用的做法是将 PCB 文件转换为 Gerber 文件和钻孔数据后交 PCB 厂，因为 PCB 生产工程师和 PCB 设计工程师对 PCB 的理解不一样，由 PCB 厂转换出来的文件可能不是 PCB 设计工程师所要的，所以将 PCB 文件转换成 Gerber 文件就可避免此类问题发生。这里简单介绍一下流程，详细内容请读者根据 PCB 厂要求进行设置。

1. 生成 Gerber 文件

Gerber 文件是由 Gerber Scientific 公司定义的用于驱动光绘机的文件。该文件的内容是由 PCB 图中的布线数据转换而来的用于光绘机生产高精度胶片的光绘数据，文件格式满足光绘机处理要求。在 Altium Designer 16 中，选择“文件”→“制造输出”→“Gerber Files”命令，如图 1-4-75 所示，打开“Gerber 设置”对话框。

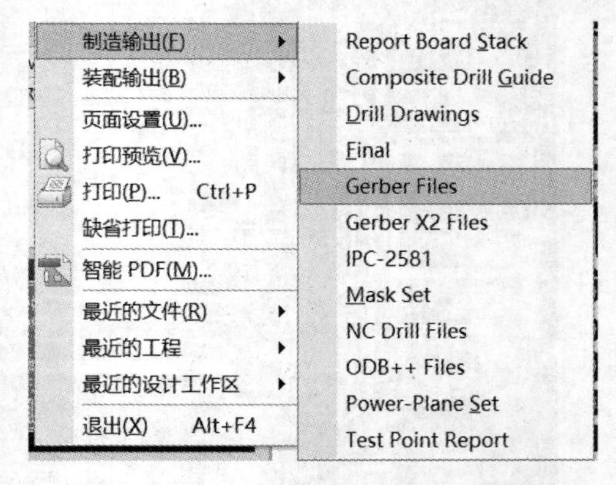

图 1-4-75　打开“Gerber 设置”对话框

“Gerber 设置”对话框如图 1-4-76 所示，在“通用”选项卡中可以选择单位和精度。

打开“层”选项卡，如图 1-4-77 所示，勾选需要输出的层，在“画线层”下拉菜单中选择“所有使用的”选项，然后单击“确定”按钮，就生成了 Gerber 文件。Altium Designer 高版本软件已经把常用的选项都设为了默认选项，其他设置说明及输出 Gerber 文件的类型等请读者查看 PCB 厂相关资料。

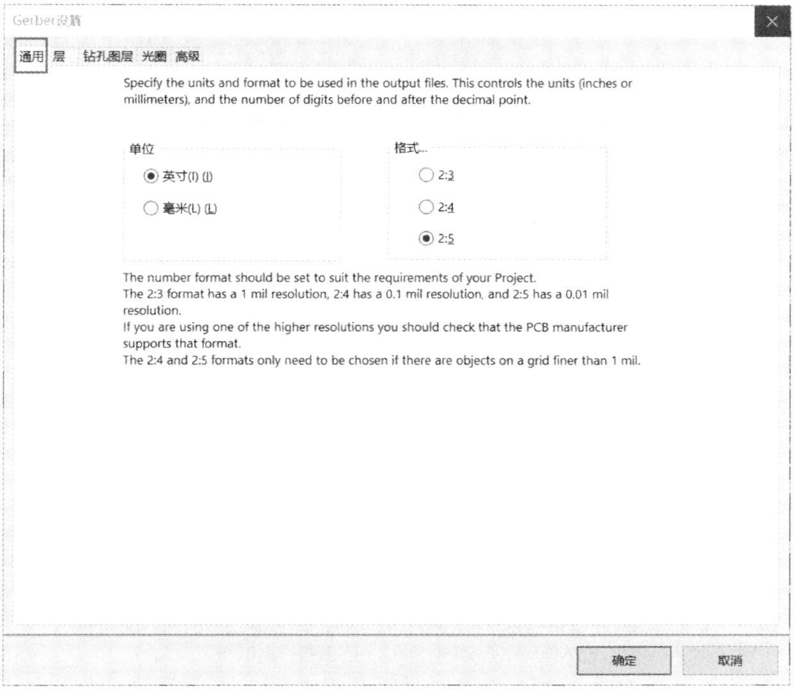

Gerber设置

通用 层 钻孔图层 光圈 高级

Specify the units and format to be used in the output files. This controls the units (inches or millimeters), and the number of digits before and after the decimal point.

单位

英寸(I) (I)

毫米(L) (L)

格式...

2:3

2:4

2:5

The number format should be set to suit the requirements of your Project.
The 2:3 format has a 1 mil resolution, 2:4 has a 0.1 mil resolution, and 2:5 has a 0.01 mil resolution.
If you are using one of the higher resolutions you should check that the PCB manufacturer supports that format.
The 2:4 and 2:5 formats only need to be chosen if there are objects on a grid finer than 1 mil.

确定 取消

图 1-4-76 “Gerber 设置”对话框

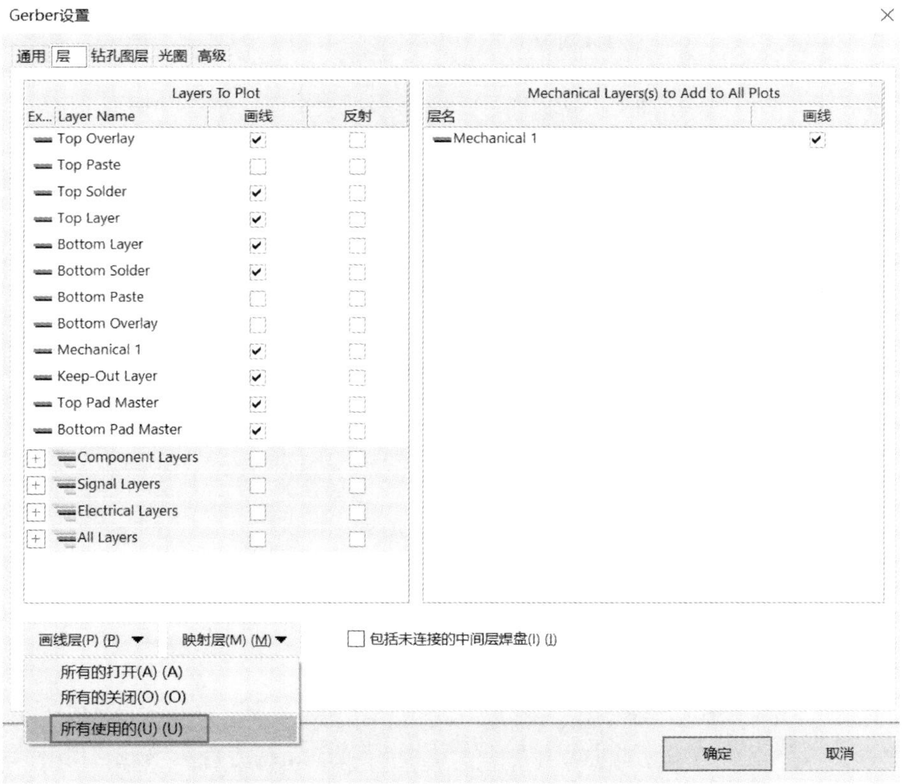

Gerber设置

通用 层 钻孔图层 光圈 高级

Layers To Plot

Ex...	Layer Name	画线	反射
	Top Overlay	✓	
	Top Paste		
	Top Solder	✓	
	Top Layer	✓	
	Bottom Layer	✓	
	Bottom Solder	✓	
	Bottom Paste		
	Bottom Overlay		
	Mechanical 1	✓	
	Keep-Out Layer	✓	
	Top Pad Master	✓	
	Bottom Pad Master	✓	
+	Component Layers		
+	Signal Layers		
+	Electrical Layers		
+	All Layers		

Mechanical Layers(s) to Add to All Plots

层名	画线
Mechanical 1	✓

画线层(P) (P) 映射层(M) (M) 包括未连接的中间层焊盘(I) (I)

所有的打开(A) (A)

所有的关闭(O) (O)

所有使用的(U) (U)

确定 取消

图 1-4-77 勾选需要输出的层，并在“画线层”下拉菜单中选择“所有使用的”选项

2. 生成钻孔文件(NC Drill Files)

在 Altium Designle 16 中，选择“文件”→“制造输出”→“NC Drill Files”命令，如图 1-4-78 所示，打开“NC 转孔设置”对话框。“NC 转孔设置”对话框如图 1-4-79 所示，此处的选择要与前面 Gerber 文件中的设置保持一致：单位选择“英寸”，格式选择“2:5”，Leading/Trailing Zeroes 选择“Suppress trailing zeroes”，其他选项保持默认，单击“确定”按钮，随后弹出的“输入钻孔数据”对话框如图 1-4-80 所示，再次单击“确定”按钮就会自动生成 NC Drill Files 了。

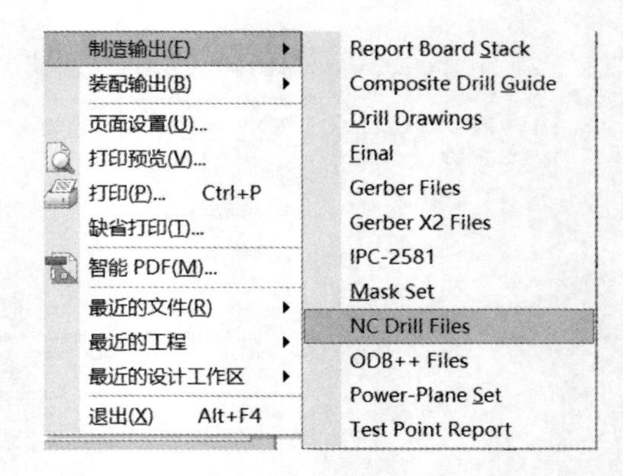

图 1-4-78 打开“NC 钻孔设置”对话框

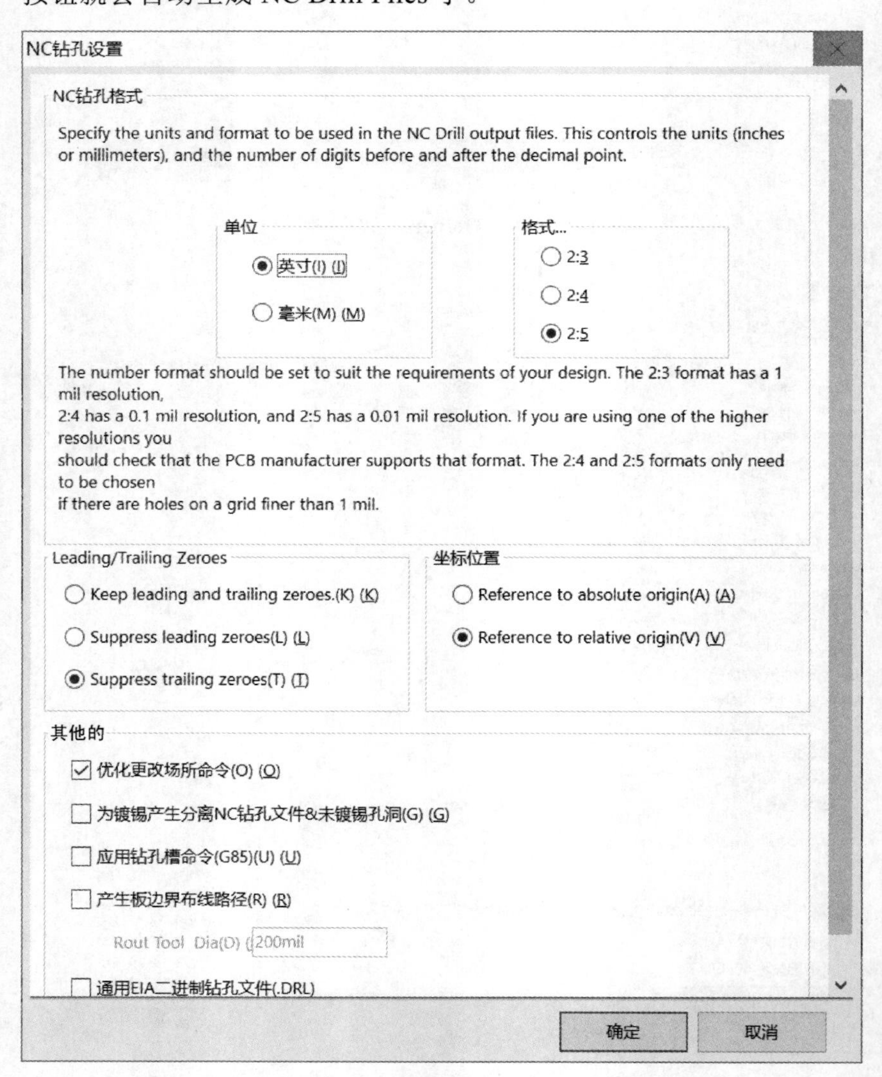

图 1-4-79 “NC 转孔设置”对话框

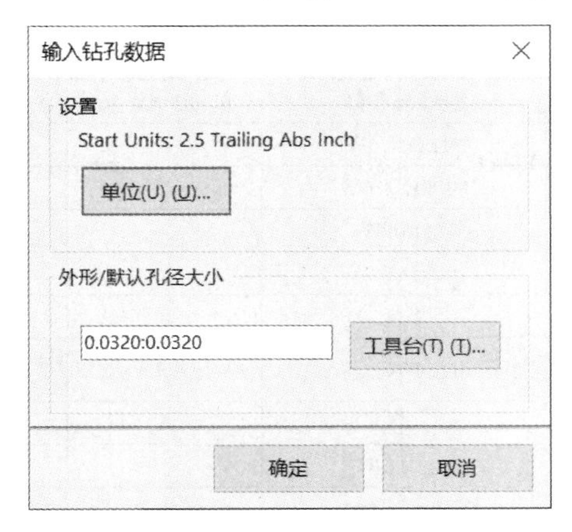

图 1-4-80 “输入钻孔数据”对话框

3. 文件打包，发 PCB 厂

最后将含有以上生成文件的子目录“Project Outputs for xxx”打包，发给 PCB 厂。

1.5 分立元件数字功放装配

1.5.1 元器件清单

1. 清单表头要求

按序号、元器件名称、型号与参数、单台数量、原理图中位号的顺序要求，将原理图中的所有元器件编入表 1-5-1 中。

2. 清单顺序要求

元器件清单顺序按照小功率电阻、大功率电阻、微调电阻、电位、无极性电容器、有极性电容、可变电容、电感、可变电感，二极管、三极管、场效应(MOS)管，变压器、继电器、开关等顺序依次往后排，其中电阻、电容、电感应按值小的在前、值大的在后的顺序填入表 1-5-1 中。

表 1-5-1 元器件清单

序号	元器件名称	型号与参数	单台数量	原理图中位号
1	金属膜电阻	10Ω/1/4W	2	R28，R29
2	金属膜电阻	68Ω/0.5W	2	R26，R27
3	金属膜电阻	300Ω/1/6W	3	R21，R22，R24
4	金属膜电阻	1kΩ/1/6W	2	R10，R20
5	金属膜电阻	2.4kΩ/1/6W	2	R4，R14
6	金属膜电阻	5kΩ/1/6W	1	R30
7	金属膜电阻	10kΩ/1/6W	4	R6，R7，R16，R17
8	金属膜电阻	20kΩ/1/6W	2	R5，R15

续表

序　号	元器件名称	型号与参数	单 台 数 量	原理图中位号
9	金属膜电阻	51kΩ/1/6W	4	R2，R3，R12，R13
10	金属膜电阻	100kΩ/1/6W	5	R8，R9，R18，R19，R11
11	精密可调电阻	1kΩ/0.5W	2	R23，R25
12	双联电位器(6 脚)	100kΩ/0.2W	1	R1
13	瓷片电容	104	2	C15,C19
14	瓷片电容	104	11	C3，C8，C20，C24，C26，C27，C32，C33，C35，C37，C39
15	独石电容	105	6	C1，C5，C6，C10，C12，C13
16	瓷片电容	0.01μF	1	C17
17	聚酯薄膜电容	2200pF/100V	1	C16
18	聚酯薄膜电容	680μF/100V	2	C28，C29
19	电解电容	100μF/25V	8	C2，C4，C7，C11，C14，C18，C25，C36
20	电解电容	1000μF/25V	2	C30，C31
21	电解电容	3300μF/25V	2	C38，C40
22	贴片电感	68μH/2.1A	2	L1，L2
23	开关二极管	IN4148	4	D1，D2，D3，D4
24	整流二极管	4007	1	D6
25	整流二极管	4007	1	D7
26	整流桥堆	KBP307	1	D8
27	N 型三极管	S9012	4	Q1，Q2，Q6，Q8
28	P 型三极管	S9013	4	Q3，Q4，Q5，Q7
29	P 沟道 MOS 管	IRF9540	2	Q9，Q11
30	N 沟道 MOS 管	IRF540	2	Q10，Q12
31	LED 灯	ϕ3mm	1	LED1
32	音频座子	音频接口	1	J1
33	跳线座子	引脚间距：2.54mm	6	P2，P3，P4，P5，P6，P7
34	3 口接线座	引脚间距：5mm	1	P1，P10
35	2 口接线座	引脚间距：5mm	1	P8，P9，P11
36	芯片 NE5532	NE5532	1	U1
37	芯片 LM311N	LM311	2	U2，U3
38	芯片 CD4069	CD4069	1	U4
39	芯片 EN 555	NE555	1	U5
40	芯片 78L09	78L09	1	U7
41	PCB	140mm×97mm	1	B1

1.5.2　三极管和场效应管的识别

1．判别三极管

(1) 判别极性

根据 S9012 规格书中对应的引脚名称(如图 1-5-1 所示)，写出图 1-5-2 (a)、(b) 中三极管的引脚排列。

(2) 检测三极管性能

① 测试时，用万用表测二极管的挡位，分别测试三极管发射结、集电结的正、反偏是否正常，若正常，则三极管是正常的，否则三极管已损坏。如果在测量中找不到公共基极，那么该三极管也为坏管子。

② 检查三极管的两个 PN 结。S901 为 PNP 管，一个 PNP 型三极管的结构相当于两个二极管负极靠负极接在一起的结构。首先用指针式万用表 R×100 或 R×1k 挡测量发射极与基极之间和发射极与集电极之间的正反向电阻。当红表笔接基极时，用黑表笔分别接发射极和集电极，应出现两次阻值小的情况。然后把接基极的红表笔换成黑表笔，再用红表笔分别接发射极和集电极，应出现两次阻值大的情况。若被测三极管符合上述情况，则说明这只三极管是正常的。

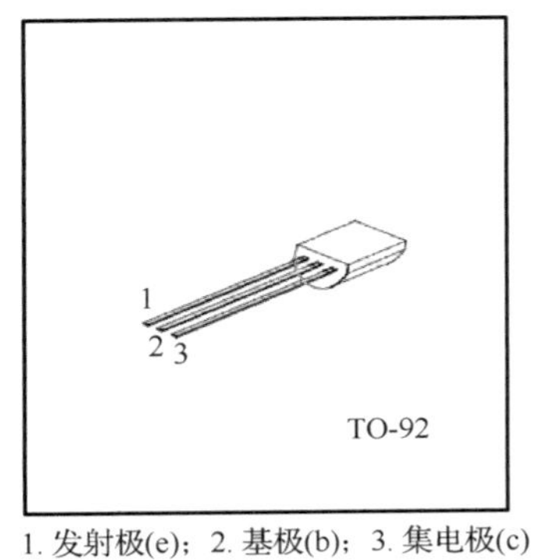

1. 发射极(e)；2. 基极(b)；3. 集电极(c)

图 1-5-1　S9012 对应引脚名称

S9012　S9013

(　　)　(　　)　(　　)　(　　)　(　　)　(　　)

(a)　(b)

图 1-5-2　三极管的引脚排列

③ 检查三极管的穿透电流。三极管发射极、集电极之间的反向电阻称为穿透电流。首先用指针式万用表 R×1k 挡测量，红表笔接 PNP 三极管的集电极，黑表笔接发射极，查看万用表的指示数值，这个阻值一般应大于几千欧，并且越大越好，阻值越小说明这只三极管稳定性越差。

④ 测量三极管的放大性能。用指针式万用表 R×1k 挡测量，红表笔接 PNP 三极管的集电极，黑表笔接发射极，集电极与基极间连接一个 50～100kΩ的电阻（可以用手捏住基极、集电极），查看指针向右摆动情况，摆动越大，说明这只管子的放大倍数越高。

2．判别场效应管

(1) 判别极性

根据 IRF540 规格书中对应的引脚名称（如图 1-5-3 所示），写出图 1-5-4(a)、(b) 中场效应管的引脚排列。

引脚	描述
1	栅极(Gate)
2	漏极(Drain)
3	源极(Source)
tab	漏极(Drain)

SOT78(TO220AB)

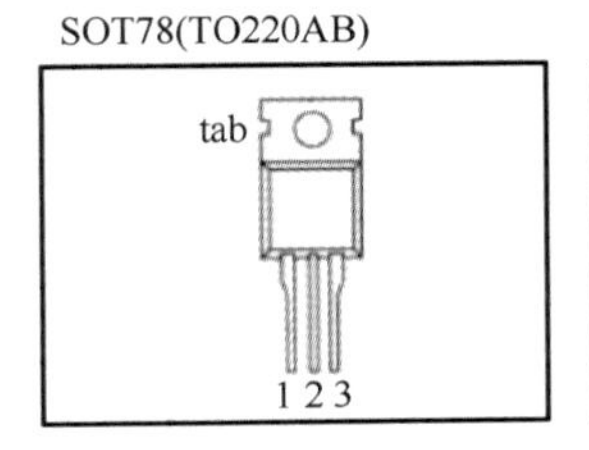

SOT404(D²PAK)

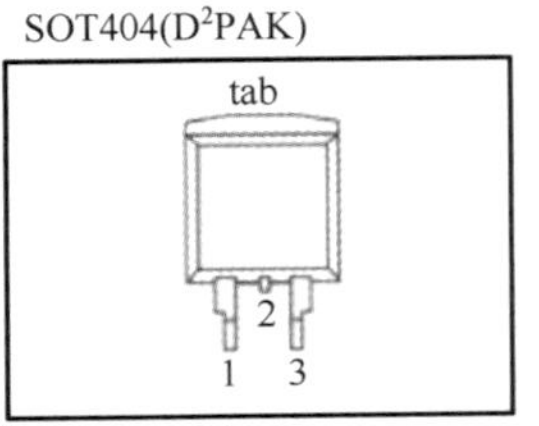

图 1-5-3　IRF540 规格书中对应的引脚名称

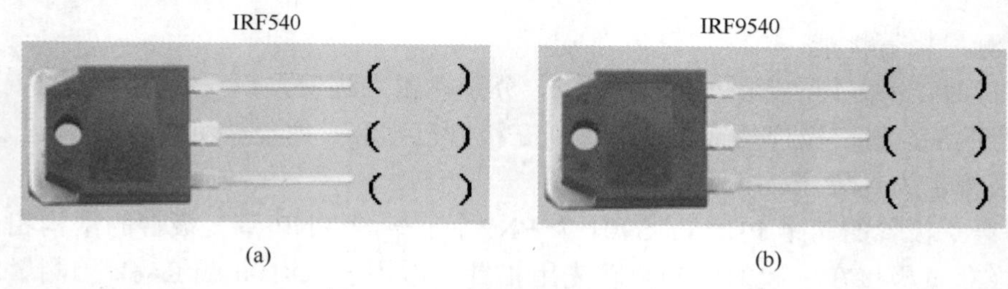

(a) (b)

图 1-5-4 场效应管的引脚排列

(2)用数字万用表检测 IRF540 的方法

① 数字万用表置于 R×20k 挡；

② 红表笔接 S(源极)，黑表笔接 D(漏极)，电阻值约为 17kΩ；

③ 红表笔接 D，黑表笔接 S，电阻值超量程；

④ G(栅极)与 D，G 与 S 之间，无论是正接还是反接，电阻值都超量程。

(3)用数字万用表检测 IRF9540 的方法

① 数字万用表置于 R×20k 挡；

② 红表笔接 S，黑表笔接 D，电阻值超量程；

③ 红表笔接 D，黑表笔接 S，电阻值约为 17kΩ；

④ G 与 D，G 与 S 之间，无论是正接还是反接，电阻值都超量程。

1.5.3 分立元件数字功放 PCB 的装配

1. 任务要求

(1)正确识读常用电子元器件。

(2)加强手工焊接练习，提高手工焊接质量。

(3)按照数字功放电路的安装要求装配电路。

2. 领料、配料和发料

(1)根据元器件清单，将所有元器件一次性从仓库领出后，按实际组数进行配料。配好料后，每个小组领一份料。

(2)各小组领到料之后，对元器件进行检测，对少发的元器件进行补领，对检测不合格的元器件进行调换。

3. 分立元件模拟功放的装配

(1)装配要求

① 元器件的标志方向应按照图纸规定的方向，安装后应能看清元器件上的标志。若装配图上没有指明方向，则应使标志向外易于辨认，并按照从左到右、从下到上的顺序读出。

② 元器件的极性不得装错，安装前应套上相应的套管。

③ 安装高度应符合规定要求，同一规格的元器件应尽量安装在同一高度上。

④ 安装顺序一般为先低后高、先轻后重、先易后难，先一般元器件后特殊元器件。

⑤ 元器件的引线直径与印刷焊盘孔径之间应有 0.2～0.4mm 的合理间隙。

⑥ 假设元器件引脚的直径或宽度值为 D1，在不违反电气属性规定(如短路、线距太近

等)的情况下，按以下规律定义焊盘内径D2：

当D1≤2mm(79mil)时，D2=D1(max)+0.2mm(8～10mil)；

当D1>2mm(79mil)时，D2=D1(max)×(1+10%)。

⑦ 元器件在PCB上的分布应尽量均匀，疏密一致，排列整齐美观。不允许斜排、立体交叉和重叠排列。

⑧ 发热元器件要与PCB面保持一定的距离，不允许贴面安装，较大元器件的安装应采取固定(绑扎、粘、支架固定等)措施。

(2)装配顺序

① 装跳线。

② 装电阻。

③ 装二极管。

④ 装瓷片电容。

⑤ 装集成电路插座、78L09稳压集成电路、三极管。

⑥ 装小电解电容、接线座、插座。

⑦ 装上所有的大、高元器件。

注意：Q9、Q10、Q11和Q12不装，等测试检查确定电路没有问题后再加装。

(3)装配样板

未装配PCB样板如图1-5-5所示，已装配PCB样板如图1-5-6所示，参考样板进行装配。

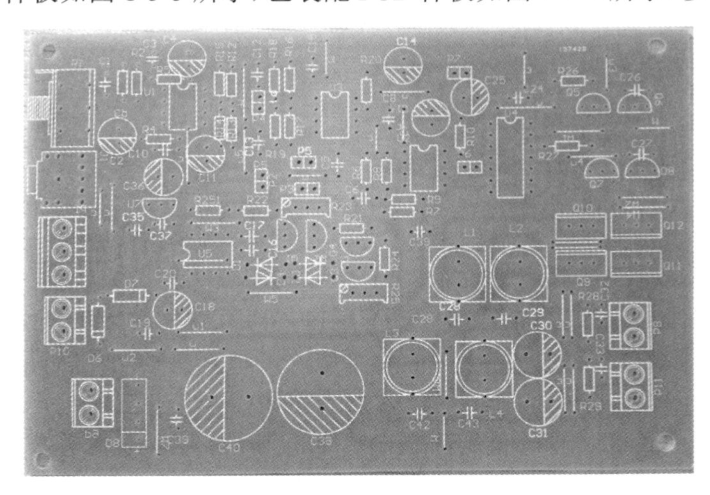

图1-5-5 未装配PCB样板

(4)装配完成后的目测检查

① 跳线、电阻、耳机插座、接线插座、小电解电容等应紧贴PCB装配，不要有翘起现象。

② 瓷片电容和小三极管引脚从元器件体到PCB的高度不要超过8mm。

③ 两个大电容C22和C34必须紧贴PCB，要装正，不能有松动。

④ 焊点应饱满、光滑、圆润，不应有虚焊、假焊、半焊、连焊、焊盘脱落等现象。

⑤ 多余的元器件引脚应剪除，保留的元器件引脚长度不要超过1.5mm。

图 1-5-6 已装配 PCB 样板

1.6 分立元件数字功放电路的测试

分立元件数字功放电路基本装配完毕，下面通过对功放电路关键电压和关键信号的测试，排除电路故障，使功放电路正常工作。

1.6.1 通电前测试检查

在不通电的情况下，用数字万用表检测功放电路的 VDD 和+9V 电源对地的充放电情况。

① 将数字万用表置于“—▶|—·))”挡，正表笔(红表笔)接 VDD 电源，负表笔(黑表笔)接地，万用表有报警声，电阻值从零(或很小)开始增加，当电阻值增加到几百欧时，万用表报警声停止，显示的电阻值继续增加。这一现象由万用表内部电池通过表笔对功放电路的电源滤波电容进行充电而产生，称为充电现象。

② 立刻将数字万用表的红表笔和黑表笔反接，即万用表的黑表笔接 VDD 电源，红表笔接地，万用表有报警声，显示的电阻值为负数，电阻值从负几百欧开始增加到零，又从零继续增加，当电阻值增加到几百欧时，万用表报警声停止，显示的电阻值还在增加。万用表显示的电阻值为负数，并从负几百欧开始增加到零，这一现象称为放电现象，是由电源滤波电容上所存储的电能对表笔和万用表内部电路进行放电而产生的。

③ 将数字万用表的红表笔接+9V 电源，黑表笔接地，万用表有报警声，电阻值从零(或很小)开始增加，当电阻值增加到几百欧时，万用表报警声停止，显示的电阻值继续增加，这一现象称为充电现象。在用万用表检测+9V 电源对地的充电现象时，万用表的报警时间较短，约为 2 秒左右，这是由于+9V 电源的滤波电容较小，只有 400μF 左右。

④ 立刻将数字万用表的红表笔和黑表笔反接，即万用表的黑表笔接+9V 电源，红表笔接地，万用表有报警声，电阻值从零(或很小)开始增加，当电阻值增加到几百欧时，万用表报警声停止。在用万用表检测+9V 电源对地的放电现象时，万用表不会显示负的电阻值，这是因为+9V 电源的滤波电容较小，存储的电能较少，放电非常快。

⑤ 如果 VDD 和+9V 电源对地的充放电现象正常，那么可做下一步检查。若充放电现

象不正常，或没有充放电现象，则要对电源电路进行检修，直到充放电现象正常为止。特别要注意+9V 电源对地的充放电现象，由于+9V 电源所带的电路比较多，容易造成+9V 电源对地短路，导致+9V 电源对地没有充放电现象。

⑥ 功放电路的充放电现象检测正常后，就可以通电了。

1.6.2 通电后电源电压测试

在通电后，观察电路板上的元器件有无烧焦冒烟现象，并用手触摸电源变压器、整流桥、大电解电容等有无过热现象。如果有烧焦冒烟或过热现象，应立刻关闭电源，说明电路中有错装现象，应进行错误排查。

如果没有烧焦冒烟或过热现象，则可通过变压器给电路板送入+9V 交流信号，用数字万用表测 VDD 和+9V 电源电压情况，电源电压测试电路如图 1-6-1 所示。

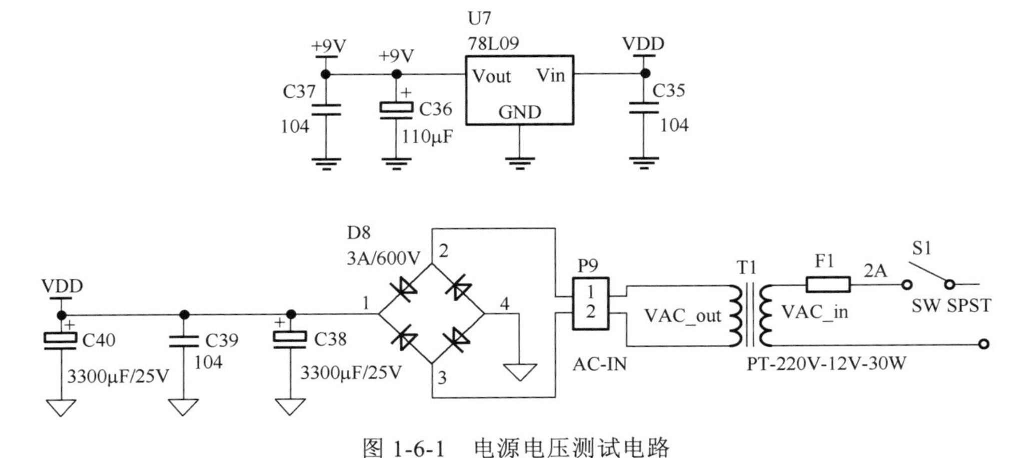

图 1-6-1 电源电压测试电路

1. 测电源变压器的初级输入电压 VAC_in

将数字万用表量程置于__________挡，VAC_in =__________V。

根据上面所测得的值，判定电路是否正常。

答：

2. 测电源变压器的次级输出电压 VAC_out

将数字万用表量程置于__________挡，VAC_out =__________V。

根据上面所测得的值，判定电路是否正常。

答：

3. 测整流滤波输出电压 VDD

将数字万用表量程置于__________挡，VDD =__________V。

根据上面所测得的值，判定电路是否正常。

答：

4．测 78L09 输出的+9V 电压

将数字万用表量程置于__________挡，测量电压=__________V。

根据上面所测得的值，判定电路是否正常。

答：

如果 VDD 或+9V 电压不正常，请参照 1.7 节“分立元件数字功放电路故障检修”要点进行检修，直到功放电路的 VDD 和+9V 电源电压恢复正常。

1.6.3 集成电路各引脚静态电压测试

1．测前置放大电路 U1（NE5532）各引脚的静态电压

给电路板加上电源，用数字万用表测试电路中集成电路各引脚静态电压的情况，前置放大测试电路如图 1-6-2 所示。

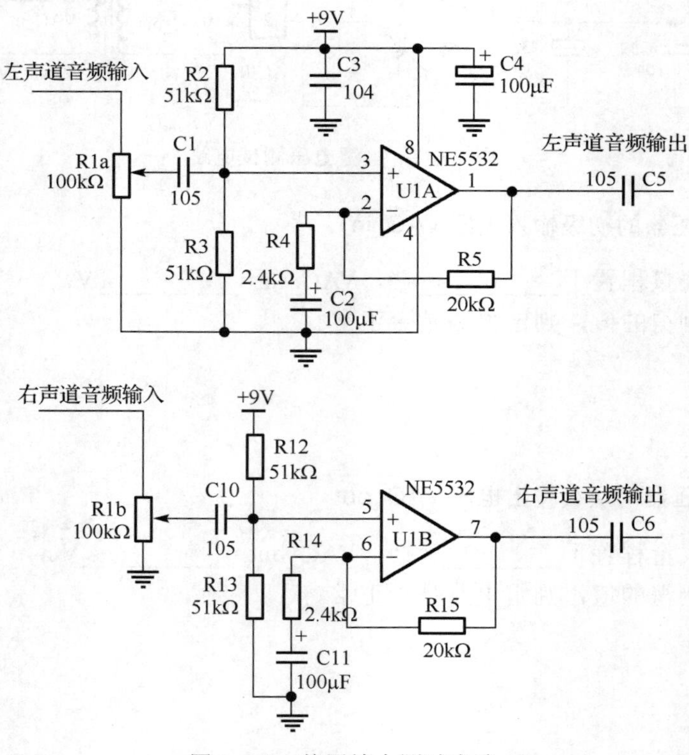

图 1-6-2　前置放大测试电路

黑表笔接地，用红表笔测 U1（NE5532）各引脚的直流电压，填入表 1-6-1。

表 1-6-1 U1（NE5532）各引脚的直流电压

NE5532 引脚号	1	2	3	4	5	6	7	8
直流电压（V）								

根据上面所测得的值，判定电路是否正常。

答：

2．测 PWM 调制电路 U2（LM311）和 U3（LM311）各引脚的直流电压

给电路板加上电源，用数字万用表测试集成电路各引脚静态电压的情况，PWM 调制测试电路如图 1-6-3 所示。

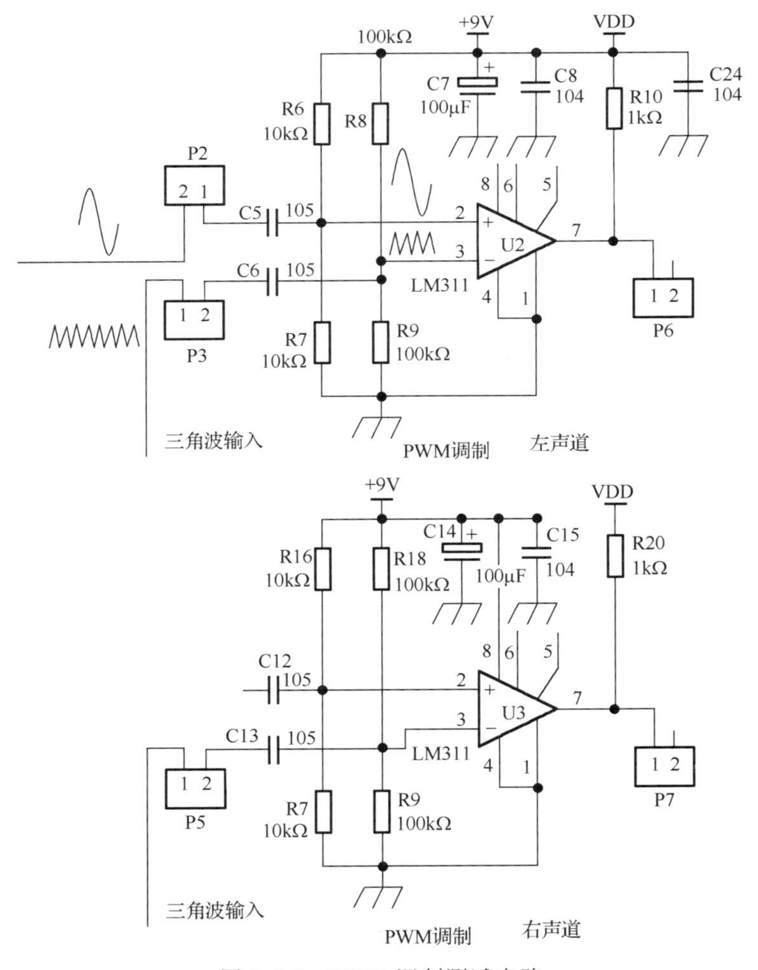

图 1-6-3 PWM 调制测试电路

黑表笔接地，用红表笔测 U2(LM311)各引脚的直流电压，填入表 1-6-2。

表 1-6-2 U2(LM311)各引脚的直流电压

LM311 引脚号	1	2	3	4	5	6	7	8
直流电压(V)								

根据上面所测得的值，判定电路是否正常。

答：

黑表笔接地，用红表笔测 U3(LM311)各引脚的直流电压，填入表 1-6-3。

表 1-6-3 U3(LM311)各引脚的直流电压

LM311 引脚号	1	2	3	4	5	6	7	8
直流电压(V)								

根据上面所测得的值，判定电路是否正常。

答：

1.6.4 关键点波形测试

用数字信号发生器从 JP01 送入模拟音频信号(正弦波信号)，在对应的关键点测试波形并做好记录，与理论计算及仿真情况进行对比。分立元件数字功放 P2 波形测试电路如图 1-6-4 所示，其他关键点波形的测试电路参考它进行设计即可。

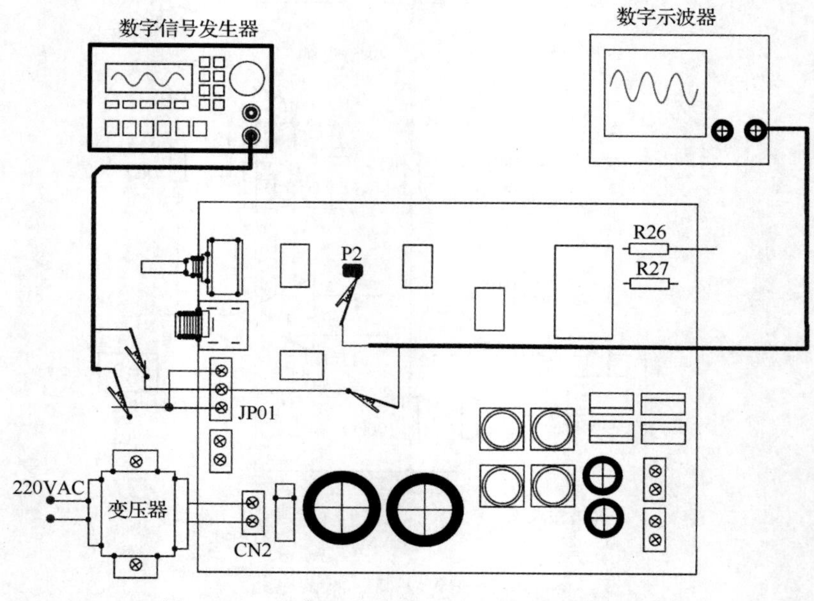

图 1-6-4 分立元件数字功放 P2 波形测试电路

1. P2 波形测试

从数字信号发生器输出幅度为 3Vpp，频率为 1kHz 的正弦波信号，从音频输入端送到数字功放电路中，用数字示波器测试 P2 波形，如图 1-6-4 所示。调节音量控制电位器，使示波器显示的波形最大且不失真，波形的幅度 Vpp =________，波形的频率 f=________。用铅笔将波形按 1∶1 绘制在 P2 波形测试坐标上，如图 1-6-5 所示。

图 1-6-5　P2 波形测试坐标

2. P4 波形测试

从数字信号发生器输出幅度为 3Vpp、频率为 1kHz 的正弦波信号，从音频输入端送到数字功放电路中，用数字示波器测试 P4 波形。调节音量控制电位器，使示波器显示的波形最大且不失真，波形的幅度 Vpp=________，波形的频率 f =________。用铅笔将波形按 1∶1 绘制在 P4 波形测试坐标上，如图 1-6-6 所示。

图 1-6-6　P4 波形测试坐标

将以上测试的幅度、频率大小结果与仿真结果进行对比，找出差异，并分析原因。如果波形符合要求，进入下一个任务，如果波形不正常，请参照 1.7 节“分立元件数字功放电路故障检修”要点进行检修，直到波形符合要求。

3. P3 或 P5 波形测试

调节精密微调电阻 R23 和 R25(未在图 1-6-4 体现)，使示波器显示的波形最高频率 f_{max}=________，波形的幅度 Vpp =________，并用铅笔将波形按 1∶1 绘制在 P3 或 P5 波形最高频率测试坐标上，如图 1-6-7 所示。

调节精密微调电阻 R23 和 R25，使示波器显示的波形最低频率 f_{max}=________，波形的幅度 Vpp=________，并用铅笔将波形按 1∶1 绘制在 P3 或 P5 波形最低频率测试坐标上，如图 1-6-8 所示。

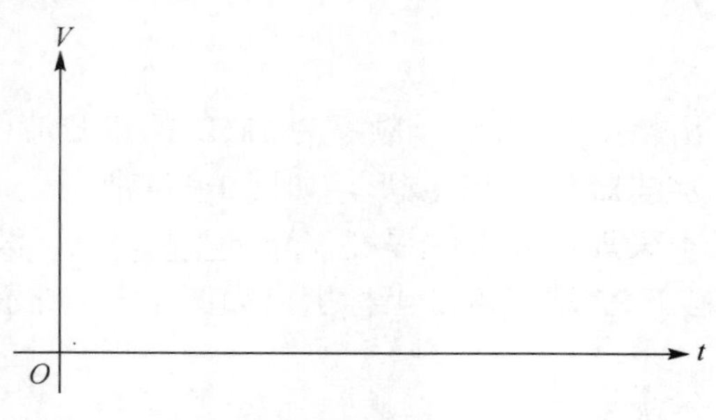

图 1-6-7　P3 或 P5 波形最高频率测试坐标

图 1-6-8　P3 或 P5 波形最低频率测试坐标

将以上测试的三角波信号的幅度、频率结果与理论计算及仿真结果进行对比，找出差异，并分析原因。如果波形符合要求，进入下一个任务，如果波形不正常，请参照 1.7 节“分立元件数字功放电路故障检修”要点进行检修，直到波形符合要求。

4．P6 和 P7 波形测试

从数字信号发生器输出幅度为 3Vpp、频率为 1kHz 的正弦波信号，从音频输入端送到数字功放电路中，用数字示波器测试 P6 波形。将音量控制电位器逆时针调到最小，波形的幅度 Vpp =________，波形的频率 f = ________。用铅笔将波形按 1∶1 绘制在 P6 波形测试坐标上，如图 1-6-9 所示。

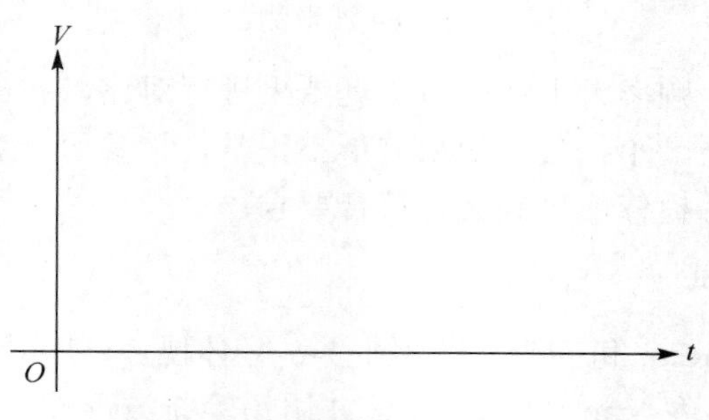

图 1-6-9　P6 波形测试坐标(1)

从数字信号发生器输出幅度为 3Vpp、频率为 1kHz 的正弦波信号，从音频输入端送到数字功放电路中，用数字示波器测试 P6 波形。将音量控制电位器顺时针调到 2/3 位置(此时用数字示波器查看 P2 波形刚好不失真)，波形的幅度 Vpp=________，波形的频率 f=________。用铅笔将波形按 1∶1 绘制在 P6 波形测试坐标上，如图 1-6-10 所示。

图 1-6-10　P6 波形测试坐标（2）

从数字信号发生器输出幅度为 3 Vpp、频率为 1kHz 的正弦波信号，从音频输入端送到数字功放电路中，用数字示波器测试 P7 波形。将音量控制电位器逆时针调到最小，波形的幅度 Vpp =________，波形的频率 f=________。用铅笔将波形按 1∶1 绘制在 P7 波形测试坐标上，如图 1-6-11 所示。

图 1-6-11　P7 波形测试坐标（1）

从数字信号发生器输出幅度为 3 Vpp、频率为 1kHz 的正弦波信号，从音频输入端送到数字功放电路中，用数字示波器测试 P7 波形。将音量控制电位器顺时针调到 2/3 位置，波形的幅度 Vpp =________，波形的频率 f=________。用铅笔将波形按 1∶1 绘制在 P7 波形测试坐标上，如图 1-6-12 所示。

图 1-6-12　P7 波形测试坐标（2）

将以上测试的 PWM 信号的幅度、频率结果与仿真结果进行对比，找出差异，并分析原因。如果波形符合要求，进入下一个任务，如果波形不正常，请参照 1.7 节“分立元件数字功放电路故障检修”要点进行检修，直到波形符合要求。

5．Q5(E)极波形测试

从数字信号发生器输出幅度为 3Vpp、频率为 1kHz 的正弦波信号，从音频输入端送到数字功放电路中，用数字示波器测试 Q5(E)极波形。将音量控制电位器逆时针调到最小，波形的幅度 Vpp =________，波形的频率 f=________。用铅笔将波形按 1∶1 绘制在 Q5(E)极波形测试坐标上，如图 1-6-13 所示。

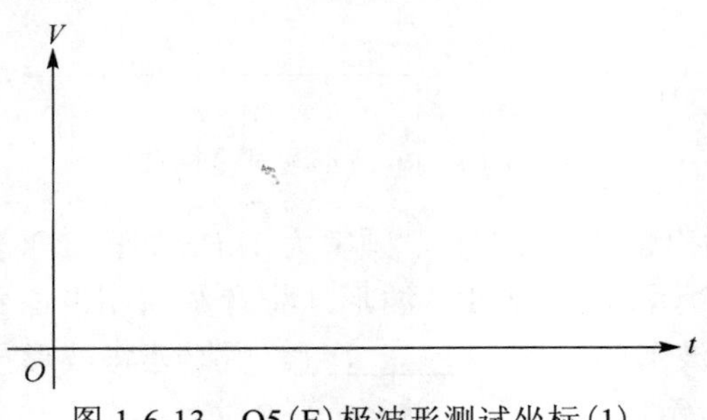

图 1-6-13　Q5(E)极波形测试坐标(1)

从数字信号发生器输出幅度为 3 Vpp、频率为 1kHz 的正弦波信号，从音频输入端送到数字功放电路中，用数字示波器测试 Q5(E)极波形。将音量控制电位器顺时针调到 2/3 位置，波形的幅度 Vpp =________，波形的频率 f =________。用铅笔将波形按 1∶1 绘制在 Q5(E)极波形测试坐标上，如图 1-6-14 所示。

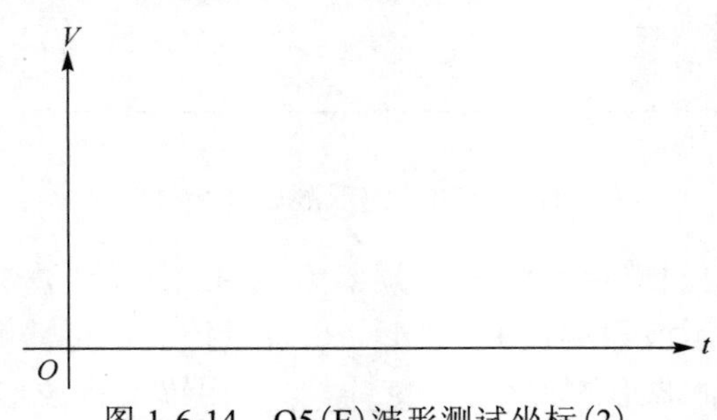

图 1-6-14　Q5(E)波形测试坐标(2)

6．Q7(E)极波形测试

从数字信号发生器输出幅度为 3 Vpp、频率为 1kHz 的正弦波信号，从音频输入端送到数字功放电路中，用数字示波器测试 Q7(E)极波形。将音量控制电位器逆时针调到最小，波形的幅度 Vpp =________，波形的频率 f=________。用铅笔将波形按 1∶1 绘制在 Q7(E)极波形测试坐标上，如图 1-6-15 所示。

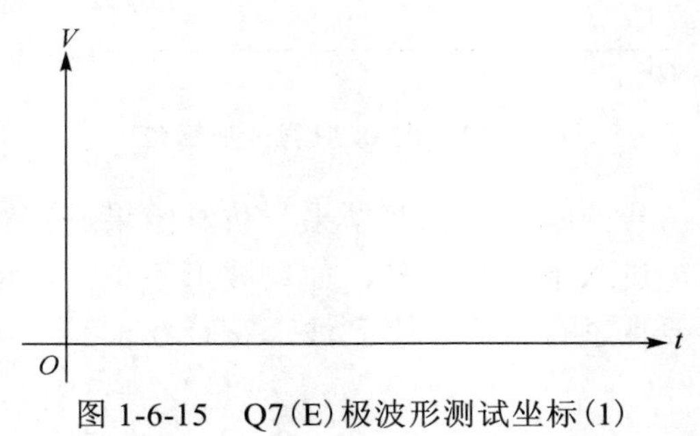

图 1-6-15　Q7(E)极波形测试坐标(1)

从数字信号发生器输出幅度为 3 Vpp、频率为 1kHz 的正弦波信号，从音频输入端送到数字功放电路中，用数字示波器测试 Q7(E)极波形。将音量控制电位器顺时针调到 2/3 位置，波形的幅度 Vpp =________，波形的频率 f =________。用铅笔将波形按 1∶1 在绘制 Q7(E)极波形测试坐标上，如图 1-6-16 所示。

图 1-6-16 Q7(E)极波形测试坐标(2)

将以上测试的 PWM 信号的频率、幅度结果与仿真结果进行对比，找出差异，并分析原因。如果波形符合要求，进入下一个任务，如果波形不正常，请参照 1.7 节“分立元件数字功放电路故障检修”要点进行检修，直到波形符合要求。

7. 输出波形测试

用数字信号发生器从 JP01 送入幅度为 3Vpp、频率为 1kHz 的正弦波信号，在输出端接上水泥电阻作为负载，测试输出波形并做好记录，与理论计算及仿真情况进行对比。分立元件数字功放输出波形测试电路如图 1-6-17 所示。

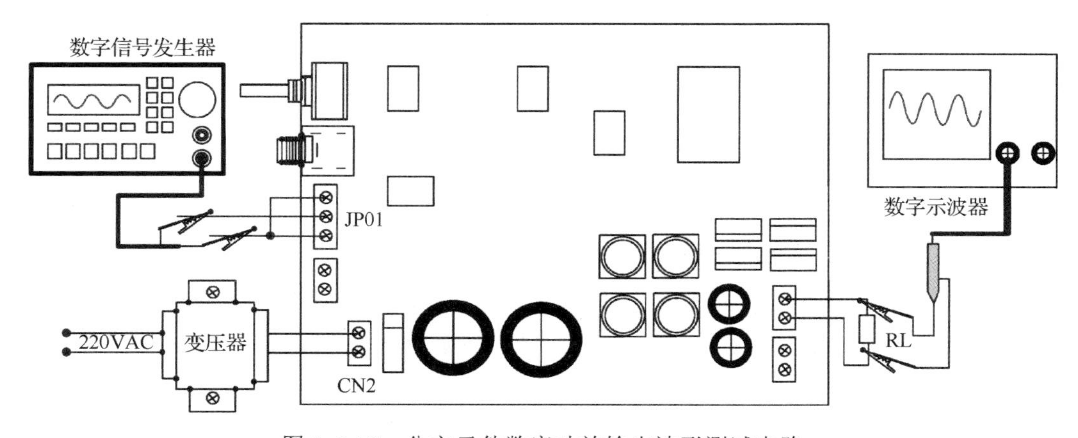

图 1-6-17 分立元件数字功放输出波形测试电路

8. R26 波形测试

按照如图 1-6-18 所示的分立元件数字功放电路测试图接入仪器仪表，数字信号发生器输出 Vpp=3V，频率 f=1kHz 的正弦波信号来模拟音频信号，将信号通过 JP01 送入分立元件数字功放电路中，在 R26 端用数字示波器查看输出波形情况。

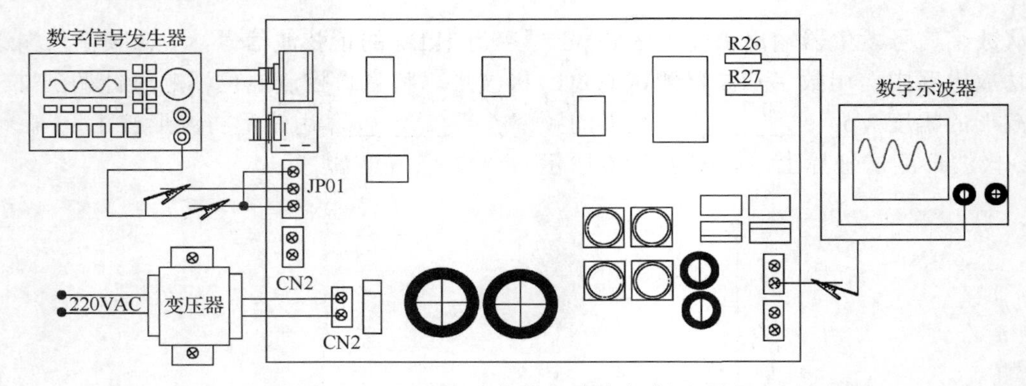

图 1-6-18 分立元件数字功放电路测试图

用数字示波器测 R26 右边引脚的波形，当将电位器调到最小时，正确的波形应如图 1-6-19 所示。

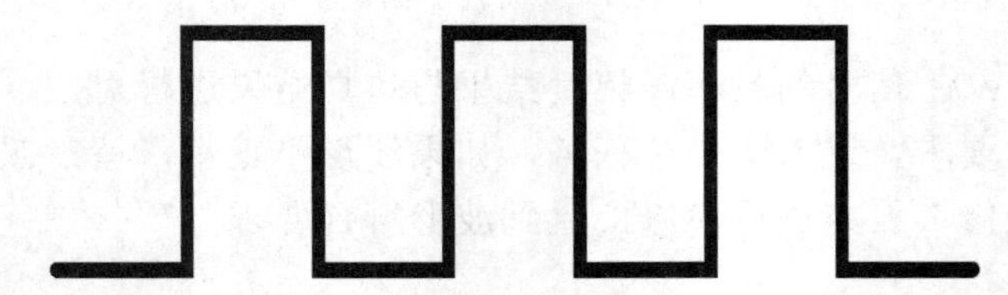

图 1-6-19 当将电位器调到最小时正确的波形

当将电位器稍微调大一点时，正确的波形应如图 1-6-20 所示。

图 1-6-20 当将电位器稍微调大一点时正确的波形

当将电位器调到最大时，正确的波形应如图 1-6-21 所示。

图 1-6-21 当将电位器调到最大时正确的波形

如果波形符合要求，进入下一个任务。如果波形不正常，请参照 1.7 节“分立元件数字功放电路故障检修”要点进行检修，直到波形符合要求。

9．其他点波形测试样例

其他点波形测试样例如图 1-6-22 所示。

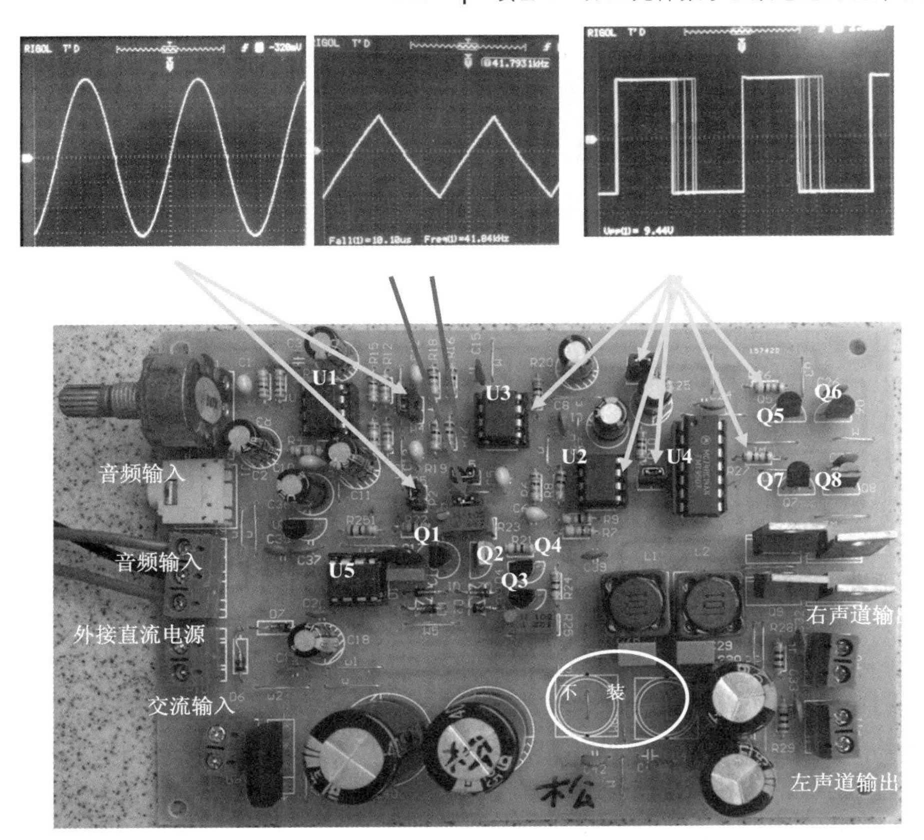

图 1-6-22 其他点波形测试样例

1.7 分立元件数字功放电路故障检修

1.7.1 VDD 电源电压不正常的检测

在不通电的情况下，用数字万用表检测功放电路的 VDD 电源对地的充放电现象，如果充放电现象不正常，那么做如下检查。

① 检查接线座 P9 和整流桥 D8 是否有错装、漏装、安装不到位等情况，检查有无虚焊、假焊、半焊、连焊、焊盘脱落等情况。

② 用数字万用表检查 PCB 铜箔走线，将数字万用表置于“—▶|—·)))”挡，检查接线座 P9 和整流桥 D8 等元器件的 PCB 上的铜箔走线有无短路和开路现象。

③ 用数字万用表检查电源线和电源变压器初级绕组，将数字万用表置于“—▶|—·)))”挡，测电源线插头上的两个金属插片时，电阻值一般在 100Ω 左右。如果在 100Ω 左右，说明电源线和变压器的连接正常，变压器的初级绕组也是正常的。如果电阻值大于量程，那么说明电源线可能断了，或变压器初级绕组可能烧断了，又或电源线与变压器之间的连线没有焊好，要仔细检查，排除故障。

④ 用数字万用表检查电源变压器次级绕组，将数字万用表置于“—▶|—·)))”挡，测

电源变压器次级绕组间的电阻时，电阻值一般在 2Ω 左右。如果电阻值大于量程，那么说明变压器初级绕组可能烧断了，需要换电源变压器。

1.7.2 +9V 电源对地没有充放电现象的检测

在不通电的情况下，将数字万用表置于“—▶|—·)))”挡，用数字万用表检测功放电路的+9V 电源对地的充放电现象，如果万用表有报警声，电阻值接近零且不会增加，说明+9V 电源对地存在短路，那么做如下检查。

将集成电路 U1、U2、U3、U4 和 U5 全部拔下，不通电，将数字万用表置于“—▶|—·)))”挡，用数字万用表检测功放电路的+9V 电源对地的充放电情况。如果充放电现象正常，说明集成电路 U1、U2、U3、U4 和 U5 中有损坏的。用排除法将损坏的集成电路找出：插上一个集成电路后，用数字万用表检测功放电路的+9V 电源对地的充放电情况。如果充放电现象正常，说明这个集成电路是好的；再插上另外的集成电路，进行充放电检测。把损坏的集成电路找出后替换即可。

将集成电路 U1、U2、U3、U4 和 U5 全部拔下后，若+9V 电源对地还短路，即万用表还有报警声，电阻值还接近零，而不会增加，则这时做如下检查。

① 目测元器件有无错装、漏装、漏焊、连焊等现象。

② 用分割法排除短路现象。通过焊下跳线，或用刀片割断 PCB 铜箔走线的方法，先后将输入电路、前置放大电路、PWM 调制电路、PWM 整形电路和三角波发生电路等电路的 PCB 铜箔地线割断，来判断是哪一个电路的地和+9V 电源短路。例如，将前置放大电路的 PCB 铜箔地线割断，再用数字万用表检测功放电路的+9V 电源对地的充放电情况，如果充放电现象正常，说明前置放大电路的+9V 电源对地有短路，就集中检查前置放大电路+9V 电源对地短路的位置，直到找到问题，并排除故障为止。如果充放电现象还不正常，说明前置放大电路的+9V 电源对地没有短路，+9V 电源对地短路发生在其他电路中，把割断的 PCB 铜箔地线用焊锡连上，再去割断其他电路的 PCB 铜箔地线，用同样的方法进行检测，直到找到 PCB 铜箔+9V 电源与地短路的位置，并排除故障为止。这是一个工作量比较大的工作。

1.7.3 +9V 电源电压大于零、小于 9V 的检测

如果出现+9V 电源电压大于零、小于 9V，且三端稳压集成电路 U7 很热的情况，那么可以通过以下方法检查。

在不通电的情况下，将数字万用表置于“—▶|—·)))”挡，检测功放电路的+9V 电源对地的充放电情况，如果万用表有报警声，电阻值接近零且不会增加，说明+9V 电源对地有短路，这时可按 1.7.2 节“+9V 电源对地没有充放电现象的检测”要点进行检修。如果+9V 电源对地的充放电现象正常，可做如下检查。

① 将集成电路 U1、U2、U3、U4 和 U5 全部拔下，通电，然后将数字万用表置于直流 20V 挡，检测功放电路的+9V 电源是否恢复正常。如果恢复正常，即+9V 电源电压为+9V，且三端稳压集成电路 U7 不发热，那么说明集成电路 U1、U2、U3、U4 和 U5 中有损坏的。采用排除法将损坏的集成电路找出并替换即可。

② 将集成电路 U1、U2、U3、U4 和 U5 全部拔下后，如果故障消除，那么可以采用

排除法：插上一个集成电路，用数字万用表检测功放电路的+9V 电源的电压值。如果+9V 电源电压恢复为+9V 值，那么说明这个集成电路是好的，然后插上另外的集成电路，再检查+9V 电源电压。这样就可以把损坏的集成电路找出。

③ 将集成电路 U1、U2、U3、U4 和 U5 全部拔下后，如果故障没有消除，即+9V 电源电压还是只有几伏，且三端稳压集成电路 U7 还很热，这时可以做如下检查。

- 目测元器件有无错装、漏装、漏焊、连焊等现象。
- 更换 78L09(U7)。

1.7.4 +9V 电源电压等于零的检测

如果用数字万用表测得+9V 电源电压等于零，并且用手触摸三端稳压集成电路 U7(78L09)时，U7 的温度为室温，那么做如下检查。

① 用数字万用表测三端稳压集成电路 U7 的输入电压，正常时，电压值约为 12V。如果 U7 的输入电压正常，即约为 12V，那么做如下检查。

- 检查 U7 是否错装。
- 检查 U7 的焊盘是否有漏焊、虚焊或假焊现象。
- 检查 U7 的引脚 PCB 铜箔走线是否有断裂现象。
- 若无以上现象，则更换 U7。

② 如果 U7 的输入电压为零，那么做如下检查。

- 检查跳线 W2 和 W3 是否漏装。
- 检查跳线 W2 和 W3 的焊盘是否有漏焊、虚焊或假焊现象。
- 检查跳线 W2 和 W3 的焊盘的引脚 PCB 铜箔走线是否有断裂现象。
- 检查 U7 输入端与整流桥 D8 输出端之间的 PCB 铜箔连线是否有断裂情况。

1.7.5 R26 和 R27 右边引脚的波形不正常时的检测

当电源正常工作后，为了检测电路的各个部分信号是否正常，需要搭建一个测试电路，分立元件数字功放电路测试图如图 1-6-18 所示，用数字信号发生器产生的正弦波信号来模拟音频信号送到 JP01 中，输入功放作为调试信号，当 R26 和 R27 右边引脚的波形不正常时，做如下检查。

① 目测所有的短路帽是否装好。

② 再一次目测数字功放电路中的元器件是否有漏装、错装现象，元器件引脚有没有装到位。检查焊点是否有虚焊、假焊、半焊、连焊、焊盘脱落等现象。检查 PCB 铜箔走线是否有开路和短路现象。

③ 用示波器检测 P4 和 P5 短路帽的三角波波形。如果三角波正常，那么三角波的幅度应约为 3Vpp，调节 R23 和 R25 时，三角波的频率应在 40kHz～150kHz 范围内可调；如果三角波不正常，对三角波电路进行检修。

④ 用示波器检测 P2 和 P3 短路帽的正弦波波形。如果正弦波正常，那么正弦波的幅度应约为 3Vpp，调节音量控制电位器时，正弦波的幅度应在 0～4.5V 范围内可调，并且将音量控制电位器顺时针调至大于 2/3 位置时，正弦波有削波失真现象。如果正弦波不正常，则对音频输入和前置放大电路进行检修。

1.7.6　P4 和 P5 短路帽的三角波波形不正常的检测

拔掉 P4 和 P5 短路帽，用数字示波器测 U5 的 2 脚或 6 脚的波形，如果波形正常，说明故障出在 U2 或 U3 电路，对 U2 或 U3 电路进行检修，直到排除故障。

如果拔掉 P4 和 P5 短路帽后，U5 的 2 脚或 6 脚的波形还不正常，那么做如下检查。

① 目测三角波产生电路的元器件是否有错装、漏装现象，元器件引脚有没有装到位等。

② 目测三角波产生电路的元器件的焊接是否有虚焊、假焊、半焊、连焊、焊盘脱落等现象。

③ 用数字万用表测 U5 的 4 脚和 8 脚电压是否为+9V，如果不是+9V，则进行故障排查，直到 U5 的 4 脚和 8 脚电压恢复为+9V。

④ 替换 U5（NE555）。

⑤ 检查 D1、D2、D3 和 D4 是否损坏，极性是否装反。检查 Q1、Q2、Q3 和 Q4 极性是否装反等。

⑥ 检查 R23 和 R25 的电阻值是否在 0～1kΩ 之间可调。

⑦ 检查三角波产生电路 PCB 的铜箔走线有无短路或开路现象。

1.7.7　P2 和 P3 短路帽的正弦波波形不正常的检测

拔掉 P2 和 P3 短路帽，用数字示波器测 U1 的 1 脚或 7 脚的波形，若波形正常，则说明故障出在 U2 或 U3 电路，对 U2 或 U3 电路进行检修，直到排除故障。

如果拔掉 P2 和 P3 短路帽后，U1 的 1 脚或 7 脚的波形还不正常，那么如下检查。

① 目测输入电路和前置放大电路的元器件是否有错装、漏装现象，元器件引脚有没有装到位等。

② 目测输入电路和前置放大电路的元器件的焊接是否有虚焊、假焊、半焊、连焊、焊盘脱落等现象。

将数字万用表置于 20V 直流电压挡，测 U1 的 8 脚电压是否为+9V，如果不是+9V，则进行故障排查，直到 U1 的 8 脚电压恢复为+9V。

用数字万用表测 U1 各引脚的直流电压。将数字万用表置于 20V 直流电压挡，测 U1 各引脚的直流电压，U1 各引脚的直流电压应如表 1-7-1 所示。

表 1-7-1　U1 各引脚的直流电压

U1 引脚号	1	2	3	4	5	6	7	8
直流电压	4.5V	4.5V	4.5V	9V	4.5V	4.5V	4.5V	9V

如果电压不正确，首先检查 U1 的 2 脚偏置电阻 R2 和 R3，以及 U1 的 5 脚偏置电阻 R12 和 R13。根据集成运放电路的“虚短”和“虚断”原则，U1 的 2 脚电压决定了 U1 的 1 脚和 3 脚电压，U1 的 5 脚电压决定了 U1 的 6 脚和 7 脚电压。

① 如果 U1 的 3 脚电压为 4.5V，U1 的 1 脚和 2 脚电压不正确，那么做如下检查。

- 检查 U1 方向是否装反。
- 检查 U1 的外围元件是否有错装、漏装现象。

- 检查 U1 电路和它的外围元件的焊接是否有虚焊、假焊、半焊、连焊、焊盘脱落等现象。
- 检查 U1 电路和它的外围元件 PCB 的铜箔走线有无短路或开路现象。
- 若无以上现象，则替换 U1（NE5532）。

② 如果 U1 的 3 脚电压不是 4.5V，U1 的 1 脚和 2 脚电压也不正确，那么做如下检查。

- 检查 U1 的 3 脚偏置电阻 R2 和 R3 是否错装、漏装。
- 检查 R2 和 R3 的焊接是否有虚焊、假焊、半焊、连焊、焊盘脱落等现象。
- 检查 R2 和 R3 的 PCB 的铜箔走线有无短路或开路现象。
- 若无以上现象，则替换 R2 和 R3。

③ 如果 U1 的 5 脚电压为 4.5V，U1 的 6 脚和 7 脚电压不正确，那么做如下检查。

- 检查 U1 方向是否装反。
- 检查 U1 的外围元件是否有错装、漏装现象。
- 检查 U1 电路和它的外围元件的焊接是否有虚焊、假焊、半焊、连焊、焊盘脱落等现象。
- 检查 U1 电路和它的外围元件 PCB 的铜箔走线有无短路或开路现象。
- 若无以上现象，则替换 U1（NE5532）。

④ 如果 U1 的 5 脚电压不是 4.5V，U1 的 6 脚和 7 脚电压不正确，那么做如下检查。

- 检查 U1 的 5 脚偏置电阻 R12 和 R13 是否错装、漏装。
- 检查 R12 和 R13 的焊接是否有虚焊、假焊、半焊、连焊、焊盘脱落等现象。
- 检查 R12 和 R13 的 PCB 的铜箔走线有无短路或开路现象。
- 若无以上现象，则替换 R12 和 R13。

用示波器按如下信号流程检测左声道的音频信号：

P1 或 J1→R1a→C1→U1 的 3 脚→U1 的 1 脚→P2→C5→U2 的 2 脚

用示波器按如下信号流程检测右声道的音频信号：

P1 或 J1→R1b→C10→U1 的 5 脚→U1 的 7 脚→P4→C12→U3 的 2 脚

1.7.8 P6 或 P7 短路帽的 PWM 波形不正常的检测

1. P6 短路帽的波形不正常

P2、P3、P4 和 P5 短路帽的波形正常，P6 短路帽的波形不正常：如果用数字示波器测试 P2 和 P4 短路帽的正弦波正常，P3 和 P5 短路帽的三角波正常，P7 短路帽输出波形正常，P6 短路帽无输出，那么可以做如下检查。

① 拔掉 P6 短路帽，用数字示波器测 U2 的 7 脚波形。如果拔掉 P6 短路帽后，U2 的 7 脚波形正常，说明故障出在 U4 上，对 U4 电路进行检修，直到排除故障；如果拔掉 P6 短路帽后，U2 的 7 脚波形还不正常，做后面的检查。

② 目测由 U2 组成的 PWM 电路的元器件是否有错装、漏装现象，元器件引脚有没有装到位等。

③ 目测由 U2 组成的 PWM 电路的元器件的焊接是否有虚焊、假焊、半焊、连焊、焊盘脱落等现象。

④ 用数字万用表测 U2 的 8 脚电压是否为+9V，如果不是+9V，进行故障排查，直到 U2 的 8 脚电压恢复为+9V。

⑤ 用数字万用表测 U2 的 2 脚直流电压，如果 U2 的 2 脚电压不是 4.5V，做如下检查。

- 检查 U2 的 2 脚偏置电阻 R6 和 R7 是否错装、漏装。
- 检查 R6 和 R7 的焊接是否有虚焊、假焊、半焊、连焊、焊盘脱落等现象。
- 检查 R6 和 R7 的 PCB 的铜箔走线有无短路或开路现象。
- 若无以上现象，则替换 R6 和 R7。

⑥ 用数字万用表测 U2 的 3 脚电压，U2 正常的 3 脚电压约为 4.5V。如果 U2 的 3 脚电压不正常，做如下检查。

- 检查 U2 的 3 脚偏置电阻 R8 和 R9 是否错装、漏装。
- 检查 R8 和 R9 的焊接是否有虚焊、假焊、半焊、连焊、焊盘脱落等现象。
- 检查 R8 和 R9 的 PCB 的铜箔走线有无短路或开路现象。
- 若无以上现象，则替换 R8 和 R9。

⑦ 若无以上现象，则替换 U2(LM311)。

2．P7 短路帽的波形不正常

P2、P3、P4 和 P5 短路帽的波形正常，P7 短路帽的波形不正常：如果用数字示波器测试 P2 和 P4 短路帽的正弦波正常，P3 和 P5 短路帽的三角波正常，P6 短路帽输出波形正常，P7 短路帽无输出，那么可以做如下检查。

① 拔掉 P7 短路帽，用数字示波器测 U3 的 7 脚波形。如果拔掉 P7 短路帽后，U3 的 7 脚波形正常，说明故障出在 U4 上，对 U4 电路进行检修，直到排除故障；如果拔掉 P7 短路帽后，U3 的 7 脚波形还不正常，做后面的检查。

② 目测由 U3 组成的 PWM 电路的元器件是否有错装、漏装现象，元器件引脚有没有装到位等。

③ 目测由 U3 组成的 PWM 电路的元器件的焊接是否有虚焊、假焊、半焊、连焊、焊盘脱落等现象。

④ 用数字万用表测 U3 的 8 脚电压是否为+9V，如果不是+9V，进行故障排查，直到 U3 的 8 脚电压恢复为+9V。

⑤ 用数字万用表测 U3 的 2 脚直流电压，如果 U3 的 2 脚电压不是 4.5V，做如下检查。

- 检查 U3 的 2 脚偏置电阻 R16 和 R17 是否错装、漏装。
- 检查 R16 和 R17 的焊接是否有虚焊、假焊、半焊、连焊、焊盘脱落等现象。
- 检查 R16 和 R17 的 PCB 的铜箔走线有无短路或开路现象。
- 若无以上现象，则替换 R16 和 R17。

⑥ 用数字万用表测 U3 的 3 脚电压，U3 正常的 3 脚电压约为 4.5V。如果 U3 的 3 脚电压不正常，做如下检查。

- 检查 U3 的 3 脚偏置电阻 R18 和 R19 是否错装、漏装。
- 检查 R18 和 R19 的焊接是否有虚焊、假焊、半焊、连焊、焊盘脱落等现象。
- 检查 R18 和 R19 的 PCB 的铜箔走线有无短路或开路现象。
- 替换 R18 和 R19。

⑦若无以上现象，则替换 U3(LM311)。

1.8 分立元件数字功放电路性能指标测试

1.8.1 数字功放电路主要性能指标

1. 总谐波失真

数字功放电路工作时，由于电路振荡或其他谐振产生的二次、三次、多次谐波与实际输入信号叠加，因此输出信号与输入信号不完全相同，输出信号中包含了谐波成分的信号，这些多余的谐波成分与实际输入信号的比(用百分比来表示)就称为总谐波失真(THD)。

一般来说，功放的总谐波失真在500Hz附近最小，所以大部分总谐波失真用500Hz信号测试，也有要求更严格的厂家提供20～20000Hz范围内的总谐波失真数据。总谐波失真在1%以下时，一般人耳分辨不出来；总谐波失真超过10%时，人耳可以明显听出来。所以一般产品的总谐波失真小于1%(500Hz)，数值越小，产品的品质越高。

2. 输出功率

数字功放的输出功率一般有额定输出功率、峰值音乐输出功率、音乐输出功率等，国标规定的是额定输出功率。

(1)额定输出功率

额定输出功率(Root Mean Square，RMS)是指在一定的总谐波失真条件下，增大1kHz正弦波连续信号的幅值，在等效负载上得到的最大有效功率。使用的负载阻值不同，以及使用的总谐波失真标准不同，额定输出功率值也不同。通常规定的负载为8Ω，总谐波失真为1%或10%。国标规定，在负载为8Ω，总谐波失真≤1%时，每通道的额定输出功率应≥10W。

(2)峰值音乐输出功率

峰值音乐输出功率(Peak Music Power Output，PMPO)是指在不考虑失真的情况下，把数字功放的音量和音调调节旋钮调至最大时，功放的最大输出功率。它反映了直流稳压电源的供电能力。

(3)音乐输出功率

音乐输出功率(Music Power Output，MPO)是指在一定的总谐波失真条件下，用专业测试仪器产生规定的模拟音乐信号，将其输入功放时，功放在输出端等效负载上测到的瞬间最大输出功率。音乐输出功率是一种动态指标，能反映听音评价结果。

3. 信噪比

信噪比(Signal-Noise Ratio，SNR)是指数字功放回放的正常声音信号与同时输出的噪声的比例。噪声是指经过该设备后产生的原信号中并不存在的无规则的额外信号(或信息)，并且该信号并不随原信号的变化而变化。

信噪比的计量单位是dB，其计算方法是$10\lg(P_s/P_n)$，其中P_s和P_n分别代表信号和噪声的有效功率，也可以换算成电压幅值的比率关系：$20\lg(V_s/V_n)$，V_s和V_n分别代表信号和噪声的电压有效值。一般来说，信噪比越大，说明混在信号里的噪声越小，声音回放的质量越高。信噪比一般不应该低于70dB，高保真音箱的信噪比应达到110dB以上。

4．有效频率范围

有效频率范围是指总谐波失真不超过规定值时，频率的高、低端增益分别下降 0.707 倍时，两点之间的频带宽度（在对数坐标中，又指幅值大于最大幅值减去 3dB 的频率范围），也称为功放的频响范围。该指标表征功放系统能够回放的最低有效回放频率与最高有效回放频率之间的范围，以及在此范围内允许的振幅偏差程度。

1.8.2 数字功放电路主要性能指标测试

功放的负载和总谐波失真指标不同，额定输出功率也随之不同。通常规定的总谐波失真指标有 1%和 10%，即在保证功放输出正弦波的总谐波失真为 1%或 10%的条件下测定额定输出功率。例如，在总谐波失真为 1%时，测得的额定输出功率为 20W，那就标“额定输出功率 20W，总谐波失真 1%”。

在下面的测试中，为了方便读者采用通用的设备测试功放的性能指标，没有明确其失真度，做到“使示波器所显示的正弦波幅度最大且不失真”即可，对于功放输出的信号有多少失真，没有明确的数据，只是估测。如果读者需要明确失真度，请结合失真度测试仪测试。

1．额定输出功率

(1)测试仪器

① 数字信号发生器。 ② 数字毫伏表。

③ 数字示波器。 ④ 变压器。

⑤ 6Ω 负载(10W)。

(2)仪器仪表的连接

仪器仪表的连接如图 1-8-1 所示。

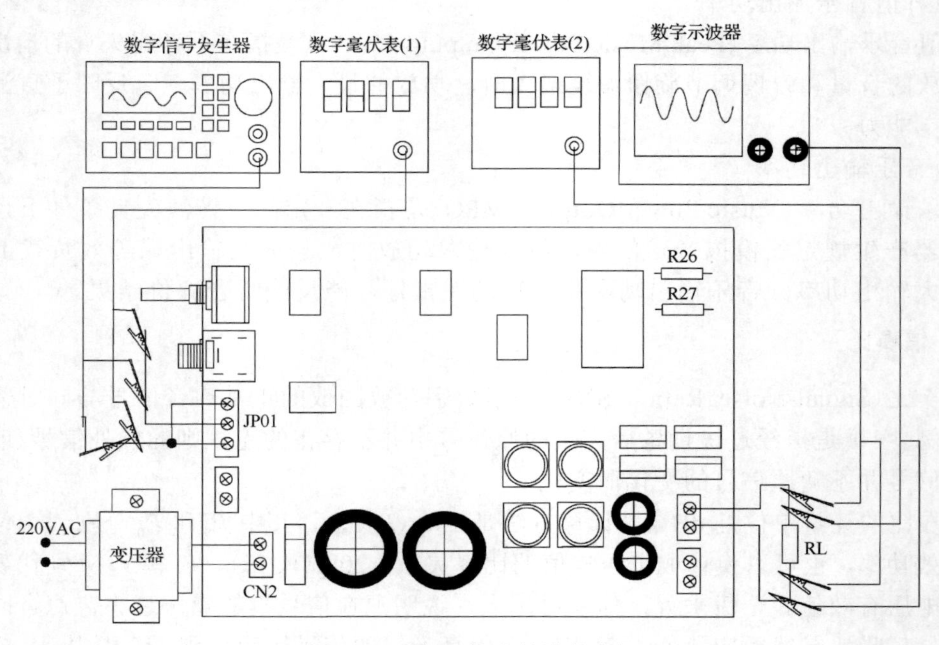

图 1-8-1 仪器仪表的连接(1)

(3) 额定输出功率的测试

① 对数字毫伏表进行校零。

② 将音量控制电位器调到最大位置，并在整个测试过程中保持不变。

③ 数字信号发生器输出正弦波信号，其信号频率在 100Hz～20kHz 范围内可调。

④ 由小到大调节数字信号发生器输出信号幅度，使示波器所显示的正弦波幅度最大且不失真，并按表 1-8-1 的频率点要求进行测试，将输出端所接的数字毫伏表(2)的读数记录在表中，并根据 $P=\frac{V^2}{\mathrm{RL}}$ 算出对应的输出功率，并填入表 1-8-1。

表 1-8-1 额定输出功率测试表格

序号	测试频率	输出幅度		序号	测试频率	输出幅度	
		输出电压	输出功率			输出电压	输出功率
1	100Hz			7	6kHz		
2	500Hz			8	8kHz		
3	800Hz			9	10kHz		
4	1kHz			10	12kHz		
5	2kHz			11	15kHz		
6	4kHz			12	20kHz		

2. 最大输出功率

(1) 测试仪器

① 数字信号发生器。

② 数字毫伏表。

③ 变压器。

④ 6Ω 负载(10W)。

(2) 仪器仪表的连接

仪器仪表的连接如图 1-8-2 所示。

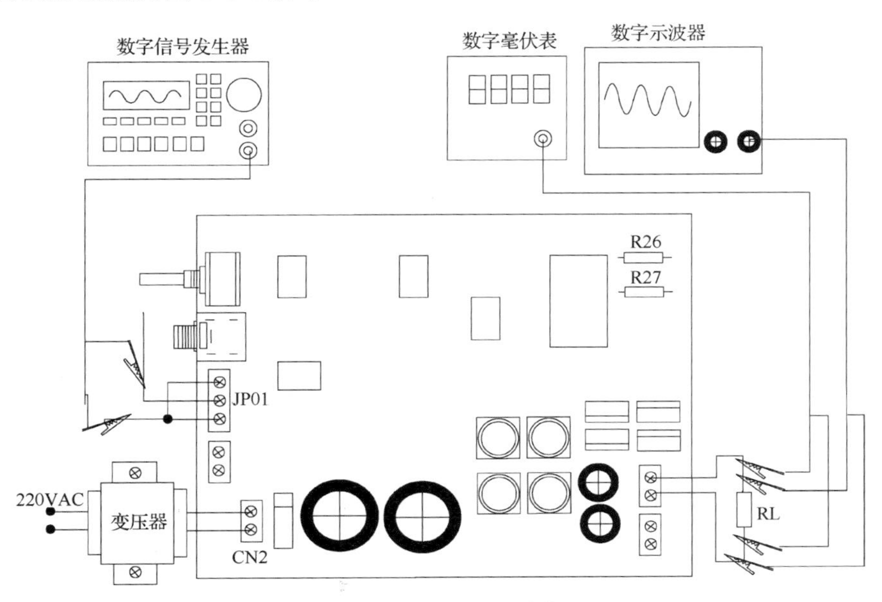

图 1-8-2 仪器仪表的连接(2)

(3) 最大输出功率的测试

① 对数字毫伏表进行校零。

② 将音量控制电位器调到最大位置，并在整个测试过程中保持不变。

③ 数字信号发生器输出正弦波信号，其信号频率在 100Hz～20kHz 范围内可调。

④ 由小到大调节数字信号发生器输出信号幅度，使数字毫伏表读数最大，波形可以失真。按表 1-8-2 的频率点要求进行测试，将输出端所接的数字毫伏表的读数记录在表中，并根据 $P=\frac{V^2}{RL}$ 算出对应的输出功率，并填入表 1-8-2。

表 1-8-2 最大输出功率测试表格

序号	测试频率	输出幅度		序号	测试频率	输出幅度	
		输出电压	输出功率			输出电压	输出功率
1	100Hz			7	6kHz		
2	500Hz			8	8kHz		
3	800Hz			9	10kHz		
4	1kHz			10	12kHz		
5	2kHz			11	15kHz		
6	4kHz			12	20kHz		

3．信噪比

(1) 测试仪器

① 数字信号发生器。

② 数字毫伏表。

③ 数字示波器。

④ 变压器或直流电源供应器。

⑤ 6Ω负载（10W）。

(2) 仪器仪表的连接

仪器仪表的连接如图 1-8-3 所示。

(3) 信噪比的测试

① 对数字毫伏表进行校零。

② 检查功放电路能否正常工作。接通电源，调整示波器，使其显示稳定的正弦波信号，正弦波信号应正常、无失真、无噪声。如果有失真、有噪声，说明电路有故障或连线有错误。

③ 数字信号发生器输出正弦波信号，其频率为 1kHz。根据表 1-8-3 的测试条件进行测试，并记录输出电压 V_S 和 V_N，即数字毫伏表(2)的读数，然后根据公式 $SNR=20\lg\frac{V_S}{V_N}$ 计算出信噪比 SNR，并填入表 1-8-3。

④ 数字信号发生器输出正弦波信号，其频率为 16kHz。根据表 1-8-4 的测试条件进行测试，并记录输出电压 V_S 和 V_N，即数字毫伏表(2)的读数，然后根据公式 $SNR=20\lg\frac{V_S}{V_N}$ 计算出信噪比 SNR，并填入表 1-8-4。

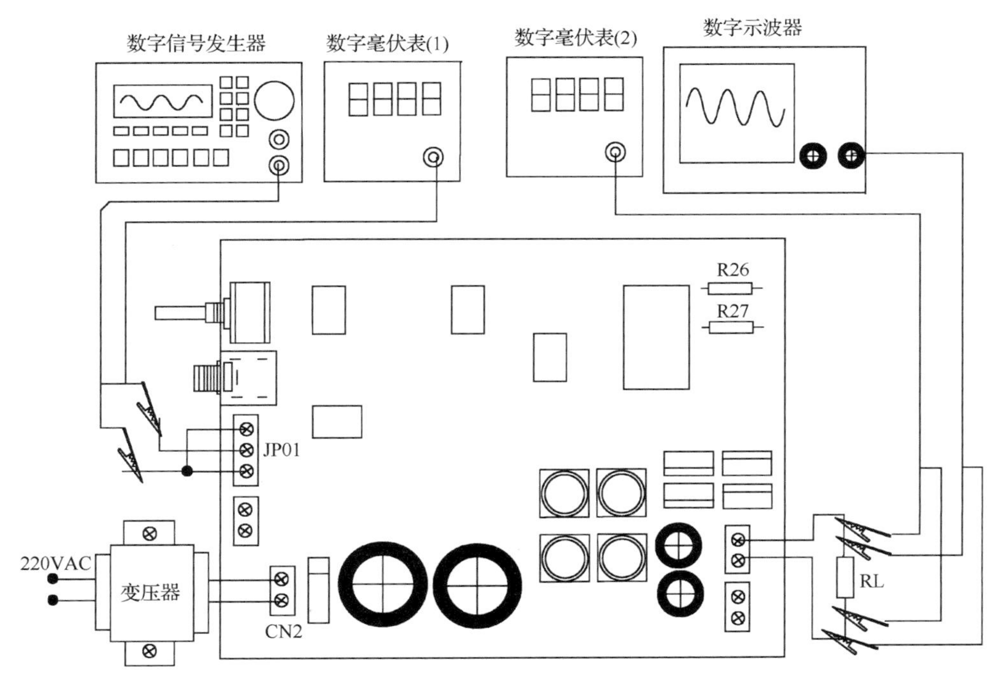

图 1-8-3 仪器仪表的连接(3)

表 1-8-3 信噪比测试表格(1)

序号	测 试 条 件	输出电压值	信 噪 比
1	①调节数字信号发生器输出幅度，使数字毫伏表(1)读数为 0.775V ②调节音量控制电位器，使功放输出幅度最大，即数字毫伏表(2)的读数最大且不失真，即示波器所显示的波形不失真	V_S =	$SNR=20\lg\frac{V_S}{V_N}$ =
	①音量控制电位器保持不变 ②将输入信号撤除，即输入端悬空	V_N =	
2	①调节数字信号发生器输出幅度，使数字毫伏表(1)读数为 0.775V ②调节音量控制电位器，使功放输出幅度最大，即数字毫伏表(2)的读数最大且不失真，即示波器所显示的波形不失真	V_S =	$SNR=20\lg\frac{V_S}{V_N}$ =
	①音量控制电位器保持不变 ②将输入信号撤除，并将输入端对地短路	V_N =	
3	①将音量控制电位器调到最大位置 ②调节数字信号发生器输出幅度，使功放输出幅度最大，即数字毫伏表(2)读数最大且不失真，即示波器所显示的波形不失真	V_S =	$SNR=20\lg\frac{V_S}{V_N}$ =
	①将音量控制电位器保持不变 ②将输入信号撤除，即输入端悬空	V_N =	
4	①将音量控制电位器调到最大位置 ②调节数字信号发生器输出幅度，使功放输出幅度最大，即数字毫伏表(2)读数最大且不失真，即示波器所显示的波形不失真	V_S =	$SNR=20\lg\frac{V_S}{V_N}$ =
	①将音量控制电位器保持不变 ②将输入信号撤除，并将输入端对地短路	V_N =	

续表

序号	测试条件	输出电压值	信噪比
5	①将音量控制电位器调到中间位置 ②调节数字信号发生器输出幅度，使功放输出幅度最大，即数字毫伏表(2)读数最大且不失真，即示波器所显示的波形不失真	$V_S=$	$\text{SNR}=20\lg\frac{V_S}{V_N}=$
	①音量控制电位器保持不变 ②将输入信号撤除，并将输入端对地短路	$V_N=$	
6	①将音量控制电位器调到最小位置 ②调节数字信号发生器输出幅度，使功放输出幅度最大，即数字毫伏表(2)读数最大且不失真，即示波器所显示的波形不失真	$V_S=$	$\text{SNR}=20\lg\frac{V_S}{V_N}=$
	①音量控制电位器保持不变 ②将输入信号撤除，并将输入端对地短路	$V_N=$	

表 1-8-4 信噪比测试表格(2)

序号	测试条件	输出电压值	信噪比
1	①调节数字信号发生器输出幅度，使数字毫伏表(1)读数为 0.775V ②调节音量控制电位器，使功放输出幅度最大，即数字毫伏表(2)的读数最大且不失真，即示波器所显示的波形不失真	$V_S=$	$\text{SNR}=20\lg\frac{V_S}{V_N}=$
	①音量控制电位器保持不变 ②将输入信号撤除，即输入端悬空	$V_N=$	
2	①调节数字信号发生器输出幅度，使数字毫伏表(1)读数为 0.775V ②调节音量控制电位器，使功放输出幅度最大，即数字毫伏表(2)的读数最大且不失真，即示波器所显示的波形不失真	$V_S=$	$\text{SNR}=20\lg\frac{V_S}{V_N}=$
	①音量控制电位器保持不变 ②将输入信号撤除，并将输入端对地短路	$V_N=$	
3	①将音量控制电位器调到最大位置 ②调节数字信号发生器输出幅度，使功放输出幅度最大，即数字毫伏表(2)读数最大且不失真，即示波器所显示的波形不失真	$V_S=$	$\text{SNR}=20\lg\frac{V_S}{V_N}=$
	①音量控制电位器保持不变 ②将输入信号撤除，即输入端悬空	$V_N=$	
4	①将音量控制电位器调到最大位置 ②调节数字信号发生器输出幅度，使功放输出幅度最大，即数字毫伏表(2)读数最大且不失真，即示波器所显示的波形不失真	$V_S=$	$\text{SNR}=20\lg\frac{V_S}{V_N}=$
	①音量控制电位器保持不变 ②将输入信号撤除，并将输入端对地短路	$V_N=$	
5	①将音量控制电位器调到中间位置 ②调节数字信号发生器输出幅度，使功放输出幅度最大，即数字毫伏表(2)读数最大且不失真，即示波器所显示的波形不失真	$V_S=$	$\text{SNR}=20\lg\frac{V_S}{V_N}=$
	①音量控制电位器保持不变 ②将输入信号撤除，并将输入端对地短路	$V_N=$	
6	①将音量控制电位器调到最小位置 ②调节数字信号发生器输出幅度，使功放输出幅度最大，即数字毫伏表(2)读数最大且不失真，即示波器所显示的波形不失真	$V_S=$	$\text{SNR}=20\lg\frac{V_S}{V_N}=$
	①音量控制电位器保持不变 ②将输入信号撤除，并将输入端对地短路	$V_N=$	

4. 带宽

(1) 测试仪器

① 数字信号发生器。

② 数字毫伏表。

③ 数字示波器。

④变压器或直流电源供应器。

⑤ 6Ω负载(10W)。

(2)仪器仪表的连接

仪器仪表的连接如图 1-8-4 所示。

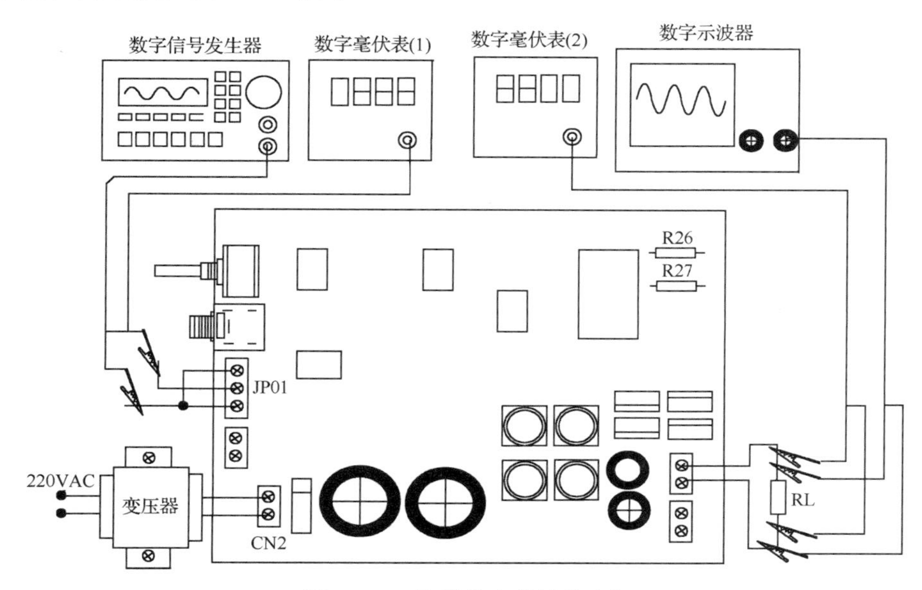

图 1-8-4　仪器仪表的连接(4)

(3)带宽的测试

① 对数字毫伏表进行校零。

② 数字信号发生器输出正弦波信号，其信号频率在 20Hz～30kHz 范围内可调。调整数字信号发生器输出信号幅度，使数字毫伏表(1)读数为 100mV，并在频率 20Hz～30kHz 范围内保持 100mV 不变。

③ 检查功放电路能否正常工作。接通电源，调整示波器，使其显示稳定的正弦波信号，正弦波信号应正常、无失真、无噪声。如果有失真、有噪声，说明电路有故障或连线有错误。

④ 按表 1-8-5 的频率点要求进行测试，并将输出端所接的数字毫伏表(2)读数记录下来，然后换算成分贝，把以上数据填入表 1-8-5。

表 1-8-5　带宽测试表格

序号	测试频率	输出幅度		序号	测试频率	输出幅度	
		电压(V)	分贝(dB)			电压(V)	分贝(dB)
1	20Hz			9	10kHz		
2	100Hz			10	12kHz		
3	500Hz			11	14kHz		
4	1kHz			12	16kHz		
5	3kHz			13	20kHz		
6	5kHz			14	25kHz		
7	7kHz			15	28kHz		
8	8kHz			16	30kHz		

⑤ 将上面所测得的电压数据标入如图 1-8-5 所示的坐标系中，并将所有坐标点连成一条曲线，得到带宽测试曲线。

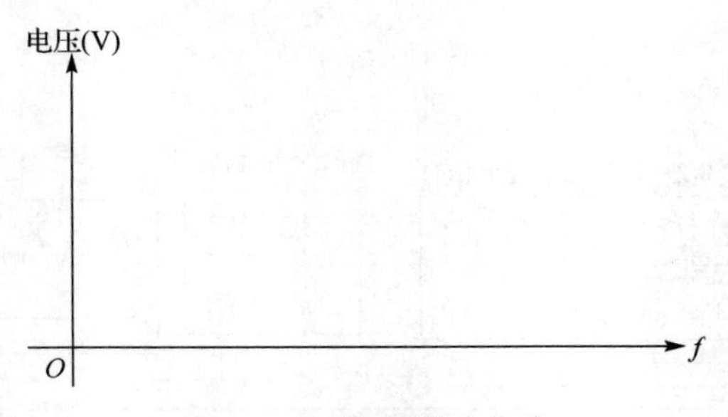

图 1-8-5 带宽测试曲线

⑥ 将上面所测得的电压数据标换算成分贝(dB)后标入如图 1-8-6 所示的坐标系中，并将所有坐标点连成一条曲线，得到带宽测试分贝曲线。

图 1-8-6 带宽测试分贝曲线

项目 2　集成数字功放电路的设计与制作

❖ 项目概述

本项目在上一项目的理论和实践基础之上，介绍集成数字功放的应用电路，该电路以 TDA8922C 为例，参考芯片规格书说明，搭建了以 TDA8922CTH 为核心的集成数字功放电路，并设计了 PCB，制作了实物。

2.1　TDA8922CTH 构成的数字功放参考电路

TDA8922CTH 主要应用在 DVD、迷你和微型接收器、家庭影院和大功率扬声器系统中，是高效率 2×75W D 类功放，能向 6Ω扬声器输出 2×75W 功率。这里采用的是 HSOP24 封装，单端应用的增益为 30dB，BTL(Balanced Transformer Less)应用的增益为 36dB，具有高效率、低噪音、低静态电流、无噪音起动和关断、电压保护、输出限流及热保护(Thermal FoldBack，TFB)的优点。

TDA8922CTH 结构框图如图 2-1-1 所示，左右声道音频信号从 IN1(IN1M 和 IN1P)、IN2(IN2M 和 IN2P)输入，经过输入级后由 PWM 调制器调制为 PWM 信号，PWM 信号被放大后送到输出端(16 脚和 21 脚)。TDA8922CTH 引脚功能一览表见表 2-1-1。

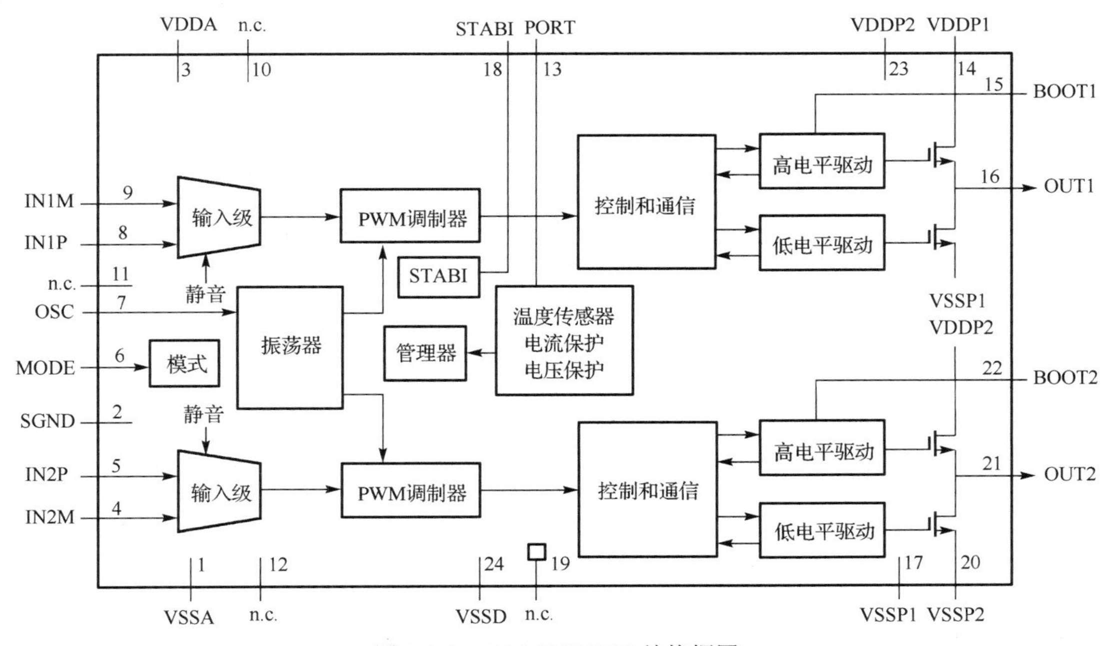

图 2-1-1　TDA8922CTH 结构框图

表 2-1-1　TDA8922CTH 引脚功能一览表

引 脚 号	符 号	功 能 描 述
1	VSSA	负模拟电源电压
2	SGND	信号地
3	VDDA	正模拟电源电压
4	IN2M	通道 2 负音频输入
5	IN2P	通道 2 正音频输入
6	MODE	输入模式选择：待机、静音或工作模式
7	OSC	振荡器频率调整或跟踪输入
8	IN1P	通道 1 正音频输入
9	IN1M	通道 1 负音频输入
10	n.c.	无连接空脚
11	n.c.	无连接空脚
12	n.c.	无连接空脚
13	PORT	保护用去耦电容器(OCP)
14	VDDP1	通道 1 正电源电压
15	BOOT1	通道 1 自举电容器
16	OUT1	通道 1 PWM 输出
17	VSSP1	通道 1 负电源电压
18	STABI	逻辑电源内部稳定器的解耦
19	n.c.	无连接空脚
20	VSSP2	通道 2 负电源电压
21	OUT2	通道 2 PWM 输出
22	BOOT2	通道 2 自举电容器
23	VDDP2	通道 2 正电源电压
24	VSSD	负数字电源电压

根据规格书推荐的典型应用搭建的 TDA8922CTH 参考电路如图 2-1-2 所示。

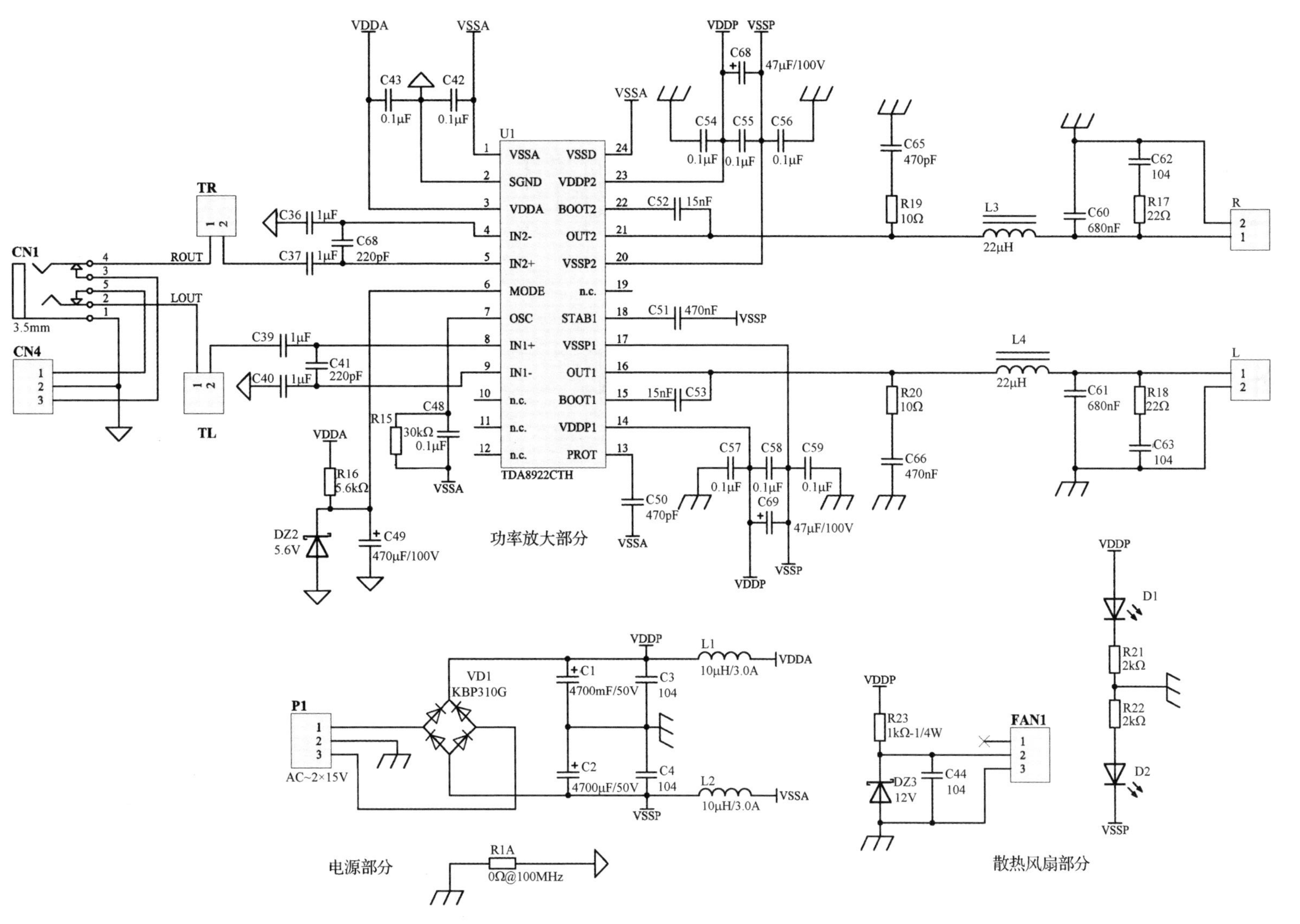

图 2-1-2 TDA8922CTH 参考电路

2.2 TDA8922CTH 构成的数字功放 PCB 设计

2.2.1 关键元器件封装设计

1. 封装设计原则

表面贴装元器件的焊接可靠性主要取决于焊盘的长度而不是宽度。理想的优质焊点和焊盘如图 2-1-3 所示，焊盘的长度 B 等于焊端（或引脚）的长度 T 加上焊端（或引脚）内侧（焊盘）的延伸长度 b_1，再加上焊端（或引脚）外侧（焊盘）的延伸长度 b_2，即 $B=T+b_1+b_2$。根据焊接工艺和产品规格的不同，b_1 的长度可以取 0.05～0.6mm，b_1 的取值不仅应有利于焊料熔融时形成良好的弯月形轮廓的焊点，还应避免焊料产生桥接现象并兼顾元器件的贴装偏差；b_2 的长度可以取 0.25～1.5mm，主要以保证形成最佳的弯月形轮廓的焊点为宜。

焊盘的宽度取值应等于或稍大（或稍小）于引脚的宽度（根据情况调整，一般情况下大于或等于引脚宽度）。

常见贴装元器件焊盘设计图解如图 2-1-4 所示。

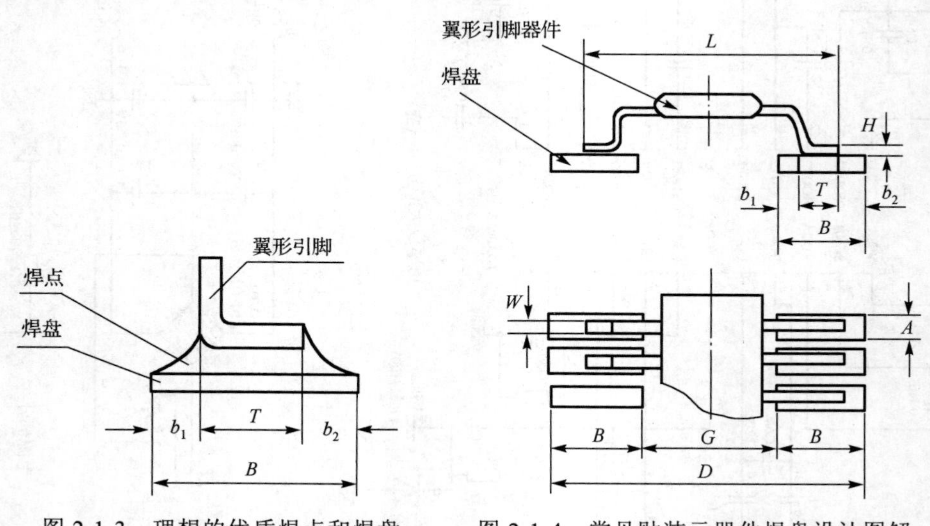

图 2-1-3 理想的优质焊点和焊盘

图 2-1-4 常见贴装元器件焊盘设计图解

$$焊盘长度\ B=T+b_1+b_2$$

$$焊盘内侧间距\ G=L-2T-2b_1$$

$$焊盘宽度\ A=W+K$$

$$焊盘外侧间距\ D=G+2B$$

式中：L——元件长度（或器件引脚外侧之间的距离）；

W——元件宽度（或器件引脚宽度）；

H——元件厚度（或器件引脚厚度）；

b_1——焊端（或引脚）内侧（焊盘）的延伸长度；

b_2——焊端（或引脚）外侧（焊盘）的延伸长度；

K——焊盘宽度修正量。

取值技巧：

① 当 b_1=0，b_2=T 时，中心距刚好取 L；

② 如果要增加 b_1，可以把 L 减小，同时 b_2 会随之减小；

③ 如果要同时增加 b_1、b_2，可以增加焊盘长度。

2. TDA8922CTH 封装设计

(1) TDA8922CTH 封装规格

TDA8922CTH 封装规格尺寸如图 2-1-5 所示。

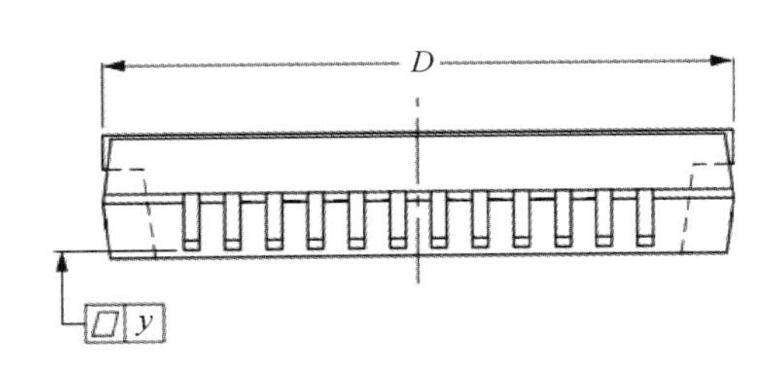

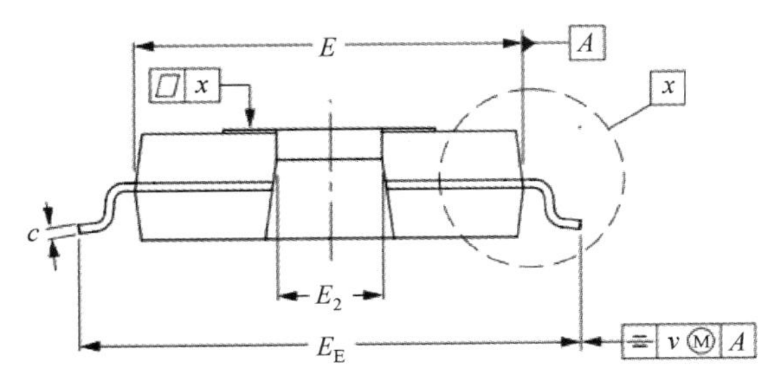

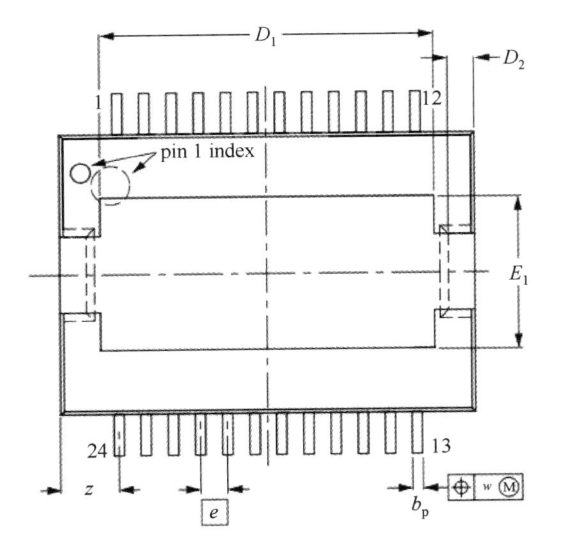

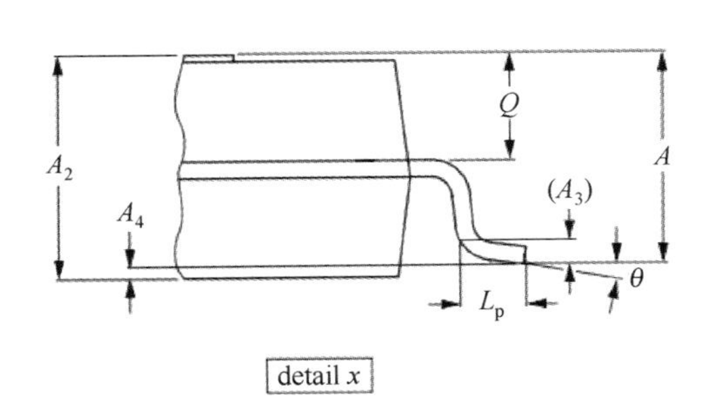

0 5 10mm

比例

尺寸

单位	A	A_2	A_3	$A_4^{(1)}$	b_p	c	$D^{(2)}$	D_1	D_2	$E^{(2)}$	E_1	E_2	e	E_E	L_p	Q	v	w	x	y	z	θ
mm (max) (min)	3.5	3.5 3.2	0.35	+0.08 −0.04	0.53 0.40	0.32 0.23	16.0 15.8	13.0 12.6	1.1 0.9	11.1 10.9	6.2 5.8	2.9 2.5	1	14.5 13.9	1.1 0.8	1.7 1.5	0.25	0.25	0.03	0.07	2.7 2.2	8° 0°

图 2-1-5　TDA8922CTH 封装规格尺寸

(2) TDA8922CTH 封装规格尺寸估算

① 表面贴装元器件焊盘一般没有孔（孔径为 0），画在 TopLayer（顶层）上，颜色为红色。

② 焊盘形状一般为长方形或椭圆形，根据前面的设计原则，封装的尺寸参数取值如下：元件长度 L 取 14mm，b_p 取 0.53mm，e 取 1mm；

这里尽量要做到焊盘的外形尺寸不小于引脚的外形尺寸。

当 $e/2 > b_p$(max) 时，$A=e/2$；当 $e/2 \leqslant b_p$(max) 时，$A= b_p$(max)；所以焊盘宽度 $A=b_p$=0.53mm。

③ 手工焊接时把 b_2 留大些，所以焊盘长度 $B=2\times L_p$(max)=2×1.1mm=2.2mm。

④ 焊盘中心距 L=14mm（可以根据需要预留的 b_1 和 b_2 值来调整）。

⑤ 其他非焊盘部分的尺寸按元器件尺寸的最大值给出，并画在 TopOverLayer（顶层丝印层）上。

特别注意：这个芯片的引脚方向为顺时针，这与大部分芯片不一样，一般封装的参考点选在 1 脚的位置。所有数值的单位均为公制单位 mm，L_p 和 W_p 保留小数点后一位数，采用进位的方式。

(3) TDA8922CTH 参考封装

TDA8922CTH 参考封装如图 2-1-6 所示。

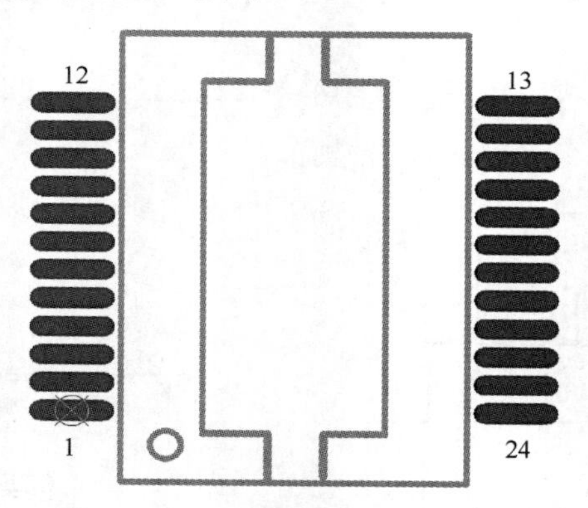

图 2-1-6 TDA8922CTH 参考封装

2.2.2 TDA8922CTH 数字功放电路 PCB 注意事项

TDA8922CTH 数字功放电路 PCB 注意事项如下：

① 可以在开关放大器周围连接一个实心接地层以避免发射信号。

② 将 100 nF 电容尽可能靠近 TDA8922CTH 电源引入脚放置，以达到良好的去耦效果。

③ 建议使用 100 nF 电容将散热器连接到接地板或 VSSP 引脚上，TDA8922CTH 顶部的热扩散器已经和 24 脚 VSSD 相连，这里可以通过 24 脚连接 100 nF 电容，将散热器连接到接地板上。

④ 在 TDA8922CTH 的散热器和外部散热器之间使用不导电的 Sil-Pad 导热绝缘材料。将 TDA8922CTH 的热扩散器内部连接至 VSSD 引脚上。

2.2.3 TDA8922CTH 数字功放电路 PCB 参考图

TDA8922CTH 数字功放电路 PCB 双面布线参考板如图 2-1-7 所示。

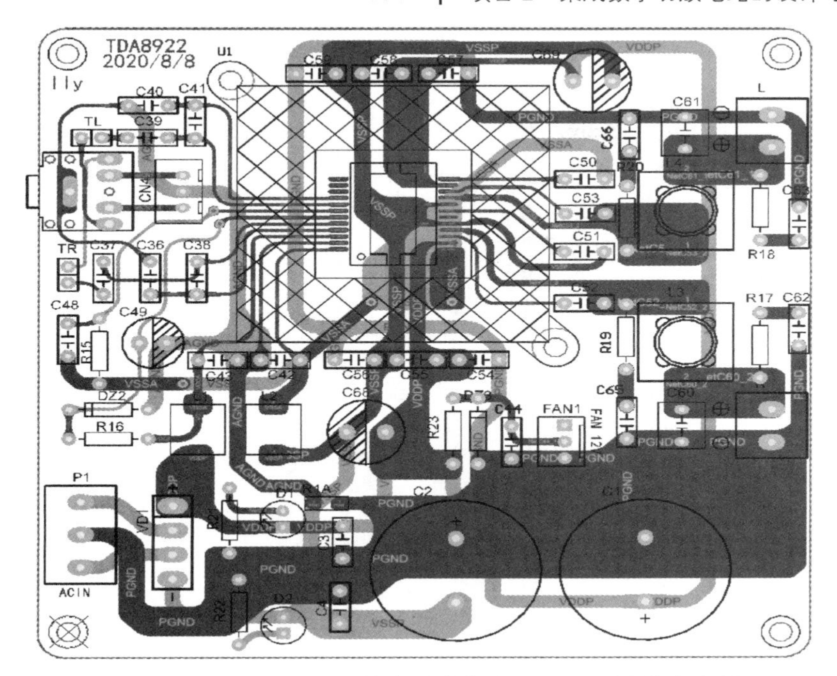

图 2-1-7 TDA8922CTH 数字功放电路 PCB 双面布线参考板

TDA8922CTH 数字功放电路 PCB 双面板顶层布线如图 2-1-8 所示。

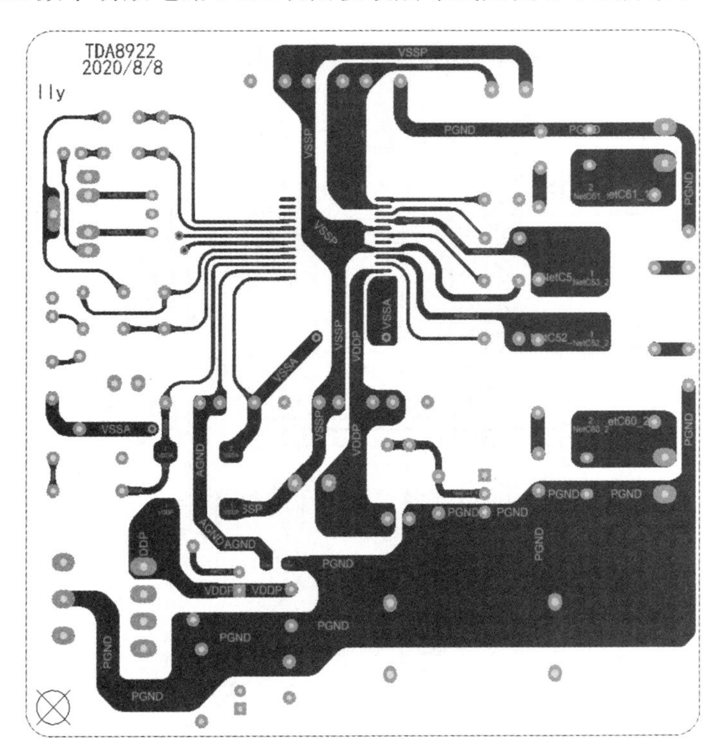

图 2-1-8 TDA8922CTH 数字功放电路 PCB 双面板顶层布线

TDA8922CTH 数字功放电路 PCB 双面板底层布线如图 2-1-9 所示。

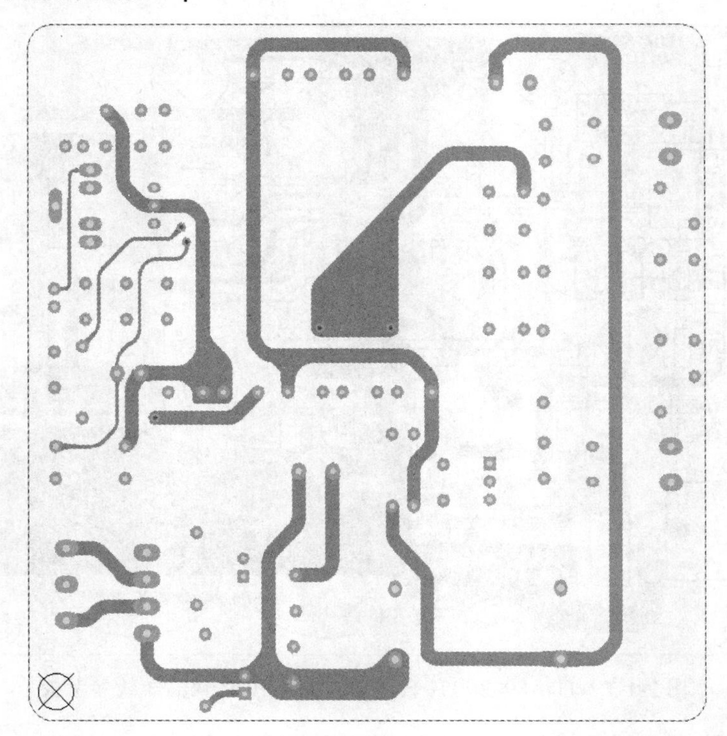

图 2-1-9　TDA8922CTH 数字功放电路 PCB 双面板底层布线

TDA8922CTH 数字功放电路 PCB 装配图如图 2-1-10 所示。

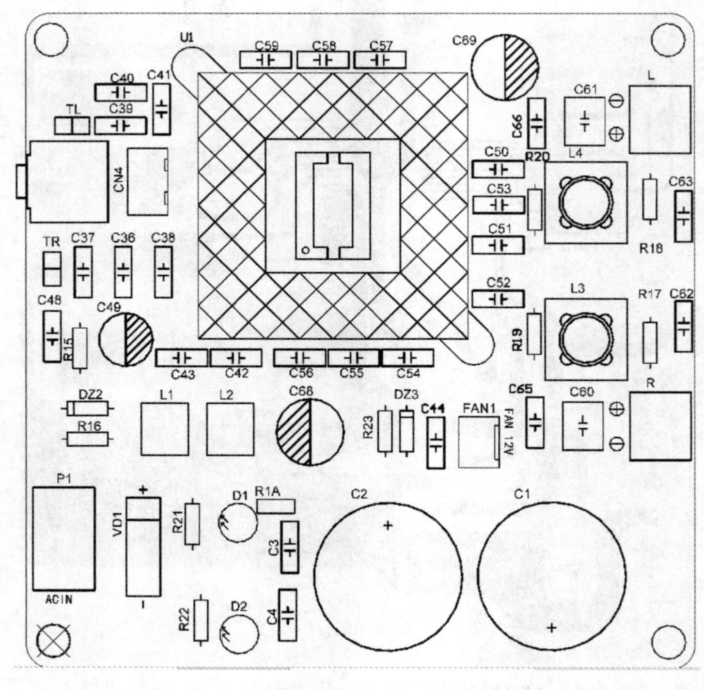

图 2-1-10　TDA8922CTH 数字功放电路 PCB 装配图

2.2.4 TDA8922CTH 数字功放电路装配与测试

1. TDA8922CTH 数字功放电路元器件清单

元器件清单顺序按照小功率电阻、大功率电阻、微调电阻、电位器、无极性电容、有极性电容、可变电容，电感、可变电感，二极管、三极管、场效应管、变压器、继电器、开关等顺序依次往后排，其中电阻、电容、电感应按值小的在前，值大的在后的顺序列入，如表 2-2-1 所示。

表 2-2-1 TDA8922CTH 数字功放电路元器件清单

序号	元器件名称	型号与参数	单台数量	位号
1	金属膜电阻	0Ω	1	R1A
2	金属膜电阻	10Ω-1/4W	2	R19，R20
3	金属膜电阻	22Ω-1/4W	2	R17，R18
4	金属膜电阻	1kΩ-1/2W	1	R23
5	金属膜电阻	2kΩ-1/2W	2	R21，R22
6	金属膜电阻	5.6kΩ-1/2W	1	R16
7	金属膜电阻	30kΩ-1/2W	1	R15
8	独石电容	47pF/50V	1	C50
9	独石电容	220pF/50V	2	C38，C41
10	独石电容	470pF/50V	2	C65，C66
11	薄膜电容	15nF/100V	2	C52，C53
12	瓷片电容	0.1μF/50V	14	C3，C4，C42，C43,C44，C48，C54，C55，C56，C57，C58，C59，C62，C63
13	独石电容	470nF/50V	1	C51
14	薄膜电容	680nF/100V 精密电容	2	C60，C61
15	独石电容	1μF/50V	4	C36，C37，C39，C40
16	电解电容	47μF/100v	2	C68，C69
17	电解电容	470μF/100v	1	C49
18	电解电容	4700μF/100v	2	C1，C2
19	发光二极管	LED1-ϕ5	2	D1，D2
20	稳压二极管	5.6V-500mW	1	DZ2
21	稳压二极管	12V-1W	1	DZ3
22	贴片电感	10μH-3.0A	2	L1，L2
23	贴片电感	22μH-20A	2	L3，L4
24	整流桥	KBP310G	1	VD1
25	功放芯片	TDA8922CTH HSOP24	1	U1
26	散热器电源座子	FAN1	1	FAN1
27	跳线帽	2p 引脚距 2.54mm	2	TL，TR
28	接插件	3p 引脚距 2.54mm	1	CN4
29	接插件	2p 引脚距 5mm	2	L，R
30	接插件	3p 引脚距 5mm	1	P1
31	音频座	3.5mm 音频座	1	CN1
32	PC 板	95mm×96mm	1	B1

3. TDA8922CTH 数字功放电路装配

可参照图 2-1-10 装配电路，装配的步骤和方法参考项目 1 中所述的内容。

4. TDA8922CTH 数字功放电路测试

根据分立元件测试的步骤和方法自行拟定测试步骤测试该功放电路性能指标。

项目3　STC12C5052控制的数字功放电路的设计与制作

❖ 项目概述

本项目在上一项目集成数字功放应用电路的基础上添加控制电路，来实现对功放产品的数字控制。这里采用STC12C5052单片机和TDA7449音频处理电路。通过STC12C5052单片机对TDA7449音频处理电路的程序控制，实现对其音量、高音、低音、平衡、左右声道增益和静音的控制。经过音量等处理的音频信号被直接送到功放电路中，因为功放电路与单片机无直接关系，所以采用STC12C5052+TDA7449控制电路，其后面可以搭配各种功放电路。本项目以STC12C5052+TDA7449控制电路搭配TDA8922CTH与TDA2040集成数字功放电路为例进行讲述。

STC12C5052控制的TDA7449音频处理电路的主要功能包括：

① 双声道立体声；
② 按键和红外遥控控制音量加和音量减；
③ 按键和红外遥控控制高音加和高音减；
④ 按键和红外遥控控制低音加和低音减；
⑤ 按键和红外遥控控制左声道增益加和左声道增益减；
⑥ 按键和红外遥控控制右声道增益加和右声道增益减；
⑦ 按键和红外遥控控制静音开关；
⑧ 复位。

3.1　STC12C5052单片机控制与显示电路

3.1.1　电路原理图

STC12C5052单片机控制与显示电路原理图如图3-1-1所示。

3.1.2　PCB参考板图

STC12C5052单片机控制与显示电路PCB参考板图如图3-1-2所示。

3.1.3　PCB装配图

STC12C5052单片机控制与显示电路PCB装配图如图3-1-3所示。

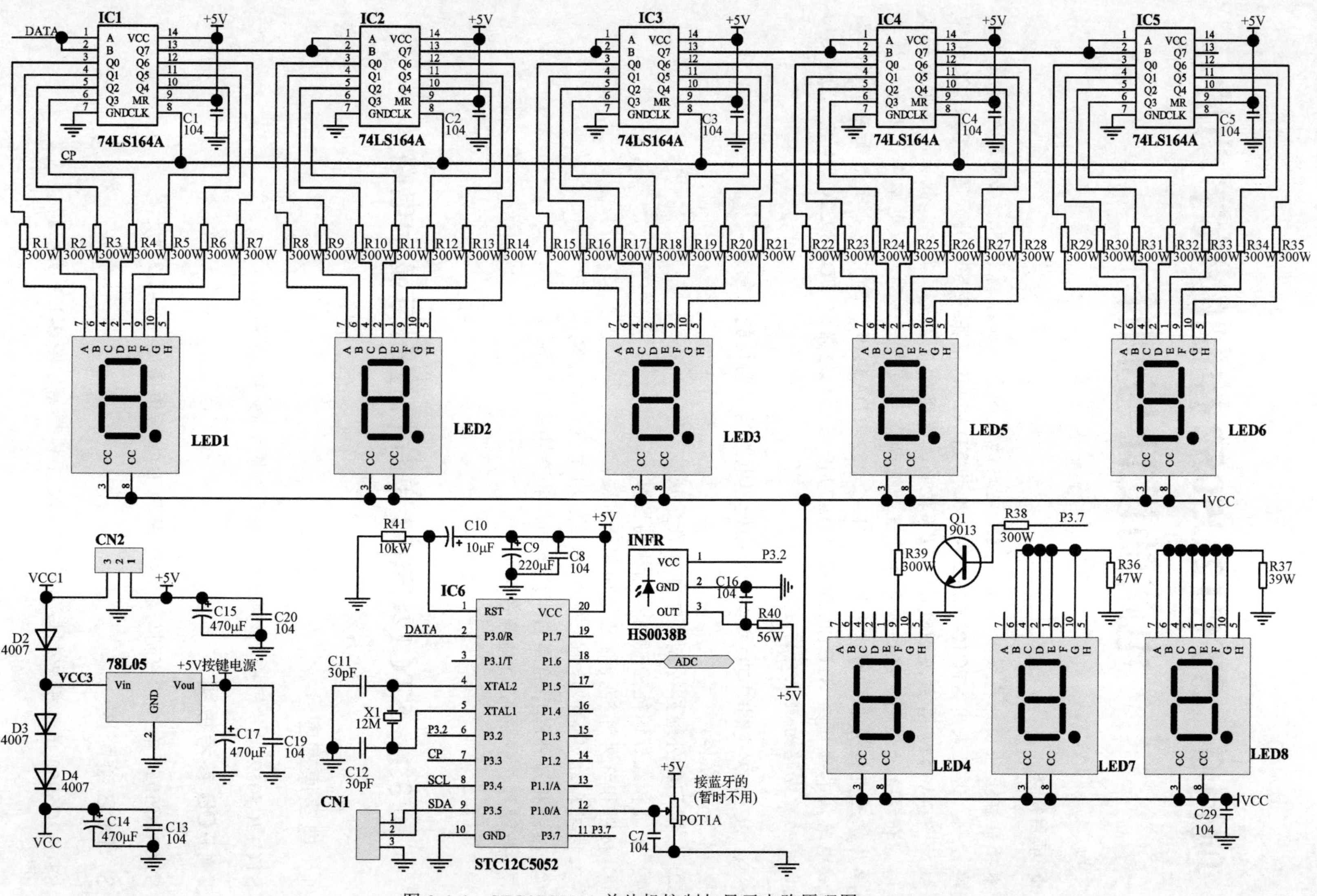

图 3-1-1 STC12C5052 单片机控制与显示电路原理图

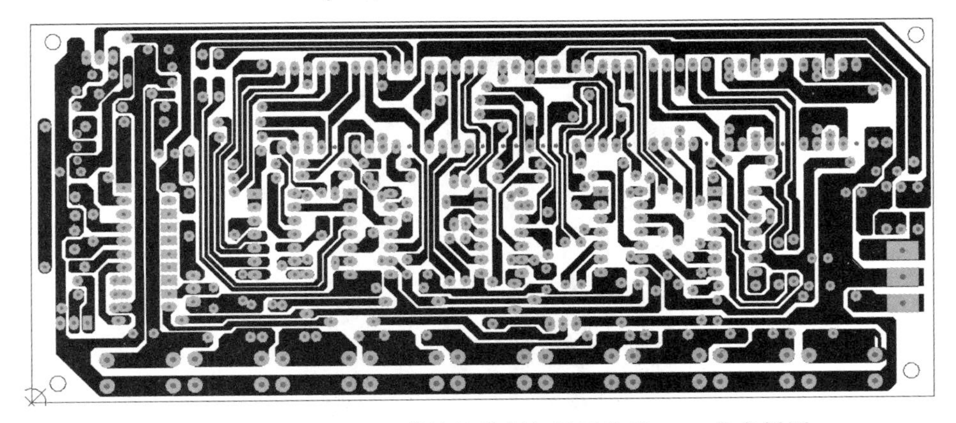

图 3-1-2 STC12C5052 单片机控制与显示电路 PCB 参考板图

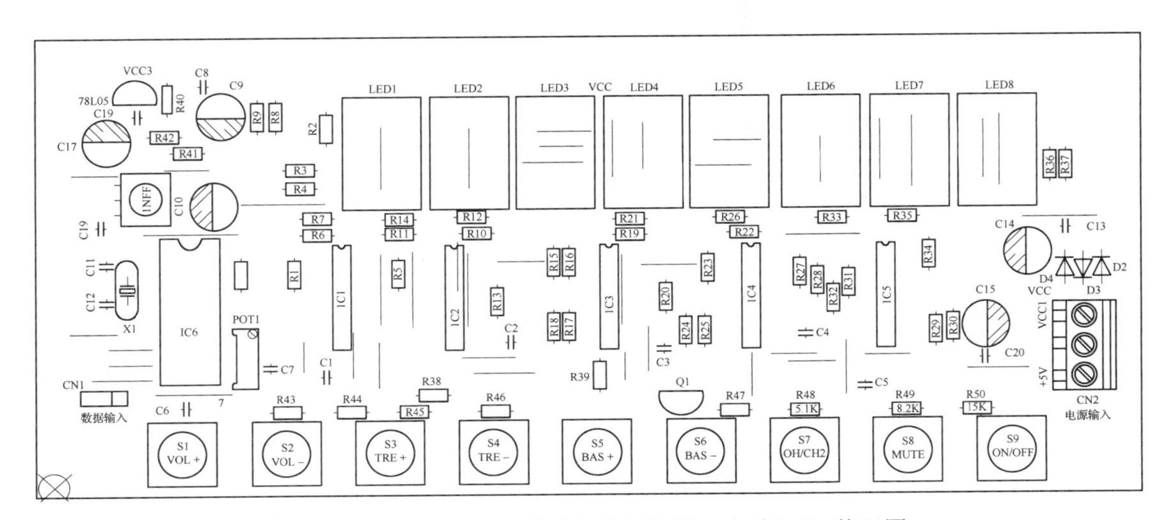

图 3-1-3 STC12C5052 单片机控制与显示电路 PCB 装配图

3.1.4 实物图

STC12C5052 单片机控制与显示电路实物图如图 3-1-4 所示，遥控器功能图如图 3-1-5 所示。

图 3-1-4 STC12C5052 单片机控制与显示电路实物图

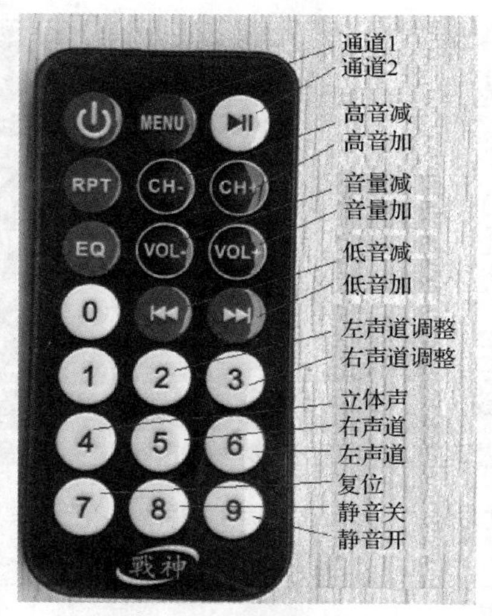

图 3-1-5　遥控器功能图

3.2　TDA7449+TDA8922CTH 数字功放电路

3.2.1　TDA7449 参考电路

TDA7449 是一种音量(低音和高音)平衡(左/右)处理器，可以给电视系统提供优质音频。由于采用了双极性/CMOS 技术，可以实现低失真、低噪声、直流步进。TDA7449 典型应用参考电路如图 3-2-1 所示。

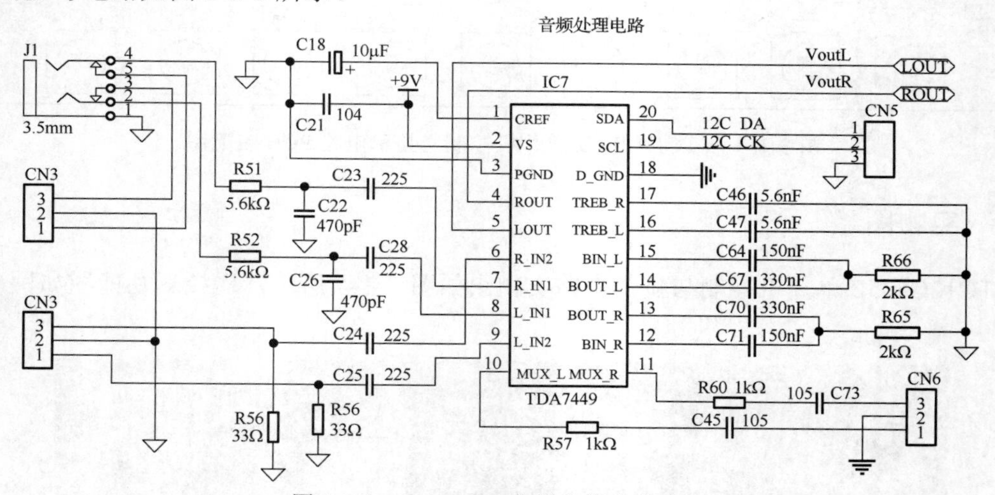

图 3-2-1　TDA7449 典型应用参考电路

3.2.2　TDA7449+TDA8922CTH 数字功放参考电路

采用 STC12C5052 单片机，通过对 TDA7449 音频处理电路的程序控制，可实现对音量、高音、低音、平衡、左右声道增益和静音的控制，经过处理的音频信号被送到后级 TDA8922CTH 数字集成功放中，通过喇叭播放。TDA7449+TDA8922CTH 数字功放参考电路如图 3-2-2 所示。

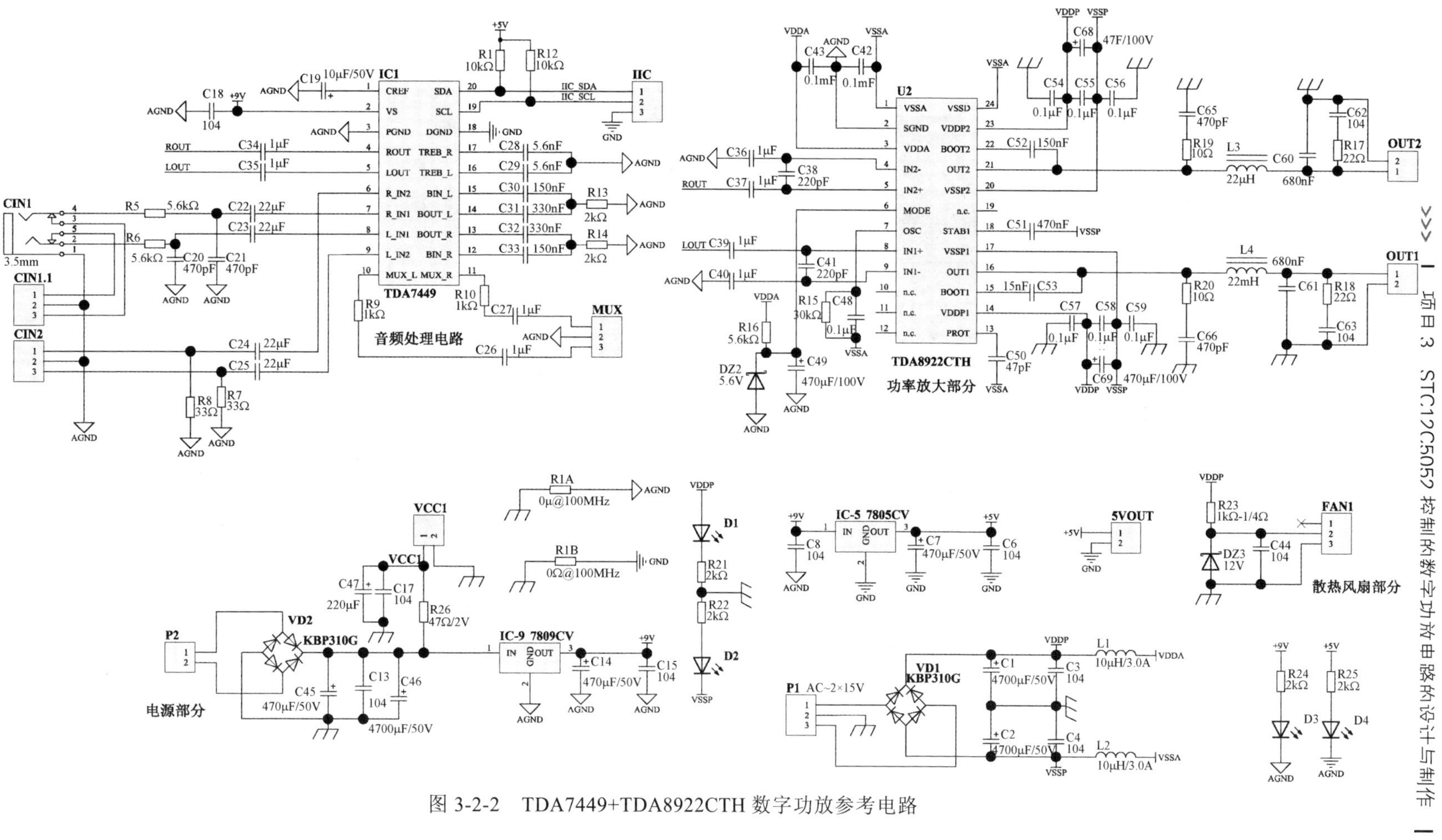

图 3-2-2 TDA7449+TDA8922CTH 数字功放参考电路

3.2.3 TDA7449+TDA8922CTH 数字功放电路 PCB 图

TDA7449+TDA8922CTH 数字功放电路 PCB 图如图 3-2-3 所示，TDA7449+TDA8922CTH 数字功放电路 PCB 顶层布线图如图 3-2-4 所示，TDA7449+TDA8922CTH 数字功放电路 PCB 底层布线图如图 3-2-5 所示。

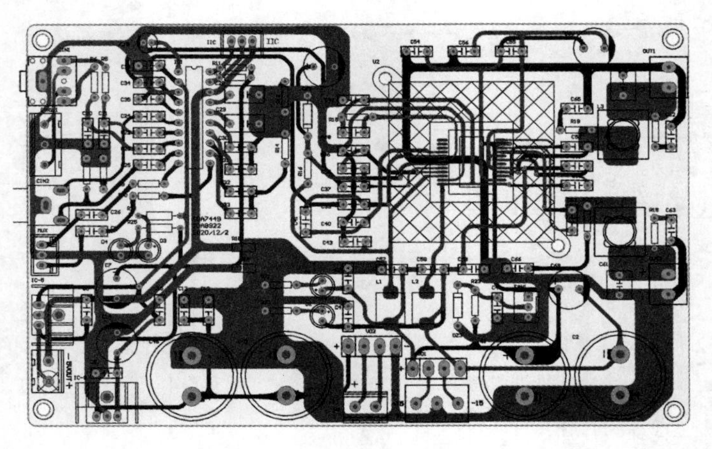

图 3-2-3 TDA7449+TDA8922CTH 数字功放电路 PCB 图

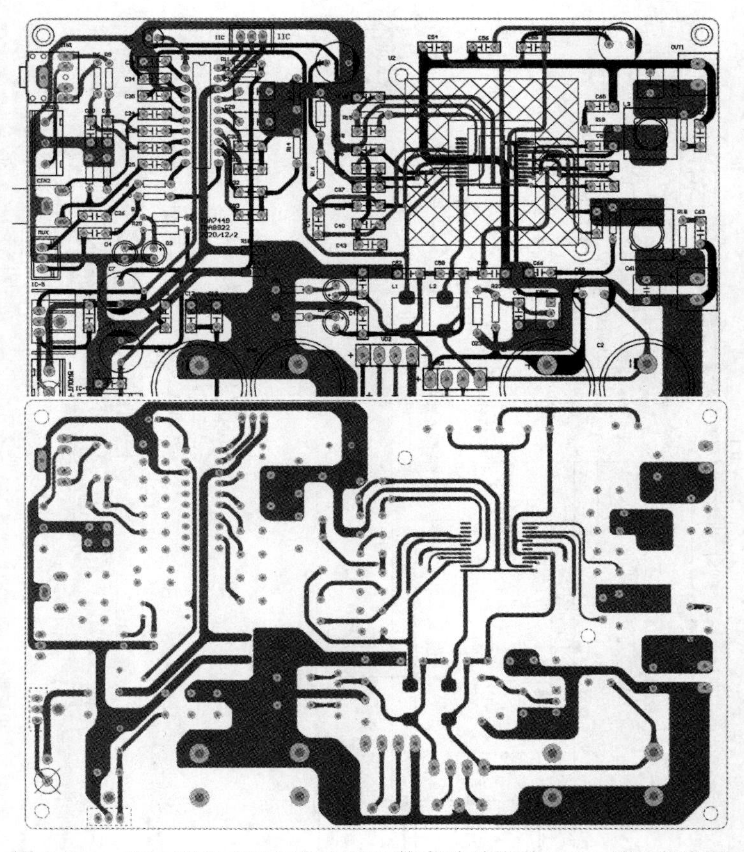

图 3-2-4 TDA7449+TDA8922CTH 数字功放电路 PCB 顶层布线图

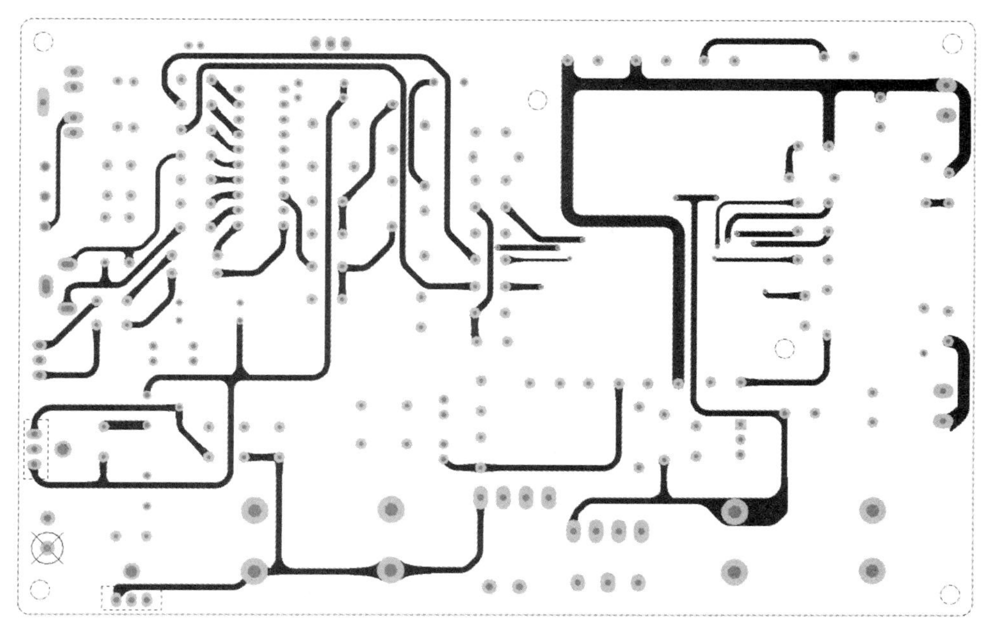

图 3-2-5 TDA7449+TDA8922CTH 数字功放电路 PCB 底层布线图

3.2.4 TDA7449+TDA8922CTH 数字功放电路实物图

TDA7449+TDA8922CTH 数字功放电路装配好后的实物图如图 3-2-6 所示。

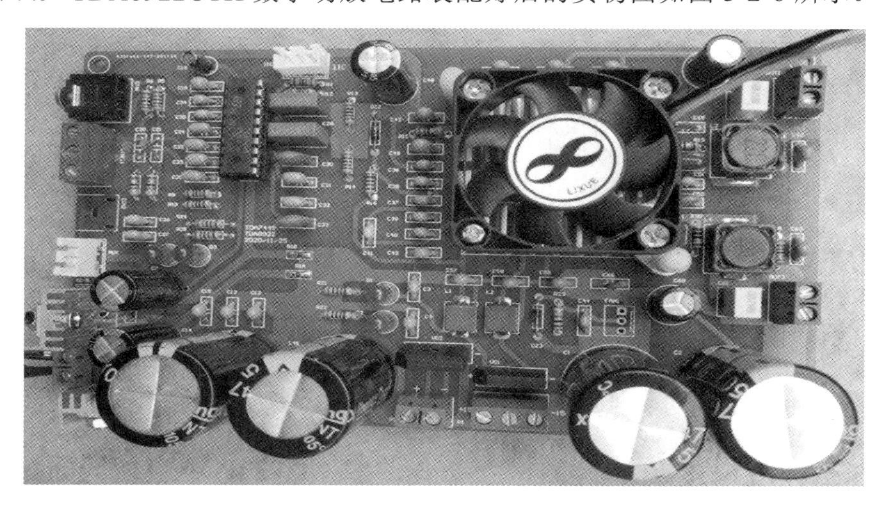

图 3-2-6 TDA7449+TDA8922CTH 数字功放电路装配好后的实物图

3.3 TDA7449+TDA2040 数字功放电路

3.3.1 TDA7449+TDA2040 数字功放参考电路

TDA7449+TDA2040 数字功放参考电路如图 3-3-1 所示。

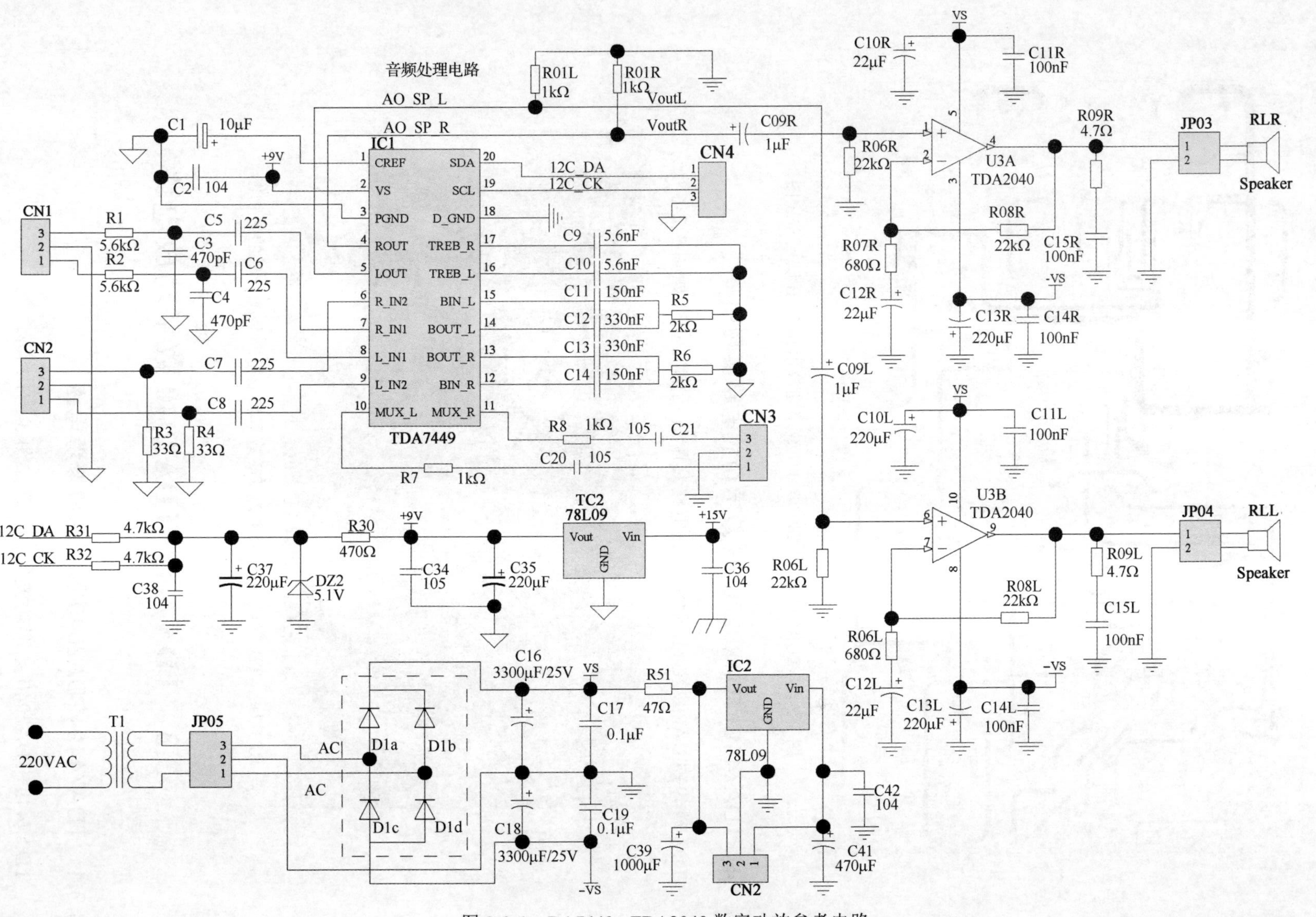

图 3-3-1 DA7449+ TDA2040 数字功放参考电路

3.3.2 TDA7449+TDA2040 数字功放电路 PCB 图

TDA7449+TDA2040 数字功放电路 PCB 图如图 3-3-2 所示，TDA7449+TDA2040 数字功放电路装配好后的实物图如图 3-3-3 所示。

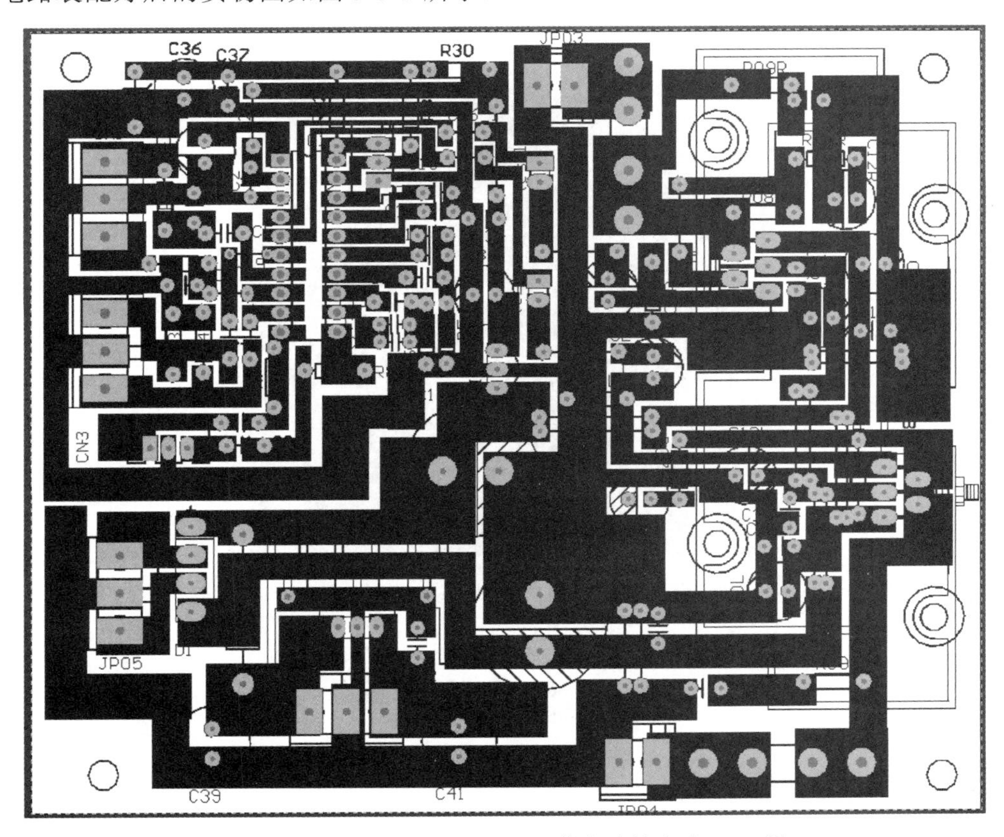

图 3-3-2 TDA7449+TDA2040 数字功放电路 PCB 图

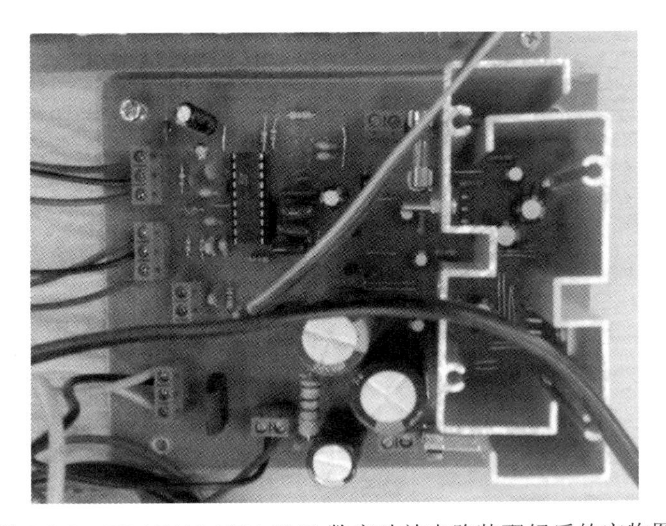

图 3-3-3 TDA7449+TDA2040 数字功放电路装配好后的实物图

3.3.3 STC12C5052+TDA7449+TDA2040 集成数字功放电路实物图

将 STC12C5052 单片机控制与显示电路和 TDA7449+TDA2040 数字功放电路进行相应的连接，就可以实现 STC12C5052+TDA7449+TDA2040 集成数字功放电路，装配好后的实物图如图 3-3-4 所示。

图 3-3-4 STC12C5052+TDA7449+TDA2040 集成数字功放电路装配好后的实物图

3.4 程序流程图

STC12C5052+TDA7449+TDA2040 集成数字功放电路主程序流程图如图 3-4-1 所示，功能控制程序流程图如图 3-4-2 所示。

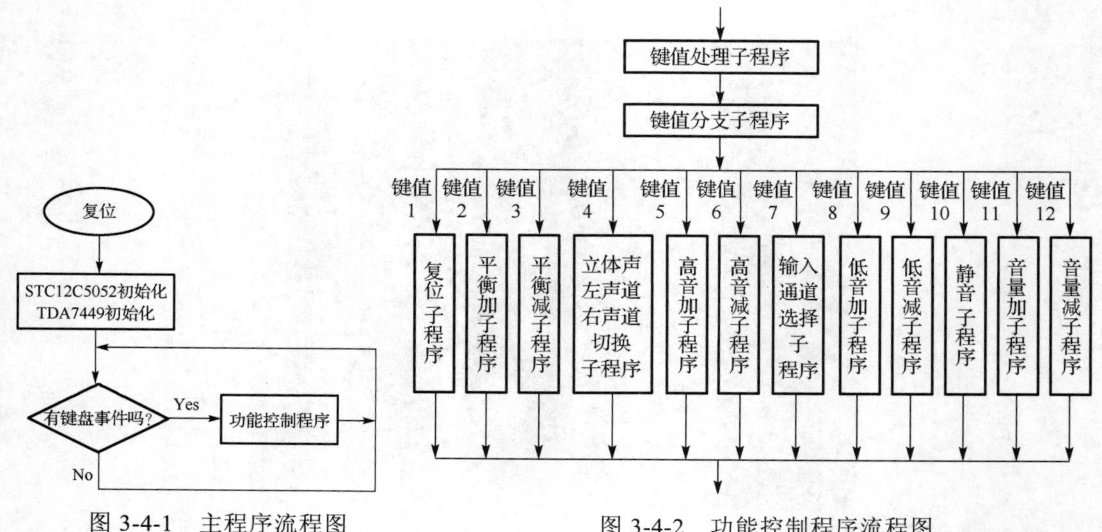

图 3-4-1 主程序流程图

图 3-4-2 功能控制程序流程图

3.5 采用 STC12C5052 控制的数字功放电路参考程序

3.5.1 主程序

1. 主函数

头文件引用、参考初始化及主函数程序如下。

```
#include <reg52.h>
#include "main.h"
#include "led_display.h"
#include "eepromcz.h"
#include "KeyScan.h"
#include "delay.h"
#include "audio_ctl.h"
#include "IR_REM_DECOD.h"
#define FOSC 1105920
#define TimerCount (65536-FOSC/12/4000)
//4s=1us*4000 定时，采用 12T 模式下的定时器
extern uchar IR_key = 0;
extern uchar KeyCode = 0;
sbit    IR_GET = P3^2;              //红外接收数据输入端
extern uchar address = 0x88;        //芯片地址(这里是 88H)
extern uchar sub_addr = 0x10;       //功能码(10H)
extern uchar in_select = 3;
//输入通道选择初始化，in_select = 3,选择 in1
extern uchar in_gain  = 10;
//输入增益初始化，in_gain = 10,输入增益 20dB
extern uchar volume_value = 25;    //音量初始化，volume_value=25,音量-25dB
extern uchar not_use = 0;       //不用
extern uchar bass_value = 15;
//低音控制初始化，bass_value = 15，低音 0dB
extern uchar treble_value = 15;
//高音控制初始化，treble_value = 15，低音 0dB
extern uchar balan_R_value = 0;    //右声道增益初始化，balan_R_value=0，0dB
extern uchar balan_L_value = 0;    //左声道增益初始化，balan_L_value=0，0dB
extern uchar S_R_L_value = 0;      //0 为立体声，1 为左声道，2 为右声道
extern uchar balan_R_flag = 0;
//balan_R_flag = 0，递减；balan_R_flag = 1 递加
extern uchar balan_L_flag = 0;
//balan_L_flag = 0，递减；balan_L_flag = 1 递加
extern uchar mute_off_on = 0;
//mute_off_on = 0，不静音；mute_off_on = 1 静音
extern uchar mute_buffer = 0; //静音时，音量值暂存
void main()
```

```
{
 init_machine();          //LED 显示初始化
 init_timer0();           //定时器 0 初始化
 Init_TDA7449();          //DTA7449 初始化
 led_display();
 while(1)
 {
    KeyCode = 0;
    KeyScan();
    if(KeyCode > 0)
    {
        button_control();
        Delay200ms();        //@12.000MHz
    }
    if(IR_GET == 0) IR_REM_DECOD();
    }
 }
```

2．定时器初始化

定时器初始化程序如下。

```
void init_timer0(void)
{
    TMOD = 0X01;             //设置定时器 0 的模式为 MODE1(16 位)
    TL0 = TimerCount;        //只取 TimerCount 的低 8 位
    TH0 = TimerCount>>8;     //右移 8 位,把高 8 位移到低 8 位送给 TH0
    ET0 = 1;                 //使能定时器 0 中断
    EA = 1;                  //使能全局中断开关
    TR0 = 1;
}
```

3．LED 显示初始化

LED 显示初始化程序如下。

```
void init_machine(void)
{
    DisplayClear();
    Delay10ms();          //@12MHz
}
```

3.5.2 音频处理控制程序

文件名称：audio_ctl.c。

1．按键代码

头文件引用、按键代码参数初始化程序如下。

```
/*
*********************************************************************
*
```

```
*    模块名称 : 音频处理控制模块
*    文件名称 : audio_ctl.c
*    版    本 : 无
*    说    明 : 音频处理控制主程序
*
*********************************************************************
*/

#include "audio_ctl.h"
#include "iic.h"
#include "main.h"
#include "led_display.h"
#include "eepromcz.h"
/* 按键代码 */
uchar tda7449Table[10];
extern  uchar IR_key;
extern  uchar KeyCode;
extern  uchar display_factor = 0;
/* display_factor = 0: 音量, 1: 高音, 2: 低音, 3: ch1, 4: ch2;
display_factor = 5: mute off, 6: mute on, 7:立体声, 8: 左声道, 9: 右声道 */
extern  uchar balan_R_value1 = 0;
extern  uchar balan_L_value1 = 0;
extern  uchar address;          //芯片地址(这里是88H)
extern  uchar sub_addr;         //功能码(10H)
extern  uchar in_select;        //输入通道选择初始化,in_select=3,选择 in1
extern  uchar in_gain;          //输入增益初始化, in_gain=10,输入增益 20dB
extern  uchar volume_value;     //音量初始化, volume_value = 25,音量-25dB
extern  uchar not_use;          //不用
extern  uchar bass_value;       //低音控制初始化, bass_value = 15, 低音 0dB
extern  uchar treble_value;     //高音控制初始化, treble_value = 15, 低音 0dB
extern  uchar balan_R_value;    //右声道增益初始化, balan_R_value = 0, 0dB
extern  uchar balan_L_value;    //左声道增益初始化, balan_L_value = 0, 0dB
extern  uchar S_R_L_value;      //0 为立体声, 1 为左声道, 2 为右声道
extern  uchar balan_R_flag;
//balan_R_flag = 0, 递减; balan_R_flag = 1, 递增
extern  uchar balan_L_flag;
//balan_L_flag = 0, 递减; balan_L_flag = 1, 递增
extern  uchar mute_off_on;
//mute_off_on = 0, 不静音; mute_off_on =  1, 静音
extern  uchar mute_buffer;      //静音时, 音量值暂存
```

2. 红外控制

红外控制程序如下。

```
void IR_REM_control(void)
{
  if (IR_key > 0)
  {
```

```
switch ( IR_key )
{
  case  1:    /* 选择通道 1 */
    tda7449Table[2] = 3;
    tda7449_write();
    IR_key = 0;
     display_factor = 3;
     break;
  case  2:    /*选择通道 2 */
     tda7449Table[2] = 2;
     tda7449_write();
     IR_key = 0;
     display_factor = 4;
     break;
  case  9:    /* 音量加 */
     volume_dec();
     IR_key = 0;
     display_factor = 0;
     break;
  case  10:   /* 音量减 */
     volume_inc();
     IR_key = 0;
     display_factor = 0;
     break;
  case  13:   /* 低音减 */
     bass_dec();
     IR_key = 0;
     display_factor = 2;
     break;
  case  14:   /* 低音加 */
     bass_inc();
     IR_key = 0;
     display_factor = 2;
     break;
  case  5:    /* 高音减 */
     treble_dec();
     IR_key = 0;
     display_factor = 1;
     break;
  case  6:    /* 高音加 */
     treble_inc();
     IR_key = 0;
     display_factor = 1;
     break;
  case  17:   /* 右声道音量控制 */
     balance_R();
     IR_key = 0;
```

```
            break;
        case  18:   /* 左声道音量控制 */
            balance_L();
            IR_key = 0;
            break;
        case  20:   /* 立体声 */
            tda7449Table[8] = balan_R_value;
            tda7449Table[9] = balan_L_value;
            tda7449_write();
            IR_key = 0;
            display_factor = 7;
            break;
        case  21:   /* 右声道 */
            tda7449Table[8] = balan_R_value;
            tda7449Table[9] = 120;
            tda7449_write();
            IR_key = 0;
            display_factor = 9;
            break;
        case  22:   /* 左声道 */
            tda7449Table[8] = 120;
            tda7449Table[9] = balan_L_value;
            tda7449_write();
            IR_key = 0;
            display_factor = 8;
            break;
        case  24:   /* 复位 */
            reset();
            IR_key = 0;
            display_factor = 0;
            break;
        case  25:   /* 静音关 */
            tda7449Table[4] = volume_value;
            tda7449_write();
            IR_key = 0;
            display_factor = 5;
            break;
        case  26:   /* 静音开 */
            tda7449Table[4] = 56;
            tda7449_write();
            IR_key = 0;
            display_factor = 6;
            break;
        default:
        break;
    }
  }
}
```

3. 键盘控制

键盘控制程序如下。

```
/* display_factor = 0: 音量，1: 高音，2: 低音，3: ch1，4: ch2;
display_factor = 5: mute off，6: mute on，7:立体声，8: 左声道，9: 右声道 */
//USER 键：PG8(低电平表示按下)
//TAMPEER 键：PC13(低电平表示按下)
//WKUP 键：PA0(注意高电平表示按下)
//摇杆 UP 键：PG15(低电平表示按下)
//摇杆 DOWN 键：PD3(低电平表示按下)
//摇杆 LEFT 键：PG14(低电平表示按下)
//摇杆 RIGHT 键：PG13(低电平表示按下)
//摇杆 OK 键：PG7(低电平表示按下)
void button_control(void)
{
   if (KeyCode > 0)
   {
       switch (KeyCode)
       {
         case  1:    /* 音量加 */
             volume_inc();
             KeyCode = 0;
             display_factor = 0;
             break;
         case  2:    /* 音量减 */
             volume_dec();
             KeyCode = 0;
             display_factor = 0;
             break;
         case  3:    /* 高音加 */
             treble_inc();
             KeyCode = 0;
             display_factor = 1;
             break;
         case  4:    /* 高音减 */
             treble_dec();
             KeyCode = 0;
             display_factor = 1;
             break;
         case  5:    /* 低音加 */
             bass_inc();
             KeyCode = 0;
             display_factor = 2;
             break;
         case  6:    /* 低音减 */
             bass_dec();
             KeyCode = 0;
             display_factor = 2;
             break;
         case  7:    /* 选择通道 1 */
             tda7449Table[2] = 3;
             tda7449_write();
             KeyCode = 0;
             display_factor = 3;
```

```
                break;
            case  8:    /*选择通道 2 */
                tda7449Table[2] = 2;
                tda7449_write();
                KeyCode = 0;
                display_factor = 4;
                break;
            case 9:     //静音
                mute();
                KeyCode = 0;
                break;
            default:
            break;
        }
    eeprom_write();
    led_display();
    }
}
```

4. 音量加控制

音量加控制程序如下。

```
void volume_inc(void)
{
   if((volume_value > 0)&&(volume_value < 57))volume_value--;
   else if(volume_value == 0)volume_value = 0;
   tda7449Table[4] = volume_value;
   tda7449_write();
}
```

5. 音量减控制

音量减控制程序如下。

```
void volume_dec(void)
{
   if(volume_value < 56)volume_value++;
   else if(volume_value > 56)volume_value = 56;
   tda7449Table[4] = volume_value;
   tda7449_write();
}
```

6. 低音加控制

低音加控制程序如下。

```
void bass_inc(void)
{
   if(bass_value < 7)bass_value++;
   else if(bass_value == 7)bass_value = 15;
   else if(bass_value > 8)bass_value--;
   else if(bass_value == 8)bass_value = 8;
```

```
    tda7449Table[6] = bass_value;
    tda7449_write();
}
```

7. 低音减控制

低音减控制程序如下。

```
void bass_dec(void)
{
    if((bass_value > 0)&&(bass_value < 8))bass_value--;
    else if(bass_value == 0)bass_value = 0;
    else if((bass_value > 7)&&(bass_value < 15))bass_value++;
    else if(bass_value == 15)bass_value = 7;
    tda7449Table[6] = bass_value;
    tda7449_write();
}
```

8. 高音加控制

高音加控制程序如下。

```
void treble_inc(void)
{
    if(treble_value < 7)treble_value++;
    else if(treble_value == 7)treble_value = 15;
    else if(treble_value > 8)treble_value--;
    else if(treble_value == 8)treble_value = 8;
    tda7449Table[7] = treble_value;
    tda7449_write();
}
```

9. 高音减控制

高音减控制程序如下。

```
void treble_dec(void)
{
    if((treble_value > 0)&&(treble_value < 8))treble_value--;
    else if((treble_value > 7)&&(treble_value < 15))treble_value++;
    else if(treble_value == 15)treble_value = 7;
    else if(treble_value == 0)treble_value = 0;
    tda7449Table[7] = treble_value;
    tda7449_write();
}
```

10. 平衡加控制

平衡加控制程序如下。

```
balan_R_value = 0,
void balance_R(void)
{
    if(balan_R_flag == 0)
```

```
 {
   if(balan_R_value == 120) {balan_R_value = 120; balan_R_flag = 1;}
   else if(balan_R_value < 79) balan_R_value++;
   else if(balan_R_value == 79) {balan_R_value = 120; balan_R_flag = 1;}
 }
 else
 {
   if(balan_R_value == 120) balan_R_value = 79;
   else if((balan_R_value > 0)&&(balan_L_value < 80)) balan_R_value--;
   else if(balan_R_value == 0){balan_L_value = 0; balan_R_flag = 0;}
 }
tda7449Table[8] = balan_R_value;
tda7449_write();
}
```

11. 平衡减控制

平衡减控制程序如下。

```
void balance_L(void)
{
if(balan_L_flag == 0)
{
   if(balan_L_value == 120) {balan_L_value = 120; balan_L_flag = 1;}
   else if(balan_L_value < 79) balan_L_value++;
   else if(balan_L_value == 79) {balan_L_value = 120; balan_L_flag = 1;}
}
else
{
   if(balan_L_value == 120) balan_L_value = 79;
   else if((balan_L_value > 0)&&(balan_L_value < 80)) balan_L_value--;
   else if(balan_L_value == 0) {balan_L_value = 0; balan_L_flag = 0;}
}
  tda7449Table[9] = balan_L_value;
  tda7449_write();
}
```

12. 复位控制

复位控制程序如下。

```
void reset(void)
{
  display_factor = 0;
  address = 0x88;           //芯片地址(这里是 88H)
  sub_addr = 0x10;          //功能码(10H)
  in_select = 3;            //输入通道选择初始化，in_select = 3,选择 in1
  in_gain = 5;              //输入增益初始化，in_gain = 5,输入增益 10dB
  volume_value = 20;        //音量初始化，volume_value = 20,音量-20dB
  not_use = 0;              //不用
  bass_value = 15;          //低音控制初始化，bass_value = 15，低音 0dB
```

```
    treble_value = 15;          //高音控制初始化，treble_value = 15，低音 0dB
    balan_R_value = 0;          //右声道增益初始化，balan_R_value = 0，0dB
    balan_L_value = 0;          //左声道增益初始化，balan_L_value = 0，0dB
    S_R_L_value = 0;            //0 为立体声，1 为左声道，2 为右声道
    tda7449Table[0] = address;
    tda7449Table[1] = sub_addr;
    tda7449Table[2] = in_select;
    tda7449Table[3] = in_gain    ;
    tda7449Table[4] = volume_value;
    tda7449Table[5] = not_use;
    tda7449Table[6] = bass_value;
    tda7449Table[7] = treble_value;
    tda7449Table[8] = balan_R_value;
    tda7449Table[9] = balan_L_value;
    tda7449_write();
  }
```

13. 静音控制

静音控制程序如下。

```
  /* mute_off_on = 0，不静音；mute_off_on = 1 静音；*/
  void mute(void)
  {
    if(mute_off_on == 0)
    {
        mute_buffer = volume_value;
        volume_value = 56;
        mute_off_on = 1;
        display_factor = 6;
    }
    else
    {
        volume_value = mute_buffer;
        mute_off_on = 0;
        display_factor = 5;
    }
    tda7449Table[4] = volume_value;
    volume_value = mute_buffer;
    tda7449_write();
  }
```

14. 立体声/左声道/右声道切换

立体声/左声道/右声道切换程序如下。

```
  void stereo_R_L(void)
  {
    if(S_R_L_value == 0)S_R_L_value = 1;
    else if(S_R_L_value == 1)S_R_L_value = 2;
    else if(S_R_L_value > 1)S_R_L_value = 0;
    switch (S_R_L_value)
    {
       case 0:
```

```
            balan_R_value1 = balan_R_value;
            balan_L_value1 = balan_L_value;
            break;
        case 1:
            balan_R_value1 = balan_R_value;
            balan_L_value1 = 120;
            break;
        case 2:
            balan_R_value1 = 120;
            balan_L_value1 = balan_L_value;
            break;
    }
    tda7449Table[8] = balan_R_value1;
    tda7449Table[9] = balan_L_value1;
    tda7449_write();
}
```

15. 输入通道 CH1/CH2 切换

输入通道 CH1/CH2 切换程序如下。

```
void ch1_ch2_select(void)
{
  if(in_select == 2)
  {
      in_select = 3;
      display_factor = 3;
  }
  else
  {
      in_select = 2;
      display_factor = 4;
  }
  tda7449Table[2] = in_select;
  tda7449_write();
}
```

16. TDA7449 初始化

TDA7449 初始化程序如下。

```
void Init_TDA7449(void)
{
  address = 0x88;          //芯片地址(这里是 88H)
  sub_addr = 0x10;         //功能码(10H)
  in_select = 3;           //输入通道选择初始化，in_select = 3,选择 in1
  in_gain = 5;             //输入增益初始化，in_gain = 5,输入增益 10dB
  volume_value = 20;       //音量初始化，volume_value = 20,音量-20dB
  not_use = 0;             //不用
  bass_value = 15;         //低音控制初始化，bass_value = 15，低音 0dB
  treble_value = 15;       //高音控制初始化，treble_value = 15，低音 0dB
  balan_R_value = 0;       //右声道增益初始化，balan_R_value = 0，0dB
```

```
    balan_L_value = 0;    //左声道增益初始化，balan_L_value = 0，0dB
    S_R_L_value = 0;      //0 为立体声，1 为左声道，2 为右声道；
    mute_off_on = 0;
    eeprom_read();
    if((in_select < 2)||(in_select > 3)) in_select = 2;
    if(volume_value > 56) volume_value = 20;
    if(bass_value > 15) bass_value = 15;
    if(treble_value > 15) treble_value = 15;
    if(mute_off_on > 0) mute_off_on = 0;
    tda7449Table[0] = address;
    tda7449Table[1] = sub_addr;
    tda7449Table[2] = in_select;
    tda7449Table[3] = in_gain    ;
    tda7449Table[4] = volume_value;
    tda7449Table[5] = not_use;
    tda7449Table[6] = bass_value;
    tda7449Table[7] = treble_value;
    tda7449Table[8] = balan_R_value;
    tda7449Table[9] = balan_L_value;
    tda7449_write();
}
```

17. 对 TDA7449 写数据

对 TDA7449 写数据的程序如下。

```
/* 将 tda7449Table[10]中的 10 个数据写入 tda7449*/
void tda7449_write(void)
{
    uchar j;
    Start();
    for (j = 0; j < 11; j++)
    {
        write_byte(tda7449Table[j]);
        respons();  //应答
    }
    Stop();
}
```

3.5.3 按键扫描程序

1. 按键扫描主程序

按键扫描主程序如下。

```
#include "KeyScan.h"
#include "adc.h"
uchar code tab[]={0xc0,0xf9,0xa4,0xb0,0x99,0x92,0x82,0xf8,0x80,0x90,0xff};
//共阳极 LED 段码 0～9，全灭；
extern uchar KeyCode;
```

```
extern uchar Key_adc_data;
/***********************************************************************
函数名:  KeyScan
描述:按键扫描程序
输入:无
输出: KeyCode
返回: 无
sbit CH1_CH2_KEY = P1^6;
sbit VOL_INC_KEY = P1^5;
sbit VOL_DEC_KEY = P1^4;
sbit SEL_KEY = P1^3;
sbit MUTE_KEY = P1^2;
***********************************************************************/
/*
void KeyScan(void)
{
    InitADC();
    GetADCResult();
    if(Key_adc_data <12)
    {
        delayms(10);
        if(Key_adc_data < 12) KeyCode = 1;                          //音量加
    }
    else if(12 < Key_adc_data && Key_adc_data < 35)
    {
        delayms(10);
        if(12 < Key_adc_data && Key_adc_data < 35) KeyCode = 2; //音量减
    }
    else if(36 < Key_adc_data && Key_adc_data < 65)
    {
        delayms(10);
        if(36 < Key_adc_data && Key_adc_data < 65) KeyCode = 3; //高音加
    }
    else if(66 < Key_adc_data && Key_adc_data < 91)
    {
        delayms(10);
        if(66 < Key_adc_data && Key_adc_data < 91) KeyCode = 4; //高音减
    }
    else if(92 < Key_adc_data && Key_adc_data < 117)
    {
        delayms(10);
        if(92 < Key_adc_data && Key_adc_data < 117) KeyCode = 5; //低音加
    }
    else if(118 < Key_adc_data && Key_adc_data < 143)
    {
        delayms(10);
        if(118 < Key_adc_data && Key_adc_data < 143) KeyCode = 6; //低音减
```

```
    }
    else if(144 < Key_adc_data && Key_adc_data < 164)
    {
        delayms(10);
        if(144 < Key_adc_data && Key_adc_data < 164) KeyCode = 7; //CH1
    }
    else if(165 < Key_adc_data && Key_adc_data < 194)
    {
        delayms(10);
        if(165 < Key_adc_data && Key_adc_data < 194) KeyCode = 8; ///CH2
    }
    else if(195 < Key_adc_data && Key_adc_data < 220)
    {
        delayms(10);
        if(195 < Key_adc_data && Key_adc_data < 220) KeyCode = 9; //静音
    }
    else if(Key_adc_data > 221)
    {
        delayms(10);
        if(Key_adc_data < 221) KeyCode = 0; //没有键按下
    }
}
```

2. ADC 初始化

ADC 初始化程序如下。

```
#include <reg52.h>
#include "intrins.h"
#include "delay.h"
#include "adc.h"
extern uchar Key_adc_data = 0;
/********************************
Initial ADC sfr
****************************************************************
P1M0[7 : 0]    P1M1[7 : 0] I/O 口模式(P1.x 如果作为 A/D 使用，先要将其设置
                           为开漏或高阻输入)
    0              0       准双向口(传统 8051 I/O 口)，灌电流可达 20mA，拉电流为 230μA
    0              1       推挽输出(强上拉输出可达 20mA，要加上拉电阻，尽量少用)
    1              0       仅为输入(高阻)，如果该 I/O 口作为 A/D 使用，可选择此模式
    1              1       开漏(Open Drain)，如果该 I/O 口作为 A/D 使用，可选择此模式
****************************************************************
********************************/
void InitADC()
{
    P1M0 = 0x40;                    //设置所有 P16 高阻
    P1M1 = 0x00;
    ADC_DATA = 0;                   //清除结果
    ADC_CONTR = ADC_POWER | ADC_SPEEDLL;
```

```
        Delay(2);                         //ADC启动并延时
    }
```

3. ADC值获取

ADC值获取程序如下。

```
    /*-----------------------------
    ADC 值获取
    -----------------------------*/
    void GetADCResult()
    {
        ADC_CONTR = ADC_POWER | ADC_SPEEDLL | chs | ADC_START;
         //打开ADC电源，选择最低速，选择P1.6输入，启动ADC转换；ADC_CONTR = 100x
1110
        _nop_();                              //查询前必须等待
        _nop_();
        _nop_();
        _nop_();
        while (!(ADC_CONTR & ADC_FLAG));      //等待完成标志
        //ADC_FLAG = 0001 0000，如果没有转换完毕，ADC_CONTR = 1000 1110，ADC_CONTR
& ADC_FLAG = 0000 0000
        //如果转换完毕，ADC_CONTR = 1001 1110，ADC_CONTR & ADC_FLAG = 0001 0000
        ADC_CONTR &= ~ADC_FLAG;               //关闭 ADC
        //~ADC_FLAG = 1110 1111;ADC_CONTR = 1001 1110 , ADC_CONTR & ~ADC_FLAG
= 1000 1110; 将ADC_CONTR中的ADC_FLAG位置零
        Key_adc_data = ADC_DATA;              //返回 ADC 值
    }
```

4. 软件延迟

软件延迟程序如下。

```
    /*-----------------------------
    软件延迟功能
    -----------------------------*/
    void Delay(WORD n)
    {
        WORD x;
        while (n--)
        {
            x = 5000;
            while (x--);
        }
    }
```

3.5.4 IIC程序

IIC程序如下。

```
    #include<reg51.h>
```

```
#include "iic.h"
#include "REG51.h"
sbit sda = P3^5;
sbit scl = P3^4;
/*************************************************************************
微秒级延时程序，让 IIC 总线有反应时间
*************************************************************************/
void delay2()
{
   unsigned char i;
   i = 3;
   while (--i);
}
/*************************************************************************
开始信号，当 scl 为高电平的时候，sda 出现下降沿
*************************************************************************/
void start()                 //开始信号
{
   sda = 1;
   delay2();
   scl = 1;
   delay2();
   sda = 0;
   delay2();
   scl = 0;
   delay2();
}
/*************************************************************************
停止信号，当 scl 为高电平的时候，sda 出现上升沿
*************************************************************************/
void stop()                 //停止信号
{
   sda = 0;
   delay2();
   scl = 1;
   delay2();
   sda = 1;
   delay2();
}
/*
*************************************************************************
*    函 数 名：Ack
*    功能说明：CPU 产生一个 ACK 信号
*    形    参：无
*    返 回 值：无
*************************************************************************
*/
```

```
void Ack(void)
{
    sda = 0;          /* CPU 驱动 sda = 0 */
    delay2();
    scl = 1;          /* CPU 产生 1 个时钟 */
    delay2();
    scl = 0;
    delay2();
    sda = 1;          /* CPU 释放 SDA 总线 */
}

/*********************************************************************
应答信号，当主机(单片机)发给从机(TDA7449)一个高电平，在 scl 为高电平时，如果 sda
被从机 TDA7449 拉低，那么就是一个应答，说明从机已经完成操作，有空闲了。如果 sda 一
直为高电平，则等待，如果从机没有反应，那么等待一段时间后也退出，并置 scl 为低电平
*********************************************************************/
/*
void respons()          //应答
{
    uchar j,respons_fg;
    sda = 1;
    delay2();
    scl = 1;
    delay2();
    while((sda == 1)&&(j < 200))  j++;
    if (sda == 1)          //CPU 读取 SDA 口现状态
    {
        respons_fg = 1;
    }
    else
    {
        respons_fg = 0;
    }
    Scl = 0;
    delay2();
}
*/

void respons()          //应答
{
    uchar j;
    sda = 1;
    delay2();
    scl = 1;
    delay2();
    while((sda == 1)&&(j<200))  j++;
    scl = 0;
```

```
    delay2();
}

/*************************************************************
初始化总线，让 sda 和 scl 为高电平
*************************************************************/
void init()
{
    sda = 1;
    delay2();
    scl = 1;
    delay2();

}
/*************************************************************
写字节函数，一个字节是 8 位，必须一位一位地传到 SDA 总线上，通过左移一位，将最高位
移到 PSW 寄存器的 CY 位，将 CY 位在 scl 为低电平时送到 SDA 总线中，因为只有 scl 为低
电平时，sda 的值才可以改变
*************************************************************/
void write_byte(uchar date)
{
    uchar i,temp;
    temp=date;
    for(i = 0;i<8;i++)
    {
        temp = temp << 1;
        scl = 0;
        delay2();
        sda = CY;
        delay2();
        scl = 1;
        delay2();
    }
    scl = 0;
    delay2();
    sda = 1;
    delay2();
}
```

项目 3“STC12C5052 控制的数字功放电路的设计与制作”完整代码可以下载本书配套资源包而获得。

项目 4　STM32 控制的数字功放电路的设计与制作

❖ 项目概述

随着生活水平的提高，人们对数字功放产品的智能化需求产生了比较大的变化，随着嵌入式技术的发展，数字功放产品的功能越来越强大，STM32 系列产品是当今智能时代的主流产品，更能满足人们对数字功放产品的需求。本项目采用 STM32F103ZE 单片机搭建了一个通用的开发系统，在该系统上，通过 STM32F103ZE 单片机对 TDA7449 音频处理电路的程序控制，实现对音量、高音、低音、平衡、左右声道增益和静音的控制。经过音量等处理的音频信号被直接送到功放电路中，功放电路与单片机无直接关系，单片机可以搭配各种功放电路。本项目以 STM32F103ZE+TDA7449 控制电路搭配 TDA8922CTH 与 TDA2040 数字功放电路为例进行讲述。

STM32 控制的音频处理电路的主要功能如下：

① 双声道立体声；
② 触摸屏、按键和红外遥控控制音量加和音量减；
③ 触摸屏、按键和红外遥控控制高音加和高音减；
④ 触摸屏、按键和红外遥控控制低音加和低音减；
⑤ 触摸屏、按键和红外遥控控制左声道增益加和左声道增益减；
⑥ 触摸屏、按键和红外遥控控制右声道增益加和右声道增益减；
⑦ 触摸屏、按键和红外遥控控制静音开关；
⑧ 左右声道波形显示；
⑨ 复位。

4.1　STM32F103ZE 控制与显示电路

本节采用以 STM32F103ZE 为芯片的 STM32-144C-13Z/UET 核心板实现 STM32F103ZE 控制与显示电路。

4.1.1　STM32-144C-13Z/UET 核心板

STM32-144C-13Z/UET 核心板参考电路原理图如图 4-1-1 所示。

STM32-144C-13Z/UET 核心板实物正面图如图 4-1-2 所示，STM32-144C-13Z/UET 核心板实物反面图如图 4-1-3 所示。

STM32-144C-13Z/UET 核心板的 PCB 图如图 4-1-4 所示，STM32-144C-13Z/UET 核心板的 PCB 装配图如图 4-1-5 所示。

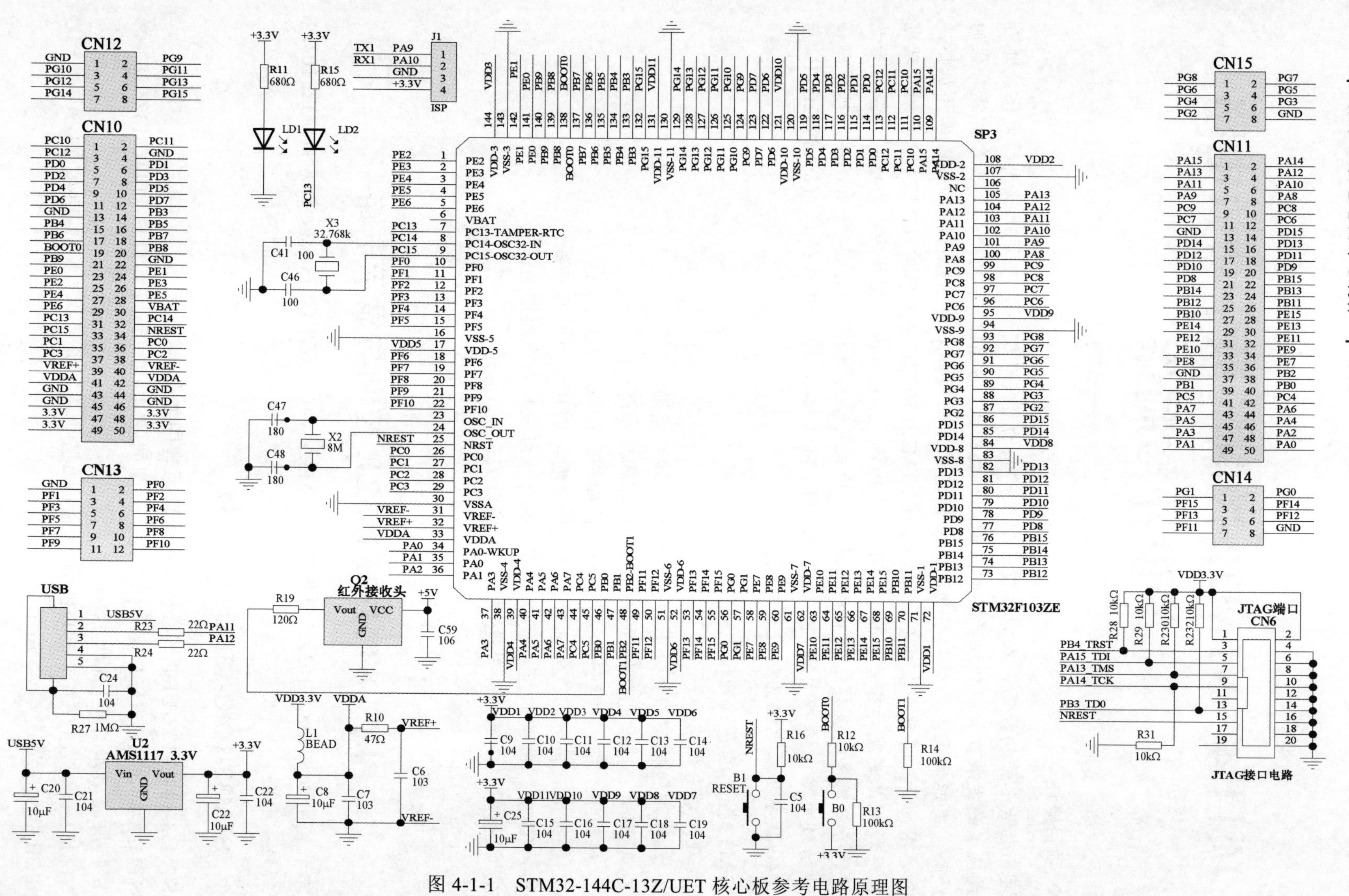

图 4-1-1 STM32-144C-13Z/UET 核心板参考电路原理图

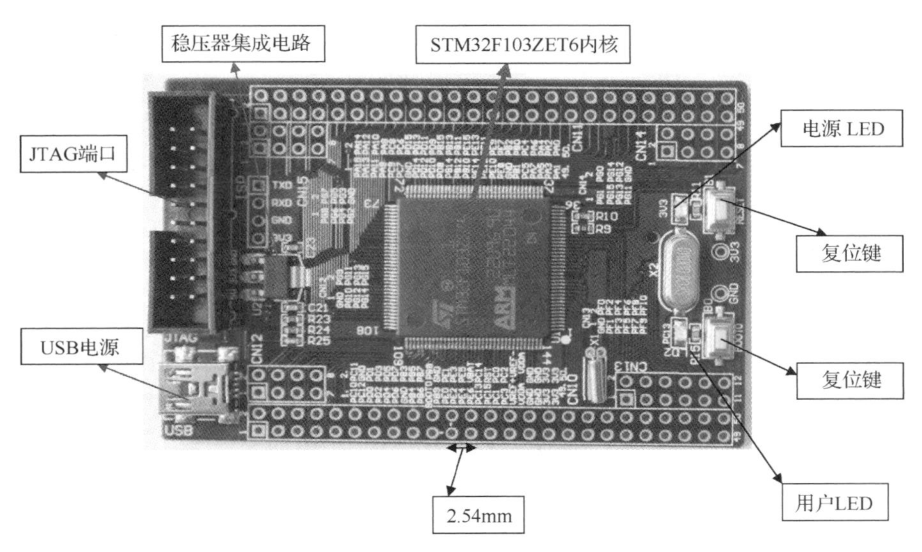

图 4-1-2　STM32-144C-13Z/UET 核心板实物正面图

图 4-1-3　STM32-144C-13Z/UET 核心板实物反面图

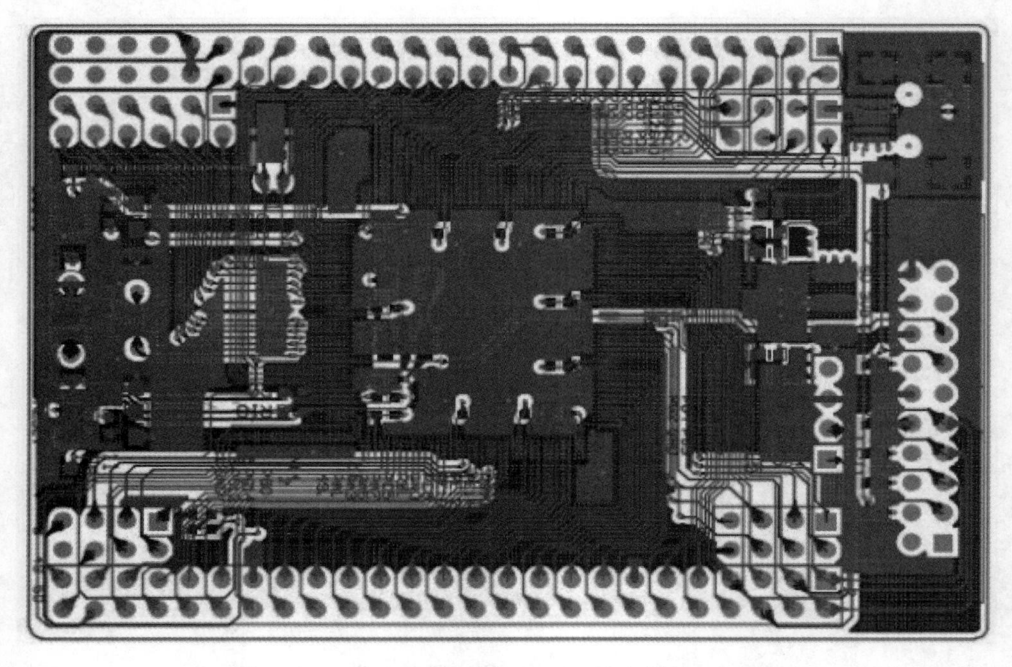

图 4-1-4　STM32-144C-13Z/UET 核心板的 PCB 图

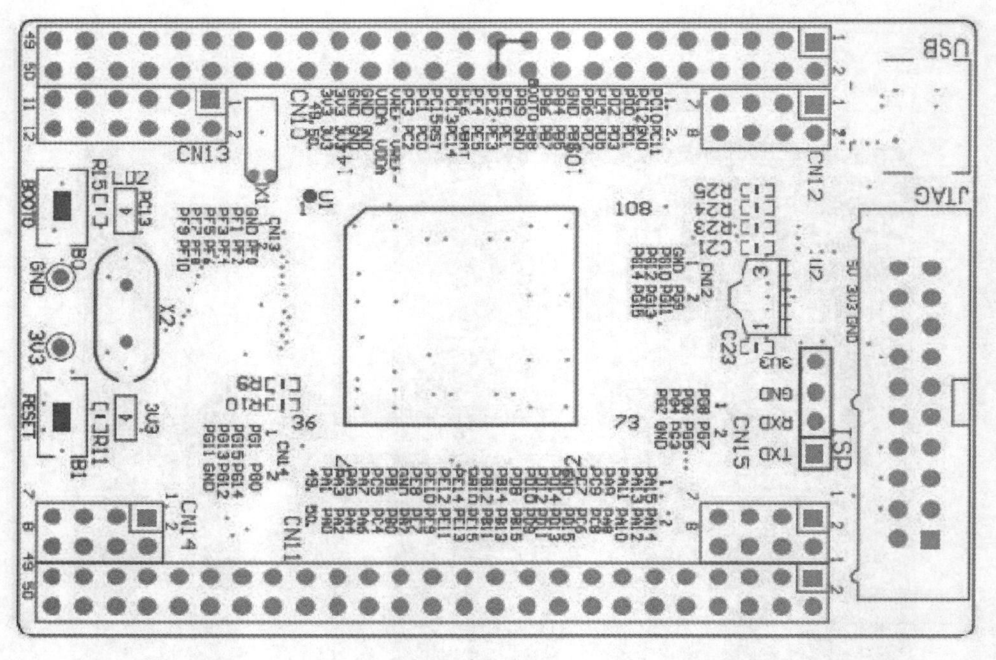

图 4-1-5　STM32-144C-13Z/UET 核心板的 PCB 装配图

4.1.2　STM32-144C-13Z/UET 核心板的控制与显示电路

STM32-144C-13Z/UET 核心板的控制与显示电路如图 4-1-6 所示。

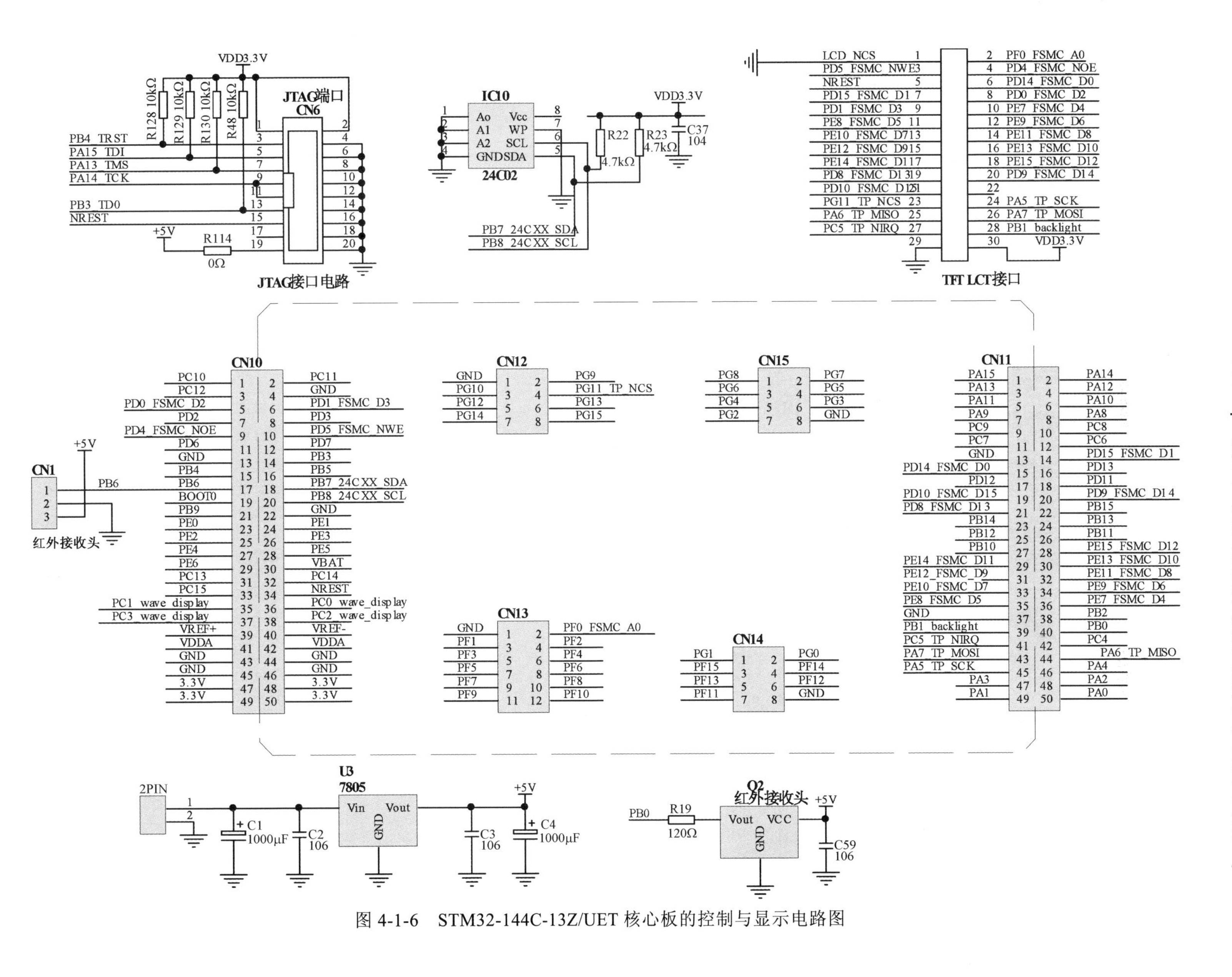

图 4-1-6 STM32-144C-13Z/UET 核心板的控制与显示电路图

STM32-144C-13Z/UET 核心板的控制与显示电路 PCB 图如图 4-1-7 所示，STM32-144C-13Z/UET 核心板的控制与显示电路 PCB 装配图如图 4-1-8 所示。

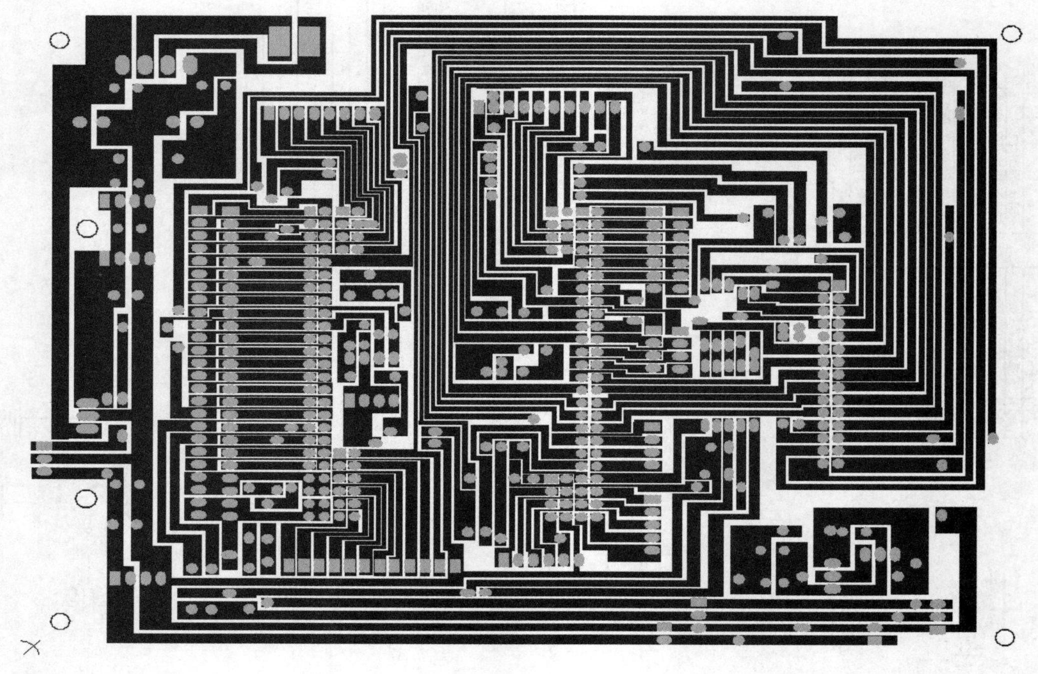

图 4-1-7　STM32-144C-13Z/UET 核心板的控制与显示电路 PCB 图

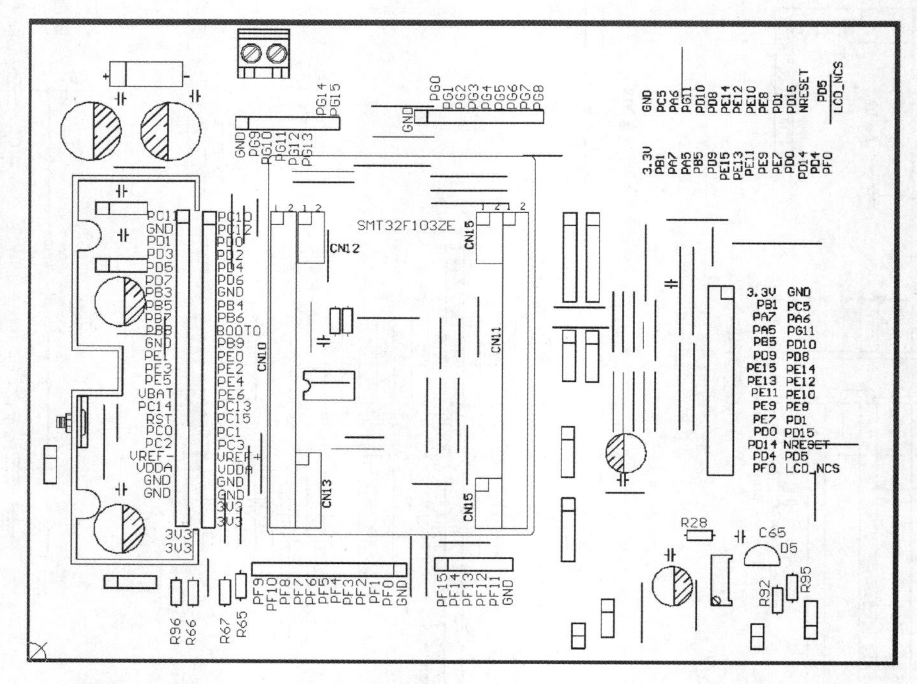

图 4-1-8　STM32-144C-13Z/UET 核心板的控制与显示电路 PCB 装配图

STM32-144C-13Z/UET 核心板的控制与显示电路 PCB 样板如图 4-1-9 所示。

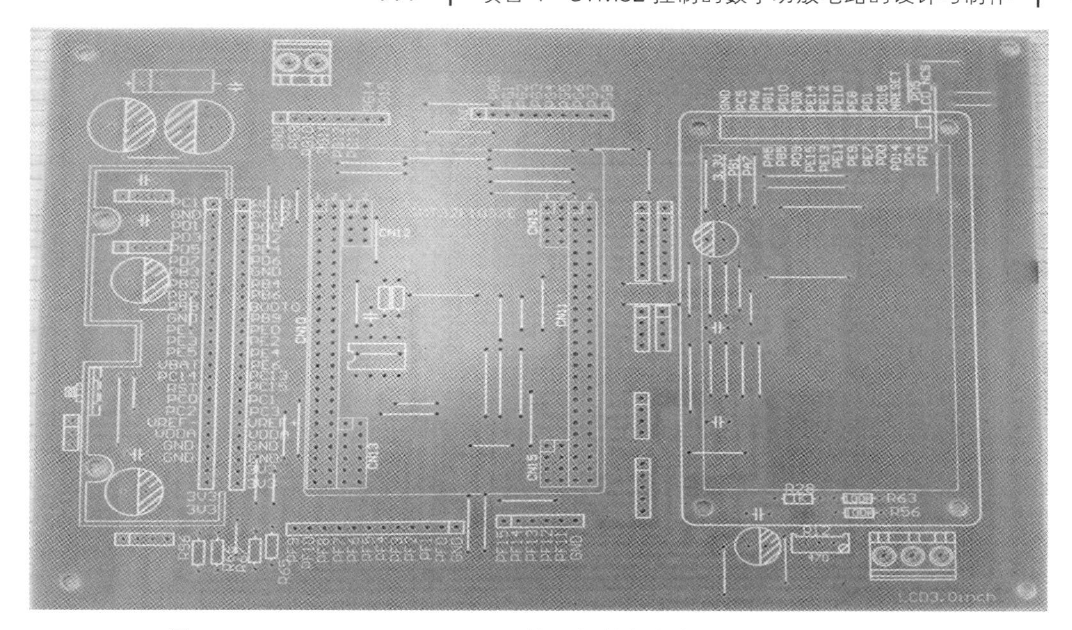

图 4-1-9 STM32-144C-13Z/UET 核心板的控制与显示电路 PCB 样板

STM32-144C-13Z/UET 核心板的控制与显示电路最小系统实物图如图 4-1-10 所示。

图 4-1-10 STM32-144C-13Z/UET 核心板的控制与显示电路最小系统实物图

4.1.3 键盘电路

键盘电路如图 4-1-11 所示。

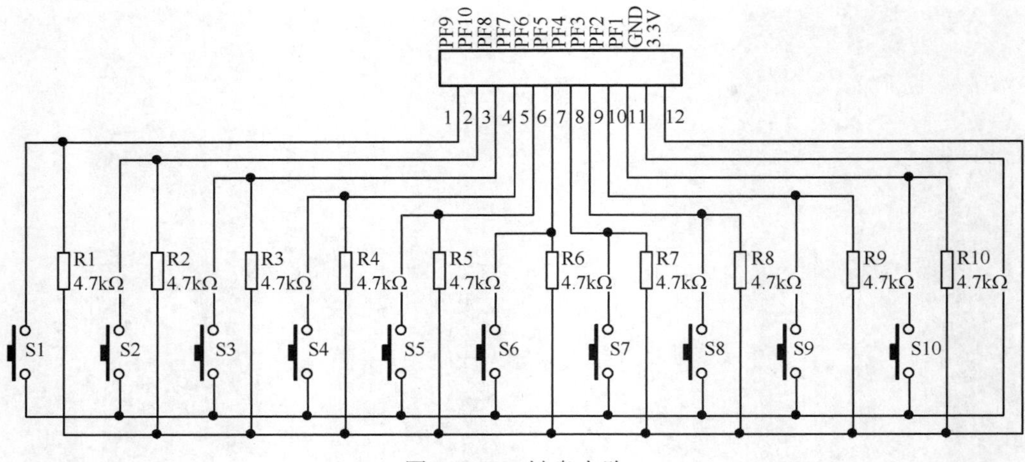

图 4-1-11　键盘电路

键盘电路 PCB 图如图 4-1-12 所示。

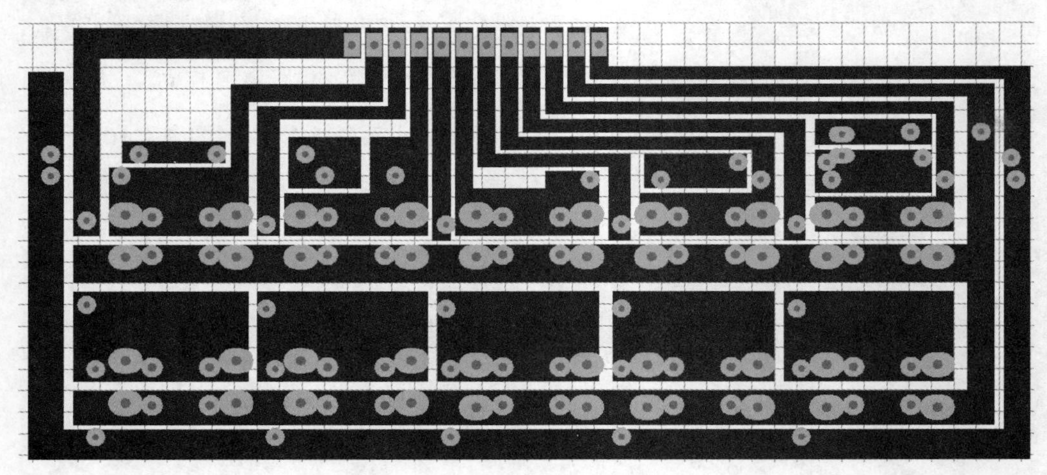

图 4-1-12　键盘电路 PCB 图

键盘电路实物图如图 4-1-13 所示。

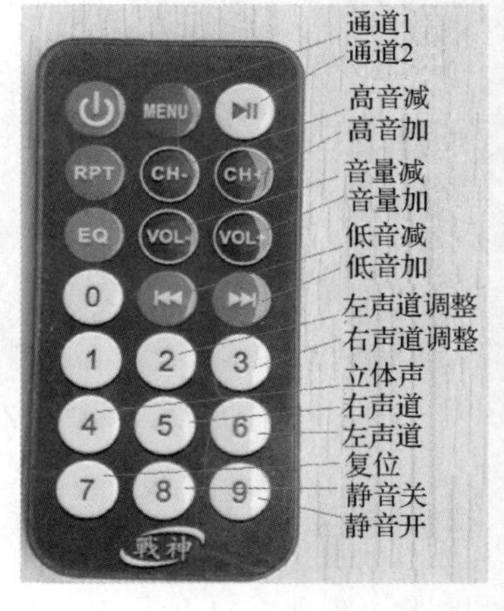

图 4-1-13　键盘电路实物图

4.2 STM32F103ZE+TDA7449+TDA2040 智能数字功放电路

4.2.1 TDA7449+TDA2040 数字功放电路

在本书的项目 3 中已经介绍了该部分的参考电路和实物图，这里不重复叙述。

4.2.2 STM32F103ZE+TDA7449+TDA2040 数字功放电路

将采用 STM32-144C-13Z/UET 核心板的控制与显示电路和采用 TDA7449+TDA2040 的功放电路进行相应的连接，就可以实现 STM32F103ZE+TDA7449+TDA2040 数字功放电路（以下简称 STM32 控制的数字功放电路），电路实物图如图 4-2-1 所示。

图 4-2-1 STM32 控制的数字功放电路实物图

4.3 STM32 控制的数字功放电路主程序流程图

STM32 控制的数字功放电路主程序流程图如图 4-3-1 所示，STM32 控制的数字功放电路功能控制程序流程图如图 4-3-2 所示。

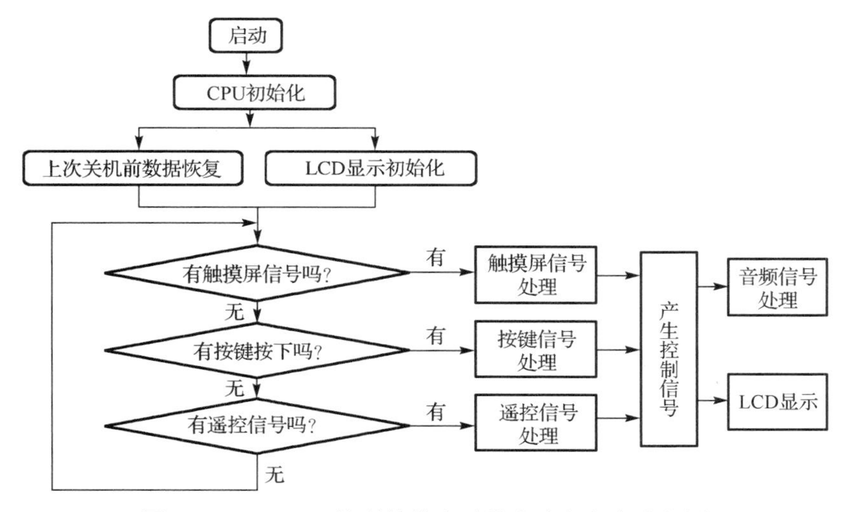

图 4-3-1 STM32 控制的数字功放电路主程序流程图

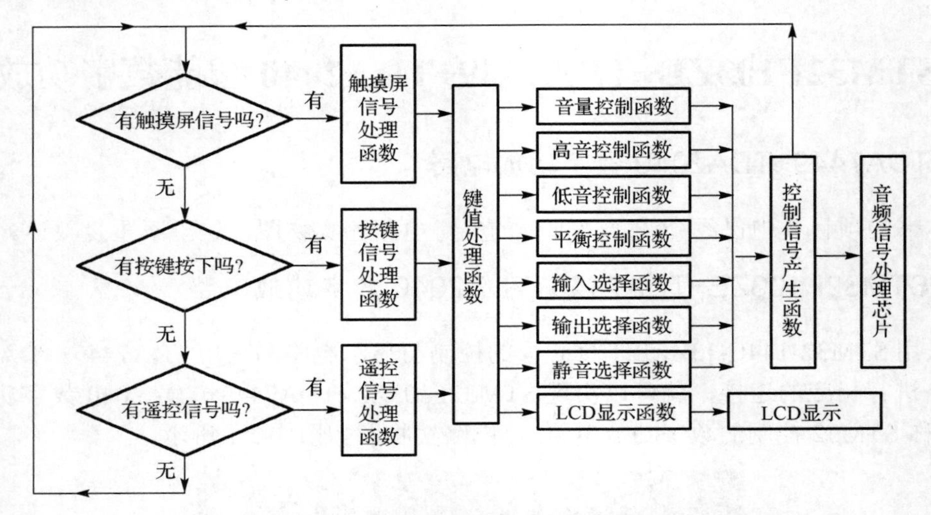

图 4-3-2　STM32 控制的数字功放电路功能控制程序流程图

4.4　STM32 控制的数字功放电路参考程序

4.4.1　主程序

主程序如下。

```
/*
*********************************************************************
*
*    模块名称 : 主程序模块。
*    文件名称 : main.c
*    版    本 : V2.0
*    说    明 : 触摸屏例程，支持 3.0、4.3 和 7.0 寸屏。
*              其中 3.0 寸屏的芯片是 TSC2046;
*              4.3 和 7.0 寸屏的驱动是 RA8875。
*
*********************************************************************
*/
#include "stm32f10x.h"      /* 如果要用 ST 的固件库，必须包含这个文件 */
#include <stdio.h>          /*因为用到了 printf 函数，所以必须包含这个文件 */
#include <string.h>         /*因为用到了 strcpy 函数，所以必须包含这个文件 */
#include "bsp_button.h"     /* 按键驱动模块 */
#include "bsp_timer.h"      /* systick 定时器模块 */
#include "bsp_tft_lcd.h"    /* TFT 液晶显示器驱动模块 */
#include "bsp_touch.h"      /* 触摸屏驱动模块 */
#include "IR_REM_DECOD.h"   /* 触摸屏驱动模块 */
#include "audio_ctl.h"
#include "Waveform_display.h"
```

```
extern uint8_t IR_key;
extern uint16_t campare_address;
extern uint8_t IR_key_invert;
extern uint8_t ucTouch;     /* 触摸事件 */
extern uint8_t fRefresh;    /* 刷屏请求标志，1 表示需要刷新 */
extern FONT_T tFont;        /* 定义一个字体结构体变量，用于设置字体参数 */
extern uint16_t usAdcX = 0, usAdcY = 0;
extern int16_t tpX = 0, tpY = 0;
extern uint16_t ucStatus = 0;

/* 仅允许本文件内调用的函数声明 */
static void InitBoard(void);

/*
**********************************************************************
*    函 数 名: main
*    功能说明: C 程序入口
*    形    参: 无
*    返 回 值: 错误代码(无须处理)
**********************************************************************
*/
int main(void)
{
    char buf[32];                    /* 字符显示缓冲区 */
    uint8_t KeyCode;
    uint8_t fRefresh = 1;          /* LCD 刷新标志 */

    InitBoard();           /* 为了使 main 函数看起来更简洁些，我们将硬件初始化的代
                              码封装到这个函数中 */

    LCD_InitHard();        /* 初始化显示器硬件(配置 GPIO 和 FSMC,给 LCD 发送初始化
                              指令) */
    LCD_SetBackLight(BRIGHT_DEFAULT);  /* 设置背光亮度 */
    TOUCH_InitHard();
    InitDsoParam();                    /* 初始化设备参数 */
    InitDSO();                         /* 配置设备用到的外设: ADC,TIM,DMA 等 */
    LCD_ClrScr(CL_BLUE);               /* 清屏，背景为蓝色 */
    bsp_StartTimer(1, 150);            /* 启动定时器 1,每 100ms 刷新 1 次 */
    Window_initialization();           /*操作窗口设置及初始化*/
    while (1)
    {
        CPU_IDLE();
        para_display();
        if (fRefresh)
        {
            fRefresh = 0;
            if (g_DSO.HoldEn == 1)DispDSO();
```

```
        }
        if (bsp_CheckTimer(1))
        {
            bsp_StartTimer(1, 150);       //启动定时器 1，每 100ms 刷新 1 次
            //运行状态：每 100ms 刷新 1 次波形
            if (g_DSO.HoldEn == 0)
            {
                StopADC();                 //暂停采样
                DispDSO();
                StartADC();                //开始采样
            }
        }

        /* 读取红外遥控信息，大于 0 表示有键按下 */
        IR_REM_control();
        /* 读取按键信息，大于 0 表示有键按下 */
        button_control();
        /* 读取触摸屏信息 */
        touch_control();
    }
}

/*
*********************************************************************
*    函 数 名: InitBoard
*    功能说明: 初始化硬件设备
*    形    参: 无
*    返 回 值: 无
*********************************************************************
*/
static void InitBoard(void)
{
    /* 配置按键 GPIO，必须在 bsp_InitTimer 之前调用 */
    bsp_InitButton();
    /* 初始化 systick 定时器，并启动定时中断 */
    bsp_InitTimer();
    /* 初始化定时器 4，并启动红外遥控解码中断 */
    InitializeIR_REM_DECOD();
}
```

4.4.2 音频处理控制程序

音频处理控制程序如下。

```
/*
*********************************************************************
*
*    模块名称 : 音频处理控制模块。
```

```
*    文件名称 : audio_ctl.c
*    版    本 :
*    说    明 : 音频处理控制主程序。
*    修改记录 :
*        版本号    日期        作者    说明
*
*******************************************************************
*/
#include "stm32f10x.h"      /* 如果要用ST的固件库，必须包含这个文件 */
#include <stdio.h>          /* 因为用到了printf函数，所以必须包含这个文件 */
#include <string.h>         /* 因为用到了strcpy函数，所以必须包含这个文件 */
#include "STM32F10xxGPIO_BitBand.h"
#include "STM32_TIMER_BB_MACROS.h"
#include "stm32f10x_gpio.h"
#include "GPIO_macros.h"
#include "STM32_MACROS.h"
#include "bsp_tft_lcd.h"    /* TFT液晶显示器驱动模块 */
#include "bsp_touch.h"      /* 触摸屏驱动模块 */
#include "audio_ctl.h"
#include "Waveform_display.h"
#include "stm32f10x_adc.h"
#include "stm32f10x_dma.h"
#include "stm32f10x_rcc.h"
#include "bsp_button.h"
#include "bsp_timer.h"
#include "i2c_gpio.h"
#include "24xx02.h"

uint8_t ucTouch;        /* 触摸事件 */
uint8_t fRefresh;           /* 刷屏请求标志，1表示需要刷新 */

extern uint8_t ucKeyCode;  /* 按键代码 */
extern uint16_t usAdcX, usAdcY;
extern int16_t tpX, tpY;

FONT_T tFont;                     /*定义一个字体结构体变量,用于设置字体参数 */
extern DSO_T g_DSO;               /* 全局变量，是一个结构体 */
uint8_t tda7449Table[10];
int8_t balan_R_value1 = 0;
int8_t balan_L_value1 = 0;
int8_t address = 0x88;            //芯片地址(这里是88H)
int8_t sub_addr = 0x10;           //功能码(10H)
int8_t in_select = 3;             //输入通道选择初始化,in_select=3,选择 in1
int8_t in_gain = 10;              //输入增益初始化, in_gain=10,输入增益 20dB
int8_t volume_value = 25;         //音量初始化, volume_value = 25,音量-25dB
int8_t not_use  = 0;              //不用
int8_t bass_value = 15;           //低音控制初始化, bass_value = 15, 低音 0dB
```

```
int8_t treble_value = 15;      //高音控制初始化，treble_value = 15，低音 0dB
int8_t balan_R_value = 0;      //右声道增益初始化，balan_R_value = 0，0dB
int8_t balan_L_value = 0;      //左声道增益初始化，balan_L_value = 0，0dB
int8_t S_R_L_value = 0;        //0 为立体声，1 为左声道，2 为右声道
int8_t balan_R_flag = 0;
//balan_R_flag = 0，递减；balan_R_flag = 1，递增
int8_t balan_L_flag = 0;
//balan_L_flag = 0，递减；balan_L_flag = 1，递增
int8_t mute_off_on = 0;
//mute_off_on = 0，不静音；mute_off_on = 1，静音
int8_t mute_buffer = 0;        //静音时，音量值暂存
int8_t KeyCode;
extern uint8_t IR_key;
extern uint16_t campare_address;
extern uint8_t IR_key_invert;

//*********************************************************************
//操作窗口设置及初始化
//*********************************************************************
void Window_initialization(void)
{
    /* 设置字体参数 */
    {
      tFont.usFontCode = FC_ST_16;      /* 字体代码 16 点阵 */
      tFont.usTextColor = CL_WHITE;     /* 字体颜色 */
      tFont.usBackColor = CL_BLUE;      /* 文字背景颜色 */
      tFont.usSpace = 2;                /* 文字间距，单位 = 像素 */
    }
    LCD_DrawRect(3, 3, 110, 194, CL_WHITE);
    LCD_DrawRect(203, 3, 110, 194, CL_WHITE);

    LCD_DrawRect(5, 140, 45, 60, CL_GREEN);
    LCD_DrawRect(7, 143, 41, 61, CL_GREEN);
    LCD_DispStr(10, 153, "音量加", &tFont);

    LCD_DrawRect(5, 190, 45, 60, CL_GREEN);
    LCD_DrawRect(7, 193, 41, 61, CL_GREEN);
    LCD_DispStr(10, 203, "音量减", &tFont);

    LCD_DrawRect(70, 140, 45, 60, CL_GREEN);
    LCD_DrawRect(72, 143, 41, 61, CL_GREEN);
    LCD_DispStr(75, 153, "低音加", &tFont);

    LCD_DrawRect(70, 190, 45, 60, CL_GREEN);
    LCD_DrawRect(72, 193, 41, 61, CL_GREEN);
    LCD_DispStr(75, 203, "低音减", &tFont);
```

```
LCD_DrawRect(135, 140, 45, 60, CL_GREEN);
LCD_DrawRect(137, 143, 41, 61, CL_GREEN);
LCD_DispStr(140, 153, "高音加", &tFont);

LCD_DrawRect(135, 190, 45, 60, CL_GREEN);
LCD_DrawRect(137, 193, 41, 61, CL_GREEN);
LCD_DispStr(140, 203, "高音减", &tFont);

LCD_DrawRect(200, 140, 45, 60, CL_GREEN);
LCD_DrawRect(202, 143, 41, 61, CL_GREEN);
LCD_DispStr(205, 144, "左声道", &tFont);
LCD_DispStr(215, 165, "调节", &tFont);

LCD_DrawRect(200, 190, 45, 60, CL_GREEN);
LCD_DrawRect(202, 193, 41, 61, CL_GREEN);
LCD_DispStr(205, 194, "右声道", &tFont);
LCD_DispStr(215, 215, "调节", &tFont);

LCD_DrawRect(265, 140, 45, 60, CL_GREEN);
LCD_DrawRect(267, 143, 41, 61, CL_GREEN);
LCD_DispStr(280, 153, "复位", &tFont);

LCD_DrawRect(265, 190, 45, 60, CL_GREEN);
LCD_DrawRect(267, 193, 41, 61, CL_GREEN);
LCD_DispStr(280, 203, "静音", &tFont);

LCD_DrawRect(330, 140, 45, 60, CL_GREEN);
LCD_DrawRect(332, 143, 41, 61, CL_GREEN);
LCD_DispStr(337, 153, "S/L/R", &tFont);

LCD_DrawRect(330, 190, 45, 60, CL_GREEN);
LCD_DrawRect(332, 193, 41, 61, CL_GREEN);
LCD_DispStr(345, 198, "CH1/", &tFont);
LCD_DispStr(352, 216, "CH2", &tFont);

fRefresh = 1;

eeprom_read();
address = tda7449Table[0];
sub_addr = tda7449Table[1];
in_select = tda7449Table[2];
in_gain = tda7449Table[3];
volume_value = tda7449Table[4];
not_use = tda7449Table[5];
bass_value = tda7449Table[6];
treble_value = tda7449Table[7];
balan_R_value = tda7449Table[8];
```

```
        balan_L_value = tda7449Table[9];
        balan_R_value1 = tda7449Table[8];
        balan_L_value1 = tda7449Table[9];
        tda7449_write();

    }
    //************************************************************************
    //红外控制
    //************************************************************************
    void IR_REM_control(void)
    {
       if (IR_key_invert > 0)
       {
          switch (IR_key_invert)
          {
            case  1:          /* 选择通道 1 */
                tda7449Table[2] = 3;
                eeprom_write();
                tda7449_write();
                IR_key_invert = 0;
                break;
            case  2:          /* 选择通道 2 */
                tda7449Table[2] = 2;
                eeprom_write();
                tda7449_write();
                IR_key_invert = 0;
                break;
            case  9:          /* 音量加 */
                volume_dec();
                IR_key_invert = 0;
                break;
            case  10:         /* 音量减 */
                volume_inc();
                IR_key_invert = 0;
                break;
            case  13:         /* 低音减 */
                bass_dec();
                IR_key_invert = 0;
                break;
            case  14:         /* 低音加 */
                bass_inc();
                IR_key_invert = 0;
                break;
            case  5:          /* 高音减 */
                treble_dec();
                IR_key_invert = 0;
                break;
```

```
case  6:          /* 高音加 */
    treble_inc();
    IR_key_invert = 0;
    break;
case  17:         /* 右声道音量控制 */
     balance_R();
    IR_key_invert = 0;
    break;
case  18:         /* 左声道音量控制 */
     balance_L();
    IR_key_invert = 0;
    break;
case  20:         /* 立体声 */
    tda7449Table[8] = balan_R_value;
    tda7449Table[9] = balan_L_value;
    eeprom_write();
    tda7449_write();
    IR_key_invert = 0;
    break;
case  21:         /* 右声道 */
    tda7449Table[8] = balan_R_value;
    tda7449Table[9] = 120;
    eeprom_write();
    tda7449_write();
    IR_key_invert = 0;
    break;
case  22:         /* 左声道 */
    tda7449Table[8] = 120;
    tda7449Table[9] = balan_L_value;
    eeprom_write();
    tda7449_write();
    IR_key_invert = 0;
    break;
case  24:         /* 复位 */
    rest();
    IR_key_invert = 0;
    break;
case  25:         /* 静音关 */
    tda7449Table[4] = volume_value;
    eeprom_write();
    tda7449_write();
    IR_key_invert = 0;
    break;
case  26:         /* 静音开 */
    tda7449Table[4] = 56;
    eeprom_write();
    tda7449_write();
```

```
            IR_key_invert = 0;
            break;
        default:
        break;
      }
    }
  }
//*********************************************************************
//键盘控制
//USER 键:PG8(低电平表示按下)
//TAMPEER 键:PC13(低电平表示按下)
//WKUP 键:PA0(注意：高电平表示按下)
//摇杆 UP 键:PG15(低电平表示按下)
//摇杆 DOWN 键:PD3(低电平表示按下)
//摇杆 LEFT 键:PG14(低电平表示按下)
//摇杆 RIGHT 键:PG13(低电平表示按下)
//摇杆 OK 键:PG7(低电平表示按下)

//*********************************************************************
void button_control(void)
{
   KeyCode = bsp_GetKey();
   if (KeyCode > 0)
   {
      switch (KeyCode)
      {
        case  KEY_DOWN_TAMPER:      /* TAMPER 键, PF10,音量加 */
           volume_inc();
           fRefresh = 1;            /* 请求刷新 LCD */
           break;

        case  KEY_DOWN_WAKEUP:      /* WAKEUP 键, PF9,音量减 */
           volume_dec();
           fRefresh = 1;            /* 请求刷新 LCD */
           break;

        case  KEY_DOWN_USER:        /* USER 键, PF7, 低音加 */
           bass_inc();
           fRefresh = 1;            /* 请求刷新 LCD */
           break;

        case KEY_DOWN_JOY_LEFT:     /* LEFT 键, PF8, 低音减 */
           bass_dec();
           fRefresh = 1;            /* 请求刷新 LCD */
           break;

        case KEY_DOWN_JOY_RIGHT:    /* RIGHT 键 ,PF5, 高音加 */
```

```
            treble_inc();
            fRefresh = 1;           /* 请求刷新 LCD */
            break;

        case  KEY_DOWN_JOY_OK:      /* OK 键，PF6，高音减 */
            treble_dec();
            fRefresh = 1;           /* 请求刷新 LCD */
            break;

        case KEY_DOWN_JOY_UP:       /* UP 键，PF4，CH1/CH2 选择 */
            ch1_ch2_select();
            fRefresh = 1;           /* 请求刷新 LCD */
            break;

        case KEY_DOWN_JOY_DOWN:     /* DOWN 键，PF2，复位  */
            rest();
            fRefresh = 1;           /* 请求刷新 LCD */
            break;

        case KEY_DOWN_Mute:         /* MUTE 键，PF1，静音  */
            mute();
            fRefresh = 1;           /* 请求刷新 LCD */
            break;

        case KEY_DOWN_S_R_L:        /* S_R_L 键，PF3 */
            stereo_R_L();
            fRefresh = 1;           /* 请求刷新 LCD */
            break;

         default:
         break;
      }
   }
}
//*******************************************************************
//触摸屏控制
//*******************************************************************
void touch_control(void)
{
    usAdcX = TOUCH_ReadAdcX();
    usAdcY = TOUCH_ReadAdcY();
    /* 读取并显示当前触摸坐标 */
    tpX = TOUCH_GetX();
    tpY = TOUCH_GetY();
    ucTouch = TOUCH_GetKey(&tpX, &tpY);     /* 读取触摸事件 */
    if (ucTouch != TOUCH_NONE)
    {
```

```
        switch (ucTouch)
        {
            case TOUCH_DOWN:                        /* 触笔按下事件 */
            case TOUCH_MOVE:                        /* 触笔移动事件 */
            /* 实时刷新触摸 ADC 采样值和转换后的坐标 */
              {
                /* 读取并显示当前 X 轴和 Y 轴的 ADC 采样值 */
                usAdcX = TOUCH_ReadAdcX();
                usAdcY = TOUCH_ReadAdcY();

                /* 读取并显示当前触摸坐标 */
                tpX = usAdcX - 350;
                tpY = usAdcY - 453;

                tpX = (float)usAdcX/9.275;
                tpY = (float)usAdcY/14.583;
                tpX = tpX - 15;
                tpY = tpY - 20;
                if(usAdcX == 0)tpX = 0;
                if(usAdcY == 0)tpY = 0;
//*******************************************************************
//测量
                if ((tpX > 210) && (tpX < 400) && (tpY > 0) && (tpY < 100))
                {
                    if (g_DSO.HoldEn == 0)
                    {
                        g_DSO.HoldEn = 1; /* 保存暂停时的时基，为了水平扩展用 */
                        g_DSO.TimeBaseIdHold = g_DSO.TimeBaseId;
                    }
                    else
                    {
                        g_DSO.HoldEn = 0;
                        tFont.usTextColor = CL_BLUE;       /* 字体颜色 */
                        tFont.usTextColor = CL_WHITE;      /* 字体颜色 */
                    }
                    fRefresh = 1;                          /* 请求刷新 LCD */
                    bsp_DelayMS(200);
                    fRefresh = 1;                          /* 请求刷新 LCD */
                  }
//*******************************************************************
//音量加
                else if ((tpX > 5) && (tpX < 65) && (tpY > 140) && (tpY < 185))
                {
                    LCD_DrawRect(5, 140, 45, 60, CL_WHITE);
                    LCD_DrawRect(7, 143, 41, 61, CL_WHITE);
                    volume_inc();
                    bsp_DelayMS(300);
```

```
                LCD_DrawRect(5, 140, 45, 60, CL_GREEN);
                LCD_DrawRect(7, 143, 41, 61, CL_GREEN);
            }
//*****************************************************************
//音量减
            else if ((tpX > 5) && (tpX < 65) && (tpY > 190) && (tpY < 240))
            {
                LCD_DrawRect(5, 190, 45, 60, CL_WHITE);
                LCD_DrawRect(7, 193, 41, 61, CL_WHITE);
                volume_dec();
                bsp_DelayMS(300);
                LCD_DrawRect(5, 190, 45, 60, CL_GREEN);
                LCD_DrawRect(7, 193, 41, 61, CL_GREEN);
            }
//*****************************************************************
//低音加
            else if ((tpX > 70) && (tpX < 130) && (tpY > 140) && (tpY < 185))
            {
                 LCD_DrawRect(70, 140, 45, 60, CL_WHITE);
                 LCD_DrawRect(72, 143, 41, 61, CL_WHITE);
                 bass_inc();
                 bsp_DelayMS(300);
                 LCD_DrawRect(70, 140, 45, 60, CL_GREEN);
                 LCD_DrawRect(72, 143, 41, 61, CL_GREEN);
            }
//*****************************************************************
//低音减
            else if ((tpX > 70) && (tpX < 130) && (tpY > 190) && (tpY < 240))
            {
                 LCD_DrawRect(70, 190, 45, 60, CL_WHITE);
                 LCD_DrawRect(72, 193, 41, 61, CL_WHITE);
                 bass_dec();
                 bsp_DelayMS(300);
                 LCD_DrawRect(70, 190, 45, 60, CL_GREEN);
                 LCD_DrawRect(72, 193, 41, 61, CL_GREEN);
            }
//*****************************************************************
//高音加
            else if ((tpX > 135) && (tpX < 195) && (tpY > 140) && (tpY < 185))
            {
                 LCD_DrawRect(135, 140, 45, 60, CL_WHITE);
                 LCD_DrawRect(137, 143, 41, 61, CL_WHITE);
                 treble_inc();
                 bsp_DelayMS(300);
                 LCD_DrawRect(135, 140, 45, 60, CL_GREEN);
                 LCD_DrawRect(137, 143, 41, 61, CL_GREEN);
            }
```

```
//*********************************************************************
//高音减
                else if ((tpX > 135) && (tpX < 195) && (tpY > 190) && (tpY < 240))
                {
                    LCD_DrawRect(135, 190, 45, 60, CL_WHITE);
                    LCD_DrawRect(137, 193, 41, 61, CL_WHITE);
                    treble_dec();
                    bsp_DelayMS(300);
                    LCD_DrawRect(135, 190, 45, 60, CL_GREEN);
                    LCD_DrawRect(137, 193, 41, 61, CL_GREEN);
                }
//*********************************************************************
//右声道调节
                else if ((tpX > 200) && (tpX < 260) && (tpY > 140) && (tpY < 185))
                {
                    LCD_DrawRect(200, 140, 45, 60, CL_WHITE);
                    LCD_DrawRect(202, 143, 41, 61, CL_WHITE);
                    balance_R();
                    bsp_DelayMS(200);
                    LCD_DrawRect(200, 140, 45, 60, CL_GREEN);
                    LCD_DrawRect(202, 143, 41, 61, CL_GREEN);
                }
//*********************************************************************
//左声道调节
                else if ((tpX > 200) && (tpX < 260) && (tpY > 190) && (tpY < 240))
                {
                    LCD_DrawRect(200, 190, 45, 60, CL_WHITE);
                    LCD_DrawRect(202, 193, 41, 61, CL_WHITE);
                    balance_L();
                    bsp_DelayMS(200);
                    LCD_DrawRect(200, 190, 45, 60, CL_GREEN);
                    LCD_DrawRect(202, 193, 41, 61, CL_GREEN);
                }
//*********************************************************************
//复位
                else if ((tpX > 265) && (tpX < 325) && (tpY > 140) && (tpY < 185))
                {
                    LCD_DrawRect(265, 140, 45, 60, CL_WHITE);
                    LCD_DrawRect(267, 143, 41, 61, CL_WHITE);
                    rest();
                    bsp_DelayMS(300);
                    LCD_DrawRect(265, 140, 45, 60, CL_GREEN);
                    LCD_DrawRect(267, 143, 41, 61, CL_GREEN);
                }
//*********************************************************************
//静音
                else if ((tpX > 265) && (tpX < 325) && (tpY > 190) && (tpY < 240))
```

```
                {
                    LCD_DrawRect(265, 190, 45, 60, CL_WHITE);
                    LCD_DrawRect(267, 193, 41, 61, CL_WHITE);
                    mute();
                    bsp_DelayMS(300);
                    LCD_DrawRect(265, 190, 45, 60, CL_GREEN);
                    LCD_DrawRect(267, 193, 41, 61, CL_GREEN);
                }
//*******************************************************************
//stereo_R_L:
                else if ((tpX > 330) && (tpX < 400) && (tpY > 140) && (tpY < 185))
                {
                    LCD_DrawRect(330, 140, 45, 60, CL_WHITE);
                    LCD_DrawRect(332, 143, 41, 61, CL_WHITE);
                    stereo_R_L();
                    bsp_DelayMS(300);
                    LCD_DrawRect(330, 140, 45, 60, CL_GREEN);
                    LCD_DrawRect(332, 143, 41, 61, CL_GREEN);
                }
//*******************************************************************
//ch1_ch2_select:
                else if ((tpX > 330) && (tpX < 400) && (tpY > 190) && (tpY < 240))
                {
                    LCD_DrawRect(330, 190, 45, 60, CL_WHITE);
                    LCD_DrawRect(332, 193, 41, 61, CL_WHITE);
                    ch1_ch2_select();
                    bsp_DelayMS(300);
                    LCD_DrawRect(330, 190, 45, 60, CL_GREEN);
                    LCD_DrawRect(332, 193, 41, 61, CL_GREEN);
//                          break;
                 }
//*******************************************************************
            case TOUCH_RELEASE:        /* 触笔释放事件 */
            {
            }
          }
        }
      }
}

//*******************************************************************
//音量加
//*******************************************************************
void volume_inc(void)
{
   if((volume_value > 0)&&(volume_value < 57)) volume_value--;
   else if(volume_value == 0) volume_value = 0;
```

```
    tda7449Table[4] = volume_value;
    eeprom_write();
    tda7449_write();
}
//***************************************************************
//音量减
//***************************************************************
void volume_dec(void)
{
    if(volume_value < 56) volume_value++;
    else if(volume_value > 56) volume_value = 56;
    tda7449Table[4] = volume_value;
    eeprom_write();
    tda7449_write();
}
//***************************************************************
//低音加
//***************************************************************
void bass_inc(void)
{
    if(bass_value < 7) bass_value++;
    else if(bass_value == 7) bass_value = 15;
    else if(bass_value > 8) bass_value--;
    else if(bass_value == 8) bass_value = 8;
    tda7449Table[6] = bass_value;
    eeprom_write();
    tda7449_write();
}
//***************************************************************
//低音减
//***************************************************************
void bass_dec(void)
{
    if((bass_value > 0)&&(bass_value < 8)) bass_value--;
    else if(bass_value == 0) bass_value = 0;
    else if((bass_value > 7)&&(bass_value < 15)) bass_value++;
    else if(bass_value == 15) bass_value = 7;
    tda7449Table[6] = bass_value;
    eeprom_write();
    tda7449_write();
}
//***************************************************************
//高音加
//***************************************************************
void treble_inc(void)
{
    if(treble_value < 7) treble_value++;
```

```
    else if(treble_value == 7) treble_value = 15;
    else if(treble_value > 8) treble_value--;
    else if(treble_value == 8) treble_value = 8;
    tda7449Table[7] = treble_value;
    eeprom_write();
    tda7449_write();
}
//*****************************************************************
//高音减
//*****************************************************************
void treble_dec(void)
{
    if((treble_value > 0)&&(treble_value < 8)) treble_value--;
    else if((treble_value > 7)&&(treble_value < 15)) treble_value++;
    else if(treble_value == 15) treble_value = 7;
    else if(treble_value == 0) treble_value = 0;
    tda7449Table[7] = treble_value;
    eeprom_write();
    tda7449_write();
}
//*****************************************************************
//平衡加                          balan_R_value = 0
//*****************************************************************
void balance_R(void)
{
  if(balan_R_flag == 0)
  {
     if(balan_R_value == 120) {balan_R_value = 120; balan_R_flag = 1;}
     else if(balan_R_value < 79) balan_R_value++;
     else if(balan_R_value == 79) {balan_R_value = 120; balan_R_flag = 1;}
  }
  else
  {
     if(balan_R_value == 120) balan_R_value = 79;
     else if((balan_R_value > 0)&&(balan_L_value < 80)) balan_R_value--;
     else if(balan_R_value == 0) {balan_L_value = 0; balan_R_flag = 0;}
  }
  tda7449Table[8] = balan_R_value;
  eeprom_write();
  tda7449_write();
}
//*****************************************************************
//平衡减
//*****************************************************************
void balance_L(void)
{
  if(balan_L_flag == 0)
```

```
    {
      if(balan_L_value == 120){balan_L_value = 120; balan_L_flag = 1;}
      else if(balan_L_value < 79)balan_L_value++;
      else if(balan_L_value == 79){balan_L_value = 120; balan_L_flag = 1;}
    }
    else
    {
      if(balan_L_value == 120) balan_L_value = 79;
      else if((balan_L_value > 0)&&(balan_L_value < 80)) balan_L_value--;
      else if(balan_L_value == 0) {balan_L_value = 0; balan_L_flag = 0;}
    }
    tda7449Table[9] = balan_L_value;
    eeprom_write();
    tda7449_write();
}
//****************************************************************
//复位
//****************************************************************
void rest(void)
{
    address = 0x88;              //芯片地址(这里是 88H)
    sub_addr = 0x10;             //功能码(10H)
    in_select = 3;               //输入通道选择初始化，in_select = 3,选择 in1
    in_gain = 5;                 //输入增益初始化，in_gain = 10,输入增益 20dB
    volume_value = 25;           //音量初始化，volume_value = 25,音量-25dB
    not_use = 0;                 //不用
    bass_value = 15;             //低音控制初始化，bass_value = 15，低音 0dB
    treble_value = 15;           //高音控制初始化，treble_value = 15，低音 0dB
    balan_R_value = 0;           //右声道增益初始化，balan_R_value = 0，0dB
    balan_L_value = 0;           //左声道增益初始化，balan_L_value = 0，0dB
    S_R_L_value = 0;             //0 为立体声，1 为左声道，2 为右声道

    tda7449Table[0] = address;
    tda7449Table[1] = sub_addr;
    tda7449Table[2] = in_select;
    tda7449Table[3] = in_gain   ;
    tda7449Table[4] = volume_value;
    tda7449Table[5] = not_use;
    tda7449Table[6] = bass_value;
    tda7449Table[7] = treble_value;
    tda7449Table[8] = balan_R_value;
    tda7449Table[9] = balan_L_value;

    eeprom_write();
    tda7449_write();
}
//****************************************************************
```

```
//静音
//mute_off_on = 0，不静音；mute_off_on = 1，静音；
//*************************************************************
void mute(void)
{
  if(mute_off_on == 0)
  {
      mute_buffer = volume_value;
      volume_value = 56;
      mute_off_on = 1;
  }
  else
  {
      volume_value = mute_buffer;
      mute_off_on = 0;
  }
  tda7449Table[4] = volume_value;
  eeprom_write();
  tda7449_write();
}
//*************************************************************
//立体声/左声道/右声道切换
//*************************************************************
void stereo_R_L(void)
{
  if(S_R_L_value == 0) S_R_L_value = 1;
  else if(S_R_L_value == 1) S_R_L_value = 2;
  else if(S_R_L_value > 1) S_R_L_value = 0;

  switch (S_R_L_value)
  {
      case 0:
          balan_R_value1 = balan_R_value;
          balan_L_value1 = balan_L_value;
          break;
      case 1:
          balan_R_value1 = balan_R_value;
          balan_L_value1 = 120;
          break;
      case 2:
          balan_R_value1 = 120;
          balan_L_value1 = balan_L_value;
          break;
  }
  tda7449Table[8] = balan_R_value1;
  tda7449Table[9] = balan_L_value1;
  eeprom_write();
```

```
  tda7449_write();
}
//**************************************************************
//输入通道 CH1/CH2 切换
//**************************************************************
void ch1_ch2_select(void)
{
  if(in_select == 2)
  {
     in_select = 3;
  }
   else
  {
     in_select = 2;
  }
  tda7449Table[2] = in_select;
  eeprom_write();
  tda7449_write();
}
//**************************************************************
//对 TDA7449 写数据
//**************************************************************
void tda7449_write(void)
{
    int16_t j;
    __set_PRIMASK(1);                  /* 关中断 */

    i2c_CfgGpio();
    i2c_Start();
    for (j = 0; j < 11; j++)
    {
       i2c_SendByte(tda7449Table[j]);
       if(i2c_WaitAck() != 0)break;
    }
    i2c_Stop();
    __set_PRIMASK(0);                  /* 开中断 */

}
//**************************************************************
//将 tda7449Table[10]中的 10 个数据写入 eeprom
//**************************************************************
void eeprom_write(void)
{
    __set_PRIMASK(1);                  /* 关中断 */
    ee_c02_CfgGpio();
    ee_c02_WriteBytes((uint8_t *)tda7449Table, 0, 10);
    __set_PRIMASK(0);                  /* 开中断 */
```

```
}
//*******************************************************************
//将 eeprom 中的 10 个数据读入 tda7449Table[10]
//*******************************************************************
void eeprom_read(void)
{
    __set_PRIMASK(1);              /* 关中断 */
    ee_c02_CfgGpio();
    ee_c02_ReadBytes((uint8_t *)tda7449Table, 0, 10);
    __set_PRIMASK(0);              /* 开中断 */
}
//*******************************************************************
//
//*******************************************************************
void para_display(void)
{
    char buf[32];            /* 字符显示缓冲区 */
    //音量
    if((tda7449Table[4] > 0)&&(tda7449Table[4] < 56))
    {
      sprintf((char *)buf, "音量:-%ddB  ", tda7449Table[4]);
      LCD_DispStr(5, 120, buf, &tFont);
    }
    else if(tda7449Table[4] == 0)
    {
      sprintf((char *)buf, "音量:%ddB  ", tda7449Table[4]);
      LCD_DispStr(5, 120, buf, &tFont);
    }
    else if(tda7449Table[4] == 56)
    {
      LCD_DispStr(5, 120, "音量:静音 ", &tFont);
    }
    //低音控制
    if((tda7449Table[6] > 7)&&(tda7449Table[6] < 16)) sprintf((char *)buf
"低音:%ddB  ", (15 - tda7449Table[6])*2);
    else if(tda7449Table[6] < 7) sprintf((char *)buf, "低音:-%ddB  ", (14
- (tda7449Table[6])*2));
    else if(tda7449Table[6] == 7) sprintf((char *)buf, "低音:%ddB  ", (14
- (tda7449Table[6])*2));
    LCD_DispStr(120, 120, buf, &tFont);
    //高音控制
    if((tda7449Table[7] > 7)&&(tda7449Table[7] < 16)) sprintf((char *)buf,
"高音:%ddB  ", (15 - tda7449Table[7])*2);
    else if(tda7449Table[7] < 7) sprintf((char *)buf, "高音:-%ddB ", (14
- (tda7449Table[7])*2));
    else if(tda7449Table[7] == 7) sprintf((char *)buf, "高音:%ddB ", (14
- (tda7449Table[7])*2));
```

```
    LCD_DispStr(230, 120, buf, &tFont);
    //右声道
    if((tda7449Table[8] > 0)&&(tda7449Table[8] < 80))
    {
      sprintf((char *)buf, "右声道:-%ddB  ", tda7449Table[8]);
      LCD_DispStr(210, 3, buf, &tFont);
    }
    else if(tda7449Table[8] == 0)
    {
      sprintf((char *)buf, "右声道:%ddB  ", tda7449Table[8]);
      LCD_DispStr(210, 3, buf, &tFont);
    }
    else if(tda7449Table[8] == 120)
    {
      LCD_DispStr(210, 3, "右声道:MUTE ", &tFont);
    }

    //左声道
    if((tda7449Table[9] > 0)&&(tda7449Table[9] < 80))
    {
      sprintf((char *)buf, "左声道:-%ddB  ", tda7449Table[9]);
      LCD_DispStr(3, 3, buf, &tFont);
    }
    else if(tda7449Table[9] == 0)
    {
      sprintf((char *)buf, "左声道:%ddB  ", tda7449Table[9]);
      LCD_DispStr(3, 3, buf, &tFont);
    }
    else if(tda7449Table[9] == 120)
    {
      LCD_DispStr(3, 3, "左声道:MUTE ", &tFont);
    }
    //输入通道选择
    if(tda7449Table[2] == 2) LCD_DispStr(340, 120, "输入:2 ", &tFont);
    else if(tda7449Table[2]==3) LCD_DispStr(340, 120, "输入:1", &tFont);
}
```

4.4.3 IIC 程序

IIC 程序如下。

```
/*
*********************************************************************
*
*    模块名称 : IIC 总线驱动模块
*    文件名称 : i2c_gpio.c
*    版    本 : V1.0
*    说    明 : 用 GPIO 模拟 IIc 总线，适用于 STM32 系列 CPU。该模块不包括应用层命
```

```
令帧，仅包括 IIC 总线基本操作函数。
    *
    *
    ***********************************************************************
    */

    /*
        应用说明：
        在访问 IIC 设备前，请先调用 i2c_CheckDevice() 检测 IIC 设备是否正常，该函数
会配置 GPIO

    */

    #include "stm32f10x.h"
    #include "i2c_gpio.h"

    /* 定义 IIC 总线连接的 GPIO 端口，用户只需要修改下面 4 行代码即可任意改变 SCL 和 SDA
的引脚 */
    #define GPIO_PORT_I2C    GPIOB            /* GPIO端口 */
    #define RCC_I2C_PORT     RCC_APB2Periph_GPIOB /* GPIO端口时钟 */
    #define I2C_SCL_PIN      GPIO_Pin_13      /* 连接到SCL时钟线的GPIO */
    #define I2C_SDA_PIN      GPIO_Pin_12      /* 连接到SDA数据线的GPIO */

    #define I2C_SCL_1()  GPIO_SetBits(GPIO_PORT_I2C, I2C_SCL_PIN)
                                /* SCL = 1 */
    #define I2C_SCL_0()  GPIO_ResetBits(GPIO_PORT_I2C, I2C_SCL_PIN)
                                /* SCL = 0 */
    #define I2C_SDA_1()  GPIO_SetBits(GPIO_PORT_I2C, I2C_SDA_PIN)
                                /* SDA = 1 */
    #define I2C_SDA_0()  GPIO_ResetBits(GPIO_PORT_I2C, I2C_SDA_PIN)
                                /* SDA = 0 */
    #define I2C_SDA_READ() GPIO_ReadInputDataBit(GPIO_PORT_I2C, I2C_SDA_PIN)
                                /* 读SDA口线状态 */


    /*
    ***********************************************************************
    *    函 数 名：i2c_Delay
    *    功能说明：IIC 总线位延迟，最快 400kHz
    *    形    参：无
    *    返 回 值：无
    ***********************************************************************
    */
    static void i2c_Delay(void)
    {
        uint8_t i;
        /*
```

```
        下面的时间是通过安富莱 AX-Pro 逻辑分析仪测试得到的。
        CPU 主频为 72MHz 时，在内部 Flash 运行，MDK 工程不优化。
        循环次数为 10 时，SCL 频率 = 205kHz。
        循环次数为 7 时,SCL 频率 =347kHz,SCL 高电平时间为 1.5us,SCL 低电平时间为 2.87us。
        循环次数为 5 时，SCL 频率 =421kHz，SCL 高电平时间为 1.25us，SCL 低电平时间为 2.375us。
        IAR 工程编译效率高，不能设置为 7。
    */
    for (i = 0; i < 20; i++);
}

/*
***************************************************************************
*    函 数 名: i2c_Start
*    功能说明: CPU 发起 IIC 总线启动信号
*    形    参: 无
*    返 回 值: 无
***************************************************************************
*/
void i2c_Start(void)
{
    /* 当 SCL 高电平时，SDA 出现一个下跳沿表示 IIC 总线启动信号 */
    I2C_SDA_1();
    I2C_SCL_1();
    i2c_Delay();
    I2C_SDA_0();
    i2c_Delay();
    I2C_SCL_0();
    i2c_Delay();
}

/*
***************************************************************************
*    函 数 名: i2c_Start
*    功能说明: CPU 发起 IIC 总线停止信号
*    形    参: 无
*    返 回 值: 无
***************************************************************************
*/
void i2c_Stop(void)
{
    /* 当 SCL 高电平时，SDA 出现一个上跳沿表示 IIC 总线停止信号 */
    I2C_SDA_0();
    i2c_Delay();
    I2C_SCL_1();
    i2c_Delay();
    I2C_SDA_1();
}
```

```
/*
*********************************************************************
*    函 数 名: i2c_SendByte
*    功能说明: CPU 向 IIC 总线设备发送 8 位数据
*    形    参: _ucByte，等待发送的字节
*    返 回 值: 无
*********************************************************************
*/
void i2c_SendByte(uint8_t _ucByte)
{
    uint8_t i;
    /* 先发送字节的高位 bit7 */
    for (i = 0; i < 8; i++)
    {
        if (_ucByte & 0x80)
        {
            I2C_SDA_1();
        }
        else
        {
            I2C_SDA_0();
        }
        i2c_Delay();
        I2C_SCL_1();
        i2c_Delay();
        I2C_SCL_0();
        if (i == 7)
        {
             I2C_SDA_1();          //释放总线
        }
        _ucByte <<= 1;             /* 左移 1 位 */
        i2c_Delay();
    }
}

/*
*********************************************************************
*    函 数 名: i2c_ReadByte
*    功能说明: CPU 从 IIC 总线设备读取 8 位数据
*    形    参: 无
*    返 回 值: 读到的数据
*********************************************************************
*/
uint8_t i2c_ReadByte(void)
{
    uint8_t i;
    uint8_t value;
```

```
    /* 读到第1位为数据的bit7 */
    value = 0;
    for (i = 0; i < 8; i++)
    {
        value <<= 1;
        I2C_SCL_1();
        i2c_Delay();
        if (I2C_SDA_READ())
        {
            value++;
        }
        I2C_SCL_0();
        i2c_Delay();
    }
    return value;
}

/*
*********************************************************************
*    函 数 名: i2c_WaitAck
*    功能说明: CPU产生一个时钟，并读取器件的ACK应答信号
*    形    参：无
*    返 回 值: 返回0，表示正确应答，返回1，表示无器件响应
*********************************************************************
*/
uint8_t i2c_WaitAck(void)
{
    uint8_t re;
    I2C_SDA_1();          /* CPU释放SDA总线 */
    i2c_Delay();
    I2C_SCL_1();          /* CPU驱动SCL = 1，此时器件会返回ACK应答 */
    i2c_Delay();
    if (I2C_SDA_READ()) /* CPU读取SDA口线状态 */
    {
        re = 1;
    }
    else
    {
        re = 0;
    }
    I2C_SCL_0();
    i2c_Delay();
    return re;
}

/*
```

```
**********************************************************************
*    函 数 名: i2c_Ack
*    功能说明: CPU 产生一个 ACK 信号
*    形    参: 无
*    返 回 值: 无
**********************************************************************
*/
void i2c_Ack(void)
{
    I2C_SDA_0();          /* CPU 驱动 SDA = 0 */
    i2c_Delay();
    I2C_SCL_1();          /* CPU 产生 1 个时钟 */
    i2c_Delay();
    I2C_SCL_0();
    i2c_Delay();
    I2C_SDA_1();          /* CPU 释放 SDA 总线 */
}

/*
**********************************************************************
*    函 数 名: i2c_NAck
*    功能说明: CPU 产生 1 个 NACK 信号
*    形    参: 无
*    返 回 值: 无
**********************************************************************
*/
void i2c_NAck(void)
{
    I2C_SDA_1();          /* CPU 驱动 SDA = 1 */
    i2c_Delay();
    I2C_SCL_1();          /* CPU 产生 1 个时钟 */
    i2c_Delay();
    I2C_SCL_0();
    i2c_Delay();
}


/*
**********************************************************************
*    函 数 名: i2c_CheckDevice
*    功能说明:检测 IIC 总线设备，CPU 发送设备地址，然后读取设备应答来判断该设备是
否存在
*    形    参: _Address 为设备的 IIC 总线地址
*    返 回 值: 返回 0，表示正确，返回 1，表示未探测到
**********************************************************************
*/
uint8_t i2c_CheckDevice(uint8_t _Address)
```

```
{
    uint8_t ucAck;
    i2c_CfgGpio();                    /* 配置 GPIO */
    i2c_Start();                      /* 发送启动信号 */
    /* 发送设备地址+读写控制位(0 = w, 1 = r) bit7 先传 */
    i2c_SendByte(_Address | I2C_WR);
    ucAck = i2c_WaitAck();            /* 检测设备的 ACK 应答 */
    i2c_Stop();                       /* 发送停止信号 */
    return ucAck;
}
/*
*****************************************************************
*    函 数 名: i2c_CfgGpio
*    功能说明: 配置 IIC 总线的 GPIO 端口，采用模拟 I/O 的方式实现
*    形    参: 无
*    返 回 值: 无
*****************************************************************
*/
void i2c_CfgGpio(void)
{
    GPIO_InitTypeDef GPIO_InitStructure;
    RCC_APB2PeriphClockCmd(RCC_I2C_PORT, ENABLE);  /* 打开 GPIO 时钟 */
    GPIO_InitStructure.GPIO_Pin = I2C_SCL_PIN | I2C_SDA_PIN;
    GPIO_InitStructure.GPIO_Speed = GPIO_Speed_50MHz;
    GPIO_InitStructure.GPIO_Mode = GPIO_Mode_Out_OD;  /* 开漏输出 */
    GPIO_Init(GPIO_PORT_I2C, &GPIO_InitStructure);
    /* 给一个停止信号，复位 IIC 总线上的所有设备到待机模式 */
    i2c_Stop();
}
```

4.4.4 TFT 液晶显示器驱动程序

```
/*
*****************************************************************
*
*    模块名称 : TFT 液晶显示器驱动模块
*    文件名称 : SPFD5420_SPFD5420.c
*    版    本 : V2.2
*    说    明 : 安富莱开发板标配的 TFT 显示器分辨率为 240x400, 3.0 寸宽屏，带 PWM
背光调节功能。支持的 LCD 内部驱动芯片型号有: SPFD5420A、OTM4001A、R61509V。
*    驱动芯片的访问地址为:0x60000000
*
*
*
*****************************************************************
*/
#include "stm32f10x.h"
#include <stdio.h>
#include <string.h>
#include "bsp_tft_lcd.h"
```

```
#include "fonts.h"
/* 定义 LCD 驱动器的访问地址：
    TFT 接口中的 RS 引脚连接 FSMC_A0 引脚，由于采用 16bit 模式，RS 对应 A1 地址线，因此
    SPFD5420_RAM 的地址+2
*/
#define SPFD5420_BASE       ((uint32_t)(0x60000000 | 0x0C000000))
#define SPFD5420_REG        *(__IO uint16_t *)(SPFD5420_BASE)
#define SPFD5420_RAM        *(__IO uint16_t *)(SPFD5420_BASE + 2)

static __IO uint8_t s_RGBChgEn = 0;    /* RGB 转换使能，4001 屏写显存后读出
                                          的 RGB 格式和写入的不同 */

static void SPFD5420_Delaly10ms(void);
static void SPFD5420_WriteReg(__IO uint16_t _usAddr, uint16_t _usValue);
static uint16_t SPFD5420_ReadReg(__IO uint16_t _usAddr);
static void Init_5420_4001(void);
static void Init_61509(void);
static void SPFD5420_SetDispWin(uint16_t _usX, uint16_t _usY, uint16_t
_usHeight, uint16_t _usWidth);
static void SPFD5420_QuitWinMode(void);
static void SPFD5420_SetCursor(uint16_t _usX, uint16_t _usY);
static uint16_t SPFD5420_BGR2RGB(uint16_t _usRGB);

/*
*******************************************************************
*   函 数 名: SPFD5420_Delaly10ms
*   功能说明: 延迟函数，不准确
*   形    参: 无
*   返 回 值: 无
*************************************
*/
static void SPFD5420_Delaly10ms(void)
{
    uint16_t i;
    for (i = 0; i < 50000; i++);
}

/*
*******************************************************************
*   函 数 名: SPFD5420_WriteReg
*   功能说明: 修改 LCD 控制器的寄存器的值
*   形    参: SPFD5420_Reg，寄存器地址
*             SPFD5420_RegValue，寄存器值
*   返 回 值: 无
*******************************************************************
*/
static void SPFD5420_WriteReg(__IO uint16_t _usAddr, uint16_t _usValue)
{
    /* Write 16-bit Index, then Write Reg */
    SPFD5420_REG = _usAddr;
    /* Write 16-bit Reg */
    SPFD5420_RAM = _usValue;
```

```
}

/*
*******************************************************************************
*    函 数 名: SPFD5420_ReadReg
*    功能说明: 读取 LCD 控制器的寄存器的值
*    形    参: SPFD5420_Reg, 寄存器地址
*              SPFD5420_RegValue, 寄存器值
*    返 回 值: 无
*******************************************************************************
*/
static uint16_t SPFD5420_ReadReg(__IO uint16_t _usAddr)
{
    /* Write 16-bit Index (then Read Reg) */
    SPFD5420_REG = _usAddr;
    /* Read 16-bit Reg */
    return (SPFD5420_RAM);
}
/*
*******************************************************************************
*    函 数 名: SPFD5420_SetDispWin
*    功能说明: 设置显示窗口，进入窗口显示模式。TFT 驱动芯片支持窗口显示模式，这是
和一般的 12864 点阵 LCD 的最大区别。
*    形    参: _usX, 水平坐标
*              _usY, 垂直坐标
*              _usHeight, 窗口高度
*              _usWidth, 窗口宽度
*    返 回 值: 无
*******************************************************************************
*/
static void SPFD5420_SetDispWin(uint16_t _usX, uint16_t _usY, uint16_t
_usHeight, uint16_t _usWidth)
{
    uint16_t px, py;
    py = 399 - _usX;
    px = _usY;
    /* 设置显示窗口 WINDOWS */
    SPFD5420_WriteReg(0x0210, px);              /* 水平起始地址 */
    SPFD5420_WriteReg(0x0211, px + (_usHeight - 1));   /* 水平结束坐标 */
    SPFD5420_WriteReg(0x0212, py + 1 - _usWidth);      /* 垂直起始地址 */
    SPFD5420_WriteReg(0x0213, py);                     /* 垂直结束地址 */
    SPFD5420_SetCursor(_usX, _usY);
}

/*
*******************************************************************************
*    函 数 名: SPFD5420_SetCursor
*    功能说明: 设置光标位置
*    形    参: _usX, X 坐标; _usY, Y 坐标
*    返 回 值: 无
*******************************************************************************
*/
```

```
static void SPFD5420_SetCursor(uint16_t _usX, uint16_t _usY)
{
    /*
        px, py 是物理坐标, x, y 是虚拟坐标
        转换公式:
        py = 399 - x;
        px = y;
    */

    SPFD5420_WriteReg(0x0200, _usY);          /* px */
    SPFD5420_WriteReg(0x0201, 399 - _usX);    /* py */
}

/*
*********************************************************************
*    函 数 名: SPFD5420_BGR2RGB
*    功能说明: 将 RRRRRGGGGGGBBBBB 改为 BBBBBGGGGGGRRRRR 格式
*    形    参: RGB 颜色代码
*    返 回 值: 转化后的颜色代码
*********************************************************************
*/
static uint16_t SPFD5420_BGR2RGB(uint16_t _usRGB)
{
    uint16_t  r, g, b, rgb;
    b = (_usRGB >> 0)  & 0x1F;
    g = (_usRGB >> 5)  & 0x3F;
    r = (_usRGB >> 11) & 0x1F;
    rgb = (b<<11) + (g<<5) + (r<<0);
    return(rgb);
}

/*
*********************************************************************
*    函 数 名: SPFD5420_QuitWinMode
*    功能说明: 退出窗口显示模式, 转为全屏显示模式
*    形    参: 无
*    返 回 值: 无
*********************************************************************
*/
static void SPFD5420_QuitWinMode(void)
{
    SPFD5420_SetDispWin(0, 0, g_LcdHeight, g_LcdWidth);
}

/*
*********************************************************************
*    函 数 名: SPFD5420_ReadID
*    功能说明: 读取 LCD 驱动芯片 ID
*    形    参: 无
*    返 回 值: 无
*********************************************************************
*/
```

```
uint16_t SPFD5420_ReadID(void)
{
    return SPFD5420_ReadReg(0x0000);
}

/*
*****************************************************************
*    函 数 名: Init_5420_4001
*    功能说明: 初始化 5420 和 4001 屏
*    形    参: 无
*    返 回 值: 无
*****************************************************************
*/
static void Init_5420_4001(void)
{
    /* 初始化 LCD, 写 LCD 寄存器进行配置 */
    SPFD5420_WriteReg(0x0000, 0x0000);
    SPFD5420_WriteReg(0x0001, 0x0100);
    SPFD5420_WriteReg(0x0002, 0x0100);
    SPFD5420_WriteReg(0x0003, 0x1018); /* 0x1018 1030 */
    SPFD5420_WriteReg(0x0008, 0x0808);
    SPFD5420_WriteReg(0x0009, 0x0001);
    SPFD5420_WriteReg(0x000B, 0x0010);
    SPFD5420_WriteReg(0x000C, 0x0000);
    SPFD5420_WriteReg(0x000F, 0x0000);
    SPFD5420_WriteReg(0x0007, 0x0001);
    SPFD5420_WriteReg(0x0010, 0x0013);
    SPFD5420_WriteReg(0x0011, 0x0501);
    SPFD5420_WriteReg(0x0012, 0x0300);
    SPFD5420_WriteReg(0x0020, 0x021E);
    SPFD5420_WriteReg(0x0021, 0x0202);
    SPFD5420_WriteReg(0x0090, 0x8000);
    SPFD5420_WriteReg(0x0100, 0x17B0);
    SPFD5420_WriteReg(0x0101, 0x0147);
    SPFD5420_WriteReg(0x0102, 0x0135);
    SPFD5420_WriteReg(0x0103, 0x0700);
    SPFD5420_WriteReg(0x0107, 0x0000);
    SPFD5420_WriteReg(0x0110, 0x0001);
    SPFD5420_WriteReg(0x0210, 0x0000);
    SPFD5420_WriteReg(0x0211, 0x00EF);
    SPFD5420_WriteReg(0x0212, 0x0000);
    SPFD5420_WriteReg(0x0213, 0x018F);
    SPFD5420_WriteReg(0x0280, 0x0000);
    SPFD5420_WriteReg(0x0281, 0x0004);
    SPFD5420_WriteReg(0x0282, 0x0000);
    SPFD5420_WriteReg(0x0300, 0x0101);
    SPFD5420_WriteReg(0x0301, 0x0B2C);
    SPFD5420_WriteReg(0x0302, 0x1030);
    SPFD5420_WriteReg(0x0303, 0x3010);
    SPFD5420_WriteReg(0x0304, 0x2C0B);
    SPFD5420_WriteReg(0x0305, 0x0101);
    SPFD5420_WriteReg(0x0306, 0x0807);
```

```
    SPFD5420_WriteReg(0x0307, 0x0708);
    SPFD5420_WriteReg(0x0308, 0x0107);
    SPFD5420_WriteReg(0x0309, 0x0105);
    SPFD5420_WriteReg(0x030A, 0x0F04);
    SPFD5420_WriteReg(0x030B, 0x0F00);
    SPFD5420_WriteReg(0x030C, 0x000F);
    SPFD5420_WriteReg(0x030D, 0x040F);
    SPFD5420_WriteReg(0x030E, 0x0300);
    SPFD5420_WriteReg(0x030F, 0x0701);
    SPFD5420_WriteReg(0x0400, 0x3500);
    SPFD5420_WriteReg(0x0401, 0x0001);
    SPFD5420_WriteReg(0x0404, 0x0000);
    SPFD5420_WriteReg(0x0500, 0x0000);
    SPFD5420_WriteReg(0x0501, 0x0000);
    SPFD5420_WriteReg(0x0502, 0x0000);
    SPFD5420_WriteReg(0x0503, 0x0000);
    SPFD5420_WriteReg(0x0504, 0x0000);
    SPFD5420_WriteReg(0x0505, 0x0000);
    SPFD5420_WriteReg(0x0600, 0x0000);
    SPFD5420_WriteReg(0x0606, 0x0000);
    SPFD5420_WriteReg(0x06F0, 0x0000);
    SPFD5420_WriteReg(0x07F0, 0x5420);
    SPFD5420_WriteReg(0x07DE, 0x0000);
    SPFD5420_WriteReg(0x07F2, 0x00DF);
    SPFD5420_WriteReg(0x07F3, 0x0810);
    SPFD5420_WriteReg(0x07F4, 0x0077);
    SPFD5420_WriteReg(0x07F5, 0x0021);
    SPFD5420_WriteReg(0x07F0, 0x0000);
    SPFD5420_WriteReg(0x0007, 0x0173);

    /* 设置显示窗口 WINDOWS */
    SPFD5420_WriteReg(0x0210, 0);       /* 水平起始地址 */
    SPFD5420_WriteReg(0x0211, 239);     /* 水平结束坐标 */
    SPFD5420_WriteReg(0x0212, 0);       /* 垂直起始地址 */
    SPFD5420_WriteReg(0x0213, 399);     /* 垂直结束地址 */
}

/*
*********************************************************************
*   函 数 名: Init_61509
*   功能说明: 初始化 61509 屏
*   形    参: 无
*   返 回 值: 无
*********************************************************************
*/
static void Init_61509(void)
{
    SPFD5420_WriteReg(0x000,0x0000);
    SPFD5420_WriteReg(0x000,0x0000);
    SPFD5420_WriteReg(0x000,0x0000);
    SPFD5420_WriteReg(0x000,0x0000);
    SPFD5420_Delaly10ms();
```

```
SPFD5420_WriteReg(0x008,0x0808);
SPFD5420_WriteReg(0x010,0x0010);
SPFD5420_WriteReg(0x400,0x6200);

SPFD5420_WriteReg(0x300,0x0c06);            /* GAMMA */
SPFD5420_WriteReg(0x301,0x9d0f);
SPFD5420_WriteReg(0x302,0x0b05);
SPFD5420_WriteReg(0x303,0x1217);
SPFD5420_WriteReg(0x304,0x3333);
SPFD5420_WriteReg(0x305,0x1712);
SPFD5420_WriteReg(0x306,0x950b);
SPFD5420_WriteReg(0x307,0x0f0d);
SPFD5420_WriteReg(0x308,0x060c);
SPFD5420_WriteReg(0x309,0x0000);

SPFD5420_WriteReg(0x011,0x0202);
SPFD5420_WriteReg(0x012,0x0101);
SPFD5420_WriteReg(0x013,0x0001);

SPFD5420_WriteReg(0x007,0x0001);
SPFD5420_WriteReg(0x100,0x0730);       /* BT,AP 0x0330 */
SPFD5420_WriteReg(0x101,0x0237);       /* DC0,DC1,VC */
SPFD5420_WriteReg(0x103,0x2b00);       /* VDV   //0x0f00 */
SPFD5420_WriteReg(0x280,0x4000);       /* VCM */
SPFD5420_WriteReg(0x102,0x81b0);       /* VRH,VCMR,PSON,PON */
SPFD5420_Delaly10ms();

SPFD5420_WriteReg(0x001,0x0100);
SPFD5420_WriteReg(0x002,0x0100);
/* SPFD5420_WriteReg(0x003,0x1030);    */
SPFD5420_WriteReg(0x003,0x1018);
SPFD5420_WriteReg(0x009,0x0001);

SPFD5420_WriteReg(0x0C,0x0000);        /* MCU 接口 */
/*
   SPFD5420_WriteReg(0x0C,0x0110);     //RGB 接口 18 位
   SPFD5420_WriteReg(0x0C,0x0111);     //RGB 接口 16 位
   SPFD5420_WriteReg(0x0C,0x0020);     //VSYNC 接口
*/

SPFD5420_WriteReg(0x090,0x8000);
SPFD5420_WriteReg(0x00f,0x0000);

SPFD5420_WriteReg(0x210,0x0000);
SPFD5420_WriteReg(0x211,0x00ef);
SPFD5420_WriteReg(0x212,0x0000);
SPFD5420_WriteReg(0x213,0x018f);

SPFD5420_WriteReg(0x500,0x0000);
SPFD5420_WriteReg(0x501,0x0000);
SPFD5420_WriteReg(0x502,0x005f);
```

```
    SPFD5420_WriteReg(0x401,0x0001);
    SPFD5420_WriteReg(0x404,0x0000);
    SPFD5420_Delaly10ms();
    SPFD5420_WriteReg(0x007,0x0100);
    SPFD5420_Delaly10ms();
    SPFD5420_WriteReg(0x200,0x0000);
    SPFD5420_WriteReg(0x201,0x0000);
}

/*
*********************************************************************
*    函 数 名: SPFD5420_InitHard
*    功能说明: 初始化 LCD
*    形    参: 无
*    返 回 值: 无
*********************************************************************
*/
void SPFD5420_InitHard(void)
{
    uint16_t id;

    id = SPFD5420_ReadReg(0x0000);      /* 读取 LCD 驱动芯片 ID */

    if (id == 0x5420)            /* 4001 屏和 5420 屏相同,但 4001 屏读回显存 RGB
                                    时, 需要进行转换, 而 5420 屏无须这样 */
    {
        Init_5420_4001();        /* 初始化 5420 屏和 4001 屏硬件 */

        /* 下面这段代码用于识别是 4001 屏还是 5420 屏 */
        {
            uint16_t dummy;

            SPFD5420_WriteReg(0x0200, 0);
            SPFD5420_WriteReg(0x0201, 0);

            SPFD5420_REG = 0x0202;
            SPFD5420_RAM = 0x1234;      /* 写 1 像素 */

            SPFD5420_WriteReg(0x0200, 0);
            SPFD5420_WriteReg(0x0201, 0);
            SPFD5420_REG = 0x0202;
            dummy = SPFD5420_RAM;       /* 读回颜色值 */
            if (dummy == 0x1234)
            {
                s_RGBChgEn = 0;
                g_ChipID = IC_5420;
            }
            else
            {
                s_RGBChgEn = 1;   /* 如果读回的和写入的不同,则需要进行 RGB 转换,
                                     只影响读取像素的函数 */
```

```
                g_ChipID = IC_4001;
            }
            g_LcdHeight = LCD_30_HEIGHT;
            g_LcdWidth = LCD_30_WIDTH;
        }
    }
    else if (id == 0xB509)
    {
        Init_61509();                    /* 初始化 61509 屏硬件 */
        s_RGBChgEn = 1;                  /* 如果读回的和写入的不同，则需要进行 RGB 转
                                            换，只影响读取像素的函数 */

        g_ChipID = IC_61509;
        g_LcdHeight = LCD_30_HEIGHT;
        g_LcdWidth = LCD_30_WIDTH;
    }
}

/*
*********************************************************************
*    函 数 名: SPFD5420_DispOn
*    功能说明: 打开显示
*    形    参: 无
*    返 回 值: 无
*********************************************************************
*/
void SPFD5420_DispOn(void)
{
    if (g_ChipID == IC_61509)
    {
        SPFD5420_WriteReg(0x007,0x0100);
    }
    else    /* IC_4001 */
    {
        SPFD5420_WriteReg(7, 0x0173); /* 设置 262K 颜色并打开显示 */
    }
}

/*
*********************************************************************
*    函 数 名: SPFD5420_DispOff
*    功能说明: 关闭显示
*    形    参: 无
*    返 回 值: 无
*********************************************************************
*/
void SPFD5420_DispOff(void)
{
    SPFD5420_WriteReg(7, 0x0000);
}

/*
```

```
*******************************************************************
*    函 数 名: SPFD5420_ClrScr
*    功能说明: 根据输入的颜色值清屏
*    形    参: _usColor, 背景色
*    返 回 值: 无
*******************************************************************
*/
void SPFD5420_ClrScr(uint16_t _usColor)
{
    uint32_t i;
    SPFD5420_SetCursor(0, 0);          /* 设置光标位置 */
    SPFD5420_REG = 0x202;              /* 准备读写显存 */
    for (i = 0; i < g_LcdHeight * g_LcdWidth; i++)
    {
        SPFD5420_RAM = _usColor;
    }
}

/*
*******************************************************************
*    函 数 名: SPFD5420_PutPixel
*    功能说明: 画 1 像素
*    形    参:
*            _usX,_usY, 像素坐标
*            _usColor, 像素颜色
*    返 回 值: 无
*******************************************************************
*/
void SPFD5420_PutPixel(uint16_t _usX, uint16_t _usY, uint16_t _usColor)
{
    SPFD5420_SetCursor(_usX, _usY);    /* 设置光标位置 */

    /* 写显存 */
    SPFD5420_REG = 0x202;
    /* Write 16-bit GRAM Reg */
    SPFD5420_RAM = _usColor;
}

/*
*******************************************************************
*    函 数 名: SPFD5420_GetPixel
*    功能说明: 读取 1 像素
*    形    参:
*            _usX,_usY, 像素坐标
*            _usColor, 像素颜色
*    返 回 值: RGB 颜色值
*******************************************************************
*/
uint16_t SPFD5420_GetPixel(uint16_t _usX, uint16_t _usY)
{
    uint16_t usRGB;
```

```
    SPFD5420_SetCursor(_usX, _usY);     /* 设置光标位置 */

    {
        /* 准备写显存 */
        SPFD5420_REG = 0x202;
        usRGB = SPFD5420_RAM;

        /* 读 16-bit GRAM Reg */
        if (s_RGBChgEn == 1)
        {
            usRGB = SPFD5420_BGR2RGB(usRGB);
        }
    }

    return usRGB;
}

/*
*************************************************************************
*    函 数 名: SPFD5420_DrawLine
*    功能说明: 采用 Bresenham 算法，在两点间画一条直线
*    形    参:
*            _usX1, _usY1，起始点坐标
*            _usX2, _usY2，终止点坐标
*            _usColor，颜色
*    返 回 值: 无
*************************************************************************
*/
void SPFD5420_DrawLine(uint16_t _usX1 , uint16_t _usY1 , uint16_t _usX2 ,
uint16_t _usY2 , uint16_t _usColor)
{
    int32_t dx , dy;
    int32_t tx , ty;
    int32_t inc1 , inc2;
    int32_t d , iTag;
    int32_t x , y;

    /* 采用 Bresenham 算法，在 2 点间画一条直线 */

    SPFD5420_PutPixel(_usX1, _usY1, _usColor);

    /* 如果两点重合，结束后面的动作。*/
    if (_usX1 == _usX2 && _usY1 == _usY2)
    {
        return;
    }

    iTag = 0;
    /* dx = abs (_usX2 - _usX1); */
    if (_usX2 >= _usX1)
    {
        dx = _usX2 - _usX1;
```

```
}
else
{
    dx = _usX1 - _usX2;
}

/* dy = abs (_usY2 - _usY1); */
if (_usY2 >= _usY1)
{
    dy = _usY2 - _usY1;
}
else
{
    dy = _usY1 - _usY2;
}

if (dx < dy)          /* 如果 dy 为计长方向，则交换横纵坐标 */
{
    uint16_t temp;
    iTag = 1;
    temp = _usX1; _usX1 = _usY1; _usY1 = temp;
    temp = _usX2; _usX2 = _usY2; _usY2 = temp;
    temp = dx; dx = dy; dy = temp;
}
tx = _usX2 > _usX1 ? 1 : -1;       /* 确定是增 1 还是减 1 */
ty = _usY2 > _usY1 ? 1 : -1;
x = _usX1;
y = _usY1;
inc1 = 2 * dy;
inc2 = 2 * (dy - dx);
d = inc1 - dx;
while (x != _usX2)                 /* 循环画点 */
{
    if (d < 0)
    {
        d += inc1;
    }
    else
    {
        y += ty;
        d += inc2;
    }
    if (iTag)
    {
        SPFD5420_PutPixel (y , x , _usColor);
    }
    else
    {
        SPFD5420_PutPixel (x , y , _usColor);
    }
    x += tx;
}
```

```
    }

    /*
    ***************************************************************************
    *    函 数 名: SPFD5420_DrawRect
    *    功能说明: 绘制水平放置的矩形
    *    形    参:
    *            _usX,_usY，矩形左上角的坐标
    *            _usHeight，矩形的高度
    *            _usWidth，矩形的宽度
    *    返 回 值: 无
    ***************************************************************************
    */
    void SPFD5420_DrawRect(uint16_t _usX, uint16_t _usY, uint8_t _usHeight,
uint16_t _usWidth, uint16_t _usColor)
    {
        /*
         ---------------->---
        |(_usX, _usY)        |
        V                   V  _usHeight
        |                   |
         ---------------->---
              _usWidth
        */

        SPFD5420_DrawLine(_usX, _usY, _usX + _usWidth - 1, _usY, _usColor);
/* 顶 */
        SPFD5420_DrawLine(_usX, _usY + _usHeight - 1, _usX + _usWidth - 1,
_usY + _usHeight - 1, _usColor);    /* 底 */

        SPFD5420_DrawLine(_usX, _usY, _usX, _usY + _usHeight - 1, _usColor);
/* 左 */
        SPFD5420_DrawLine(_usX + _usWidth - 1, _usY, _usX + _usWidth - 1,
_usY + _usHeight, _usColor);    /* 右 */
    }

    /*
    ***************************************************************************
    *    函 数 名: SPFD5420_DrawCircle
    *    功能说明: 绘制一个圆，笔宽为 1 像素
    *    形    参:
    *            _usX,_usY，圆心的坐标
    *            _usRadius，圆的半径
    *    返 回 值: 无
    ***************************************************************************
    */
    void  SPFD5420_DrawCircle(uint16_t  _usX , uint16_t  _usY , uint16_t
_usRadius, uint16_t _usColor)
    {
        int32_t  D;            /* Decision Variable */
        uint32_t  CurX;        /* 当前 X 值 */
```

```
    uint32_t  CurY;          /* 当前 Y 值 */

    D = 3 - (_usRadius << 1);
    CurX = 0;
    CurY = _usRadius;

    while (CurX <= CurY)
    {
        SPFD5420_PutPixel(_usX + CurX, _usY + CurY, _usColor);
        SPFD5420_PutPixel(_usX + CurX, _usY - CurY, _usColor);
        SPFD5420_PutPixel(_usX - CurX, _usY + CurY, _usColor);
        SPFD5420_PutPixel(_usX - CurX, _usY - CurY, _usColor);
        SPFD5420_PutPixel(_usX + CurY, _usY + CurX, _usColor);
        SPFD5420_PutPixel(_usX + CurY, _usY - CurX, _usColor);
        SPFD5420_PutPixel(_usX - CurY, _usY + CurX, _usColor);
        SPFD5420_PutPixel(_usX - CurY, _usY - CurX, _usColor);

        if (D < 0)
        {
            D += (CurX << 2) + 6;
        }
        else
        {
            D += ((CurX - CurY) << 2) + 10;
            CurY--;
        }
        CurX++;
    }
}

/*
**********************************************************************
*   函 数 名: SPFD5420_DrawBMP
*   功能说明: 在 LCD 上显示一个 BMP 位图，位图点阵扫描次序：从左到右，从上到下
*   形    参:
*           _usX, _usY，图片的坐标
*           _usHeight，图片高度
*           _usWidth，图片宽度
*           _ptr，图片点阵指针
*   返 回 值: 无
**********************************************************************
*/
void SPFD5420_DrawBMP(uint16_t _usX, uint16_t _usY, uint16_t _usHeight,
uint16_t _usWidth, uint16_t *_ptr)
{
    uint32_t index = 0;
    const uint16_t *p;

    /* 设置图片的位置和大小，即设置显示窗口 */
    SPFD5420_SetDispWin(_usX, _usY, _usHeight, _usWidth);

    p = _ptr;
```

```
    for (index = 0; index < _usHeight * _usWidth; index++)
    {
        SPFD5420_PutPixel(_usX, _usY, *p++);
    }

    /* 退出窗口绘图模式 */
    SPFD5420_QuitWinMode();
}

/*
*********************************************************************
*   函 数 名: SetBackLight_byMCU
*   功能说明: 初始化控制 LCD 背景光的 GPIO，配置为 PWM 模式
*            当关闭背光时，将 CPU 的 I/O 设置为浮动输入模式(推荐设置为推挽输出，
并驱动到低电平); 将 TIM3 关闭(省电)
*   形    参: _bright，亮度，0 表示灭，255 表示最亮
*   返 回 值: 无
*********************************************************************
*/
void SPFD5420_SetBackLight(uint8_t _bright)
{
    GPIO_InitTypeDef GPIO_InitStructure;
    TIM_TimeBaseInitTypeDef  TIM_TimeBaseStructure;
    TIM_OCInitTypeDef  TIM_OCInitStructure;

    /* 第 1 步: 打开 GPIOB RCC_APB2Periph_AFIO 的时钟 */
    RCC_APB2PeriphClockCmd(RCC_APB2Periph_GPIOB | RCC_APB2Periph_AFIO, ENABLE);

    if (_bright == 0)
    {
        /* 配置背光 GPIO 为输入模式 */
        GPIO_InitStructure.GPIO_Pin = GPIO_Pin_1;
        GPIO_InitStructure.GPIO_Mode = GPIO_Mode_IN_FLOATING;
        GPIO_InitStructure.GPIO_Speed = GPIO_Speed_50MHz;
        GPIO_Init(GPIOB, &GPIO_InitStructure);

        /* 关闭 TIM3 */
        TIM_Cmd(TIM3, DISABLE);
        return;
    }
    else if (_bright == BRIGHT_MAX)/* 最大亮度 */
    {
        /* 配置背光 GPIO 为推挽输出模式 */
        GPIO_InitStructure.GPIO_Pin = GPIO_Pin_1;
        GPIO_InitStructure.GPIO_Mode = GPIO_Mode_Out_PP;
        GPIO_InitStructure.GPIO_Speed = GPIO_Speed_50MHz;
        GPIO_Init(GPIOB, &GPIO_InitStructure);

        GPIO_SetBits(GPIOB, GPIO_Pin_1);

        /* 关闭 TIM3 */
        TIM_Cmd(TIM3, DISABLE);
```

```
        return;
    }

    /* 配置背光 GPIO 为复用推挽输出模式 */
    GPIO_InitStructure.GPIO_Pin = GPIO_Pin_1;
    GPIO_InitStructure.GPIO_Mode = GPIO_Mode_AF_PP;
    GPIO_InitStructure.GPIO_Speed = GPIO_Speed_50MHz;
    GPIO_Init(GPIOB, &GPIO_InitStructure);

    /* 使能 TIM3 的时钟 */
    RCC_APB1PeriphClockCmd(RCC_APB1Periph_TIM3, ENABLE);

    /*
        TIM3 配置: 产生 1 路 PWM 信号
        TIM3CLK = 72 MHz, Prescaler = 0(不分频), TIM3 counter clock = 72 MHz
        计算公式:
        PWM 输出频率 = TIM3 counter clock /(ARR + 1)
        我们期望设置为 100Hz
        如果不对 TIM3CLK 预分频，那么不可能得到 100Hz 低频
        我们设置分频比 = 1000，那么 TIM3 counter clock = 72kHz
        TIM_Period = 720 -z 1

     */
    TIM_TimeBaseStructure.TIM_Period = 720 - 1;    /* TIM_Period = TIM3 
ARR Register */
    TIM_TimeBaseStructure.TIM_Prescaler = 0;
    TIM_TimeBaseStructure.TIM_ClockDivision = 0;
    TIM_TimeBaseStructure.TIM_CounterMode = TIM_CounterMode_Up;

    TIM_TimeBaseInit(TIM3, &TIM_TimeBaseStructure);

    /* PWM1 Mode configuration: Channel1 */
    TIM_OCInitStructure.TIM_OCMode = TIM_OCMode_PWM1;
    TIM_OCInitStructure.TIM_OutputState = TIM_OutputState_Enable;
    /*
        _bright = 1 时，TIM_Pulse = 1
        _bright = 255 时，TIM_Pulse = TIM_Period
    */
    TIM_OCInitStructure.TIM_Pulse = (TIM_TimeBaseStructure.TIM_Period * 
_bright)/BRIGHT_MAX;           /* 改变占空比 */

    TIM_OCInitStructure.TIM_OCPolarity = TIM_OCPolarity_High;
    TIM_OC4Init(TIM3, &TIM_OCInitStructure);
    TIM_OC4PreloadConfig(TIM3, TIM_OCPreload_Enable);

    TIM_ARRPreloadConfig(TIM3, ENABLE);

    /* 使能 TIM3 定时器 */
    TIM_Cmd(TIM3, ENABLE);
}
```

本项目 STM32 控制的数字功放电路参考程序完整代码可以下载本书配套资源包而获得。

参 考 文 献

[1] 程勇，童乃文. 音响技术与设备[M]. 北京：浙江大学出版社，2001.

[2] 史进. 音响设备原理与维修[M]. 北京：国防工业出版社，2007.

[3] 张艳丰，孟惠霞. 音响设备及维修实训[M]. 北京：机械工业出版社，2008.

[4] 胡斌. 音响电路识图入门突破[M]. 北京：人民邮电出版社，2009.

[5] 黄永定. 音响设备技术及实训[M]. 北京：机械工业出版社，2009.

[6] John M Eargle. JBL 60 年音响传奇[M]. 朱伟，胡泽，译. 北京：人民邮电出版社，2010.

[7] 李柏雄. 高保真功率放大器制作教程[M]. 北京：电子工业出版社，2010.

[8] 葛中海. 实用音响技术[M]. 北京：机械工业出版社，2011.

[9] 王新成. 音频 D 类放大器的仿真与制作[M]. 北京：人民邮电出版社，2012.

[10] 童建华. 音响设备原理与维修[M]. 3 版. 北京：电子工业出版社，2013.